Cüvier's

Elementarischer Entwurf der Naturgeschichte der Thiere

aus dem Französischen übersetzt und mit Anmerkungen versehen

von

C. R. W. Wiedemann, Dr.
Professor am anatomisch-chirurgischen Collegium zu Braunschweig.

Zwey Bände.

Mit 14 Kupfern.

Berlin, 1800.
In der Buchhandl. des Königl. Preuß. Geh. Commerzien-Raths Joachim Pauli.

Vorbericht.

Den Theil welcher die Insecten enthält hat mein Freund Illiger bearbeitet, welcher durch mehrere entomologische Schriften dem Publikum schon bekannt ist. Die vielen von ihm hinzugefügten Anmerkungen, welche theils dem Texte gleich einverleibt und bloß in Klammern geschlossen, theils als

Noten und mit J. bezeichnet, unten angehängt sind, geben so wie die vollständige deutsche Namengebung diesem Abschnitte besonderen Werth.

Elementarischer Entwurf
der
Naturgeschichte der Thiere.

Einleitung.

Erstes Kapitel.

Von der Naturgeschichte überhaupt, und von ihren Beziehungen auf die übrigen Wissenschaften.

§. 1.

Die Naturwissenschaft, oder Physik, hat die beweglichen ausgedehnten Wesen zum Gegenstande, welche wir Körper nennen. Diese Wissenschaft ist in die allgemeine und besondere abgetheilt. Die erstere betrachtet bloß die Eigenschaften, welche allen, oder doch den meisten Körpern zukommen.

So handelt der Theil der Naturwissenschaft, welchen wir die Dynamik nennen, von den allgemeinen Gesetzen der Bewegung und Mittheilung der Bewegung, von der Kraft, welche die Körper gegen einander anzieht und ihre Grundtheilchen in dem Zustande der Adhärenz oder des Zusammenhanges erhält u. s. w.

Die Scheidekunst erklärt die Gesetze, nach welchen die einfachen Grundtheilchen der Körper in nahen Entfernungen wirken u. s. w.

§. 2.

Es giebt fast keinen einzigen natürlichen Körper, auf welchen sich nicht Anwendungen aus allen allgemeinen Lehren der Naturwissenschaften machen ließen; es sey nun in Rücksicht seiner Beziehungen auf andere Körper, oder der verschiedenen Theile desselben unter einander. Dieses ist der Gegenstand der besonderen Naturlehre, oder der Naturgeschichte, welche die historische Kenntniß der verschiedenen Naturkörper begreift.

Alle unsere Kenntnisse sind von zwiefacher Art:

1. Die Kenntniß alles dessen, was wir durch die Sinne erfahren: Grösse, Gestalt, innerer und äußerer Bau, Bewegungen, Handlungen, mit einem Worte aller sinnlichen Eigenschaften und Ereignisse.

2. Die Kenntniß der Erklärung dieser Ereignisse, dieser Eigenschaften und der von ihnen verursachten Wirkungen, das heißt, der Demonstration ihrer Uebereinstimmung mit den allgemeinen Gesetzen der physischen und mathematischen Wissenschaften, wenn die Rede von rein physischen Wirkungen ist, oder mit den allgemeinen Gesetzen der moralischen und psychologischen Wissenschaften, wenn die Rede von moralischen Wirkungen ist.

§. 3.

Die besondere Naturgeschichte irgend eines Körpers muß also, wenn sie vollkommen seyn soll, folgendes begreifen:

1. Die Beschreibung aller sinnlichen Eigenschaften dieses Körpers und aller seiner Theile;

2. Die Beziehungen dieser Theile unter einander, die hier vorgehenden Bewegungen, und die Veränderungen, welche sie erleiden, so lange sie verbunden bleiben;

3. Die activen und passiven Beziehungen dieses Körpers mit allen anderen Körpern des ganzen Weltalls;

4. Endlich die Erklärung aller dieser Phänomene.

Man kann sagen, daß wir noch von keinem Körper die Naturgeschichte vollständig besitzen.

§. 4.

Die allgemeine Naturgeschichte betrachtet alle Naturkörper und das gemeinschaftliche Resultat aller ihrer Action im großen Vereine der Natur aus einem einzigen Gesichtspuncte. Sie bestimmt die Gesetze der Coexistenz ihrer Eigenschaften; denn diese Eigenschaft setzt nothwendig eine gewisse Anzahl anderer voraus, oder schließt andere aus. Sie setzt die Grade der Aehnlichkeit fest, welche unter den verschiedenen Körpern Statt finden, und ordnet dieselben nach diesen Graden.

Sie kann nicht eher zur gänzlichen Vollkommenheit gebracht werden, als bis die besondere Geschichte aller natürlichen Körper geliefert worden ist.

Zweytes Kapitel.

Von der Organisation und den Eigenschaften organisirter Körper.

§. 1.

Ein nicht organisirter Körper, als ein Stein u. s. w. ist aus Grundtheilchen *) gebildet, welche unter einander keine andere Beziehung haben, als die der Anziehung und des Zusammenhanges, welche kein gemeinschaftliches Ganzes bilden. Man kann sie in Bruchstücke theilen, welche alle mit dem ganzen Körper gleichartig seyn werden.

*) Ich gebrauche Grundtheilchen für Molécule. W.

Die unorganischen Körper bilden sich nur durch die Vereinigung der Grundtheilchen nach chemischen Gesetzen; vergrößern sich nur durch neue Grundtheilchen, welche sich auf die ersteren anlegen; und werden nicht eher zerstört, als bis die Grundtheilchen, welche dieselben zusammensetzen, getrennt und zerstreuet sind.

§. 2.

Ein organischer Körper, als eine Pflanze, ein Thier, besteht aus einem Gewebe von festen Theilen, worin sich flüssige Theile bewegen. Alle diese Theile wirken wechselseitig auf einander ein, und tragen zu einem gemeinschaftlichen Zwecke bey, welcher die Unterhaltung des Lebens ist.

Die organischen Körper entstehen durch ihnen ähnliche Körper, wovon sie Anfangs selbst Theile sind, welche sich zu bestimmten Zeiten und unter bestimmten Umständen lostrennen.

Sie wachsen, indem sie unaufhörlich vermöge einer ihnen eigenen Kraft neue Grundtheilchen anziehen, welche sich in den Zwischenräumen der schon vorhandenen ablagern.

Sie sterben, wenn die Wirkung ihrer festen Theile und die Bewegung der flüssigen unterbrochen wird; dann sind die zusammensetzenden Grundtheilchen ihren eigenen Kräften überlassen, und wirken wechselseitig auf einander, um sich aufs neue zu unorganischen Körpern zu verbinden.

§. 3.

In Rücksicht des Baues sind die organischen Körper durch die verschiedene Art ihres Flüssigkeiten, durch die Gestalten, die Natur und die Beziehungen ihrer festen Theile unendlich verschieden. Wir werden im Menschen ein Beyspiel der vollkommensten und verwickeltesten Organisation kennen lernen, und in den übrigen Thieren die verschiedenen Grade verfolgen, durch welche sie sich mehr oder weniger dem einfachen näheren.

§. 4.

Die Eigenschaft sich zu nähren oder durch Ansetzung von innen (intus-susceptio) zu wachsen, ist ein den organischen Körpern eigenes Vermögen, welches sie während ihrer ganzen Lebenszeit üben; es erhält ihre Grundtheilchen beysammen und zieht andere an, indem es die physischen und chemischen Gesetze übersteigt, welchen diese Theilchen im freyen Zustande gehorchen würden; auch gehen diese Grundtheilchen gleich nach dem Tode neue Verbindungen ein. Die organischen Körper äußern diese Anziehungskraft an ihrer ganzen Oberfläche. Die Pflanzen äußeren dieselbe nur an ihrer äußeren Fläche und vorzüglich an ihren Wurzeln. Die Thiere haben überdieß noch eine innere Höhle, welche sie mit Nahrungsmitteln erfüllen, und deren Wände die vorzüglichste Quelle ihrer Ernährung sind.

§. 5.

Die Erzeugung ist der einzige Weg, auf welchem sich neue organische Körper bilden. Alle vorhandenen organischen Körper haben vorher einen Theil ähnlicher Körper ausgemacht, von welchen sie sich getrennt haben.

Diese Trennung geschieht auf verschiedene Art. Bey den Pflanzen und einfachsten Thieren wird ein vom ganzen abgetrennter Theil mit der Zeit wieder zu einem ähnlichen Ganzen als das, wovon er vorher einen integrirenden Theil bildete: dieß ist die Erzeugung durch

Sprossen (par bouture). Eben diese Pflanzen und eben diese einfachsten Thiere bringen auch an gewissen Stellen des Körpers Knospen hervor, welche bis auf die Größe ähnliche kleine organische Körper enthalten; sie trennen sich und bilden Wesen für sich; dieß ist die Erzeugung durch Knospen oder Augen (par gemmes, caïeux ou bourgeons).

Die gewöhnlichste Art aber ist durch Eyer oder Samen. Der kleine Keim ist mit der Portion von Nahrung, deren er in der ersten Zeit bedarf, in eine mehr oder weniger dichte Hülle eingeschlossen, von welcher er sich los macht, sobald er einen gewissen Wachsthum erreicht hat.

Die Eyer oder Samen entwickeln sich nicht wie die Knospen freywillig, sondern es muß vorher eine Befruchtung vorgehen, das heißt eine Handlung, durch welche diese Eyer und Samen gleichsam erweckt und zur Thätigkeit gebracht werden. Die Organe, in welchen dieselben enthalten sind, heißen weibliche; die von welchen dieselben befruchtet werden, männliche. Beyde sind bald in einem und demselben Thiere vereiniget, bald in verschiedene Individuen getrennt; dieß nennt man das Geschlecht (Sexus).

Die Natur dieser Erzeugungsfähigkeit ist völlig eben so unbekannt, als die der Ernährung.

§. 6.

Unabhängig von zufälligen Ursachen, welche den Tod der organischen Wesen verursachen, indem sie einen wesentlichen Theil zerstören, erfolgt derselbe zu gewissen Zeiten von selbst, durch die Wirkung des lebens selbst, und zwar, wie es scheint, durch eine Verstopfung, welche die Ernährung am Ende in ihren Gefäßen hervorbringt.

§. 7.

Alles was bisher gesagt ist, kommt den sämmtlichen organischen Körpern, sowohl Thieren als Pflanzen zu; aber die ersten haben noch eine wesentliche Eigenschaft vor der letzten voraus, die nähmlich, der gänzlichen oder theilweisen willkührlichen Bewegung. Es ist ziemlich wahrscheinlich, daß diese Eigenschaft immer mit der verbunden ist, das wahrzunehmen, was in ihnen oder um sie vorgeht. Die Thiere besitzen diese beyden Eigenschaften nach den verschiedenen Graden ihrer Vollkommenheit, in sehr verschiedenen Graden.

Drittes Kapitel.

Von den Gattungen und Arten in der Naturgeschichte. *)

---

§. 1.

Obgleich die organischen Körper nur ihnen ähnliche Körper hervorbringen, so giebt es doch Umstände, welche die ursprüngliche Gestalt derselben in einer Folge von Generationen bis auf einen gewissen Grad abändern können: so bewirkt eine mangelhafte Ernährung, daß die Theile weniger Größe und Stärke erlangen. Ein mehr oder weniger kaltes Klima, eine mehr

---

*) Ich merke ein für allemahl an, daß ich mit Blumenbach unter Gattung species verstehe, Art heißt bey mir also Varietät. W.

oder weniger feuchte Luft, eine mehr oder weniger fortgesetzte Aussetzung an das Licht, bringen ähnliche Wirkungen hervor; aber noch viel schneller und auffallender werden die Eigenschaften der thierischen oder vegetabilischen Producte verändert, durch die vom Menschen auf dieselben verwandte Sorgfalt, durch die fortgesetzte Aufmerksamkeit, womit er sie auf eine Nahrung, auf eine Bewegung, oder auf eine Einwirkung beschränkt, welche von der, die ihnen die Natur bestimmt hatte, verschieden ist.

§. 2.

Wenn die Abkömmlinge eines organischen Körpers sich so mehr oder weniger von der Gestalt ihrer Stammältern entfernt haben, sagt man, daß sie ausgeartet sind. Man hat durch Erfahrung bis auf einen gewissen Punct gefunden, welches bey den organischen Körpern, die ausartungsfähigen Eigenschaften seyen, welche Ursachen jede Ausartung hervorbringen, welches der Grad der Ausartungsfähigkeit der ersteren, und des Einflusses der letzteren sey; aber diese Arbeit ist noch sehr unvollkommen.

§. 3.

Man hat bemerkt, daß die am meisten ausartenden Eigenschaften bey den organischen Körpern die Größe und Farbe sind. Die erstere hängt vorzüglich von der Menge der Nahrung ab; die zweyte von dem Einflusse des Lichtes und verschiedener anderen so verborgenen Ursachen, daß sie oft bloß zufällig verschieden zu seyn scheint. Indessen ist doch die Abänderung dieser beyden Eigenschaften gewissen Gränzen unterworfen, welche sich durch Beobachtung bestimmen lassen.

§. 4.

Die Länge und Dicke des Haares ist sehr veränderlich: so wird eine behaarte Pflanze in ein feuchtes Erdreich versetzt, hier beynahe glatt. Thiere verlieren ihr Haar in heißen Ländern, und bekommen es stärker in kalten u. s. w. Die Anzahl gewisser äußeren Theile vermehrt oder vermindert sich zuweilen (Staubfäden, Finger, Zähne u. s. w.); Theile von minderer Wichtigkeit verändern ihre Verhältnisse, verlängern oder verkürzen sich (die Grannen der Aehren u. s. w.); Theile von gleichartiger Natur ändern sich einer in den andern um (Staubfäden in

Blumenblätter, wie bey den gefüllten Blumen u. s. w.).

§. 5.

Die Sammlung aller organischen Körper, welche von einander, oder von gemeinschaftlichen Aeltern geboren sind, und aller derer, welche ihnen eben so ähnlich, als sie selbst unter einander sind, wird eine Gattung genannt.

Die organischen Körper, welche von einer Gattung nur durch solche zufällige Ursachen verschieden sind, oder verschieden zu seyn scheinen, als oben angegeben wurden, gelten für Arten dieser Gattung.

§. 6.

Da der Begriff der Gattung also nur auf der Voraussetzung beruhet, daß alle die Wesen, woraus dieselbe besteht, wechselsweise Vorfahren und Abkömmlinge seyn könnten, so kann man irgend ein anderes Wesen, welches mehr oder weniger davon verschieden ist, nur bloß muthmaßlich als eine Art jener Gattung ansehen. Man hatte in der That, um hier Mißverständnissen vorzubeugen, als allgemeine Regel vorgeschlagen, daß Individuen verschiedener Gattung durch fleischliche Vermischung keine fruchtbaren Nachkommen hervorbringen können. Diese Behauptung beruhet gar nicht auf Versuchen; aber das ist wenigstens durchaus richtig, daß Individuen derselben Gattung, seyen sie auch noch so verschieden, immer mit einander zeugen können.

§. 7.

Um zwey mehr oder weniger verschiedene Wesen nur als Arten einer und derselben Gattung anzuerkennen, ist es nöthig:

1. daß die dieselben unterscheidenden Eigenschaften unter die Classe derjenigen gehören, welche als ausartungsfähig anerkannt sind;

2. daß Ursachen der Ausartung vorhanden seyen;

3. daß sie durch Vermischung fruchtbare Individuen hervorbringen können.

Zwey wilde Raßen also, welche an demselben Orte unter gleichem Klima wohnen, ohne sich zu vermischen, und ihre Verschiedenheiten immer beybehalten, sind als verschiedene Gattungen anzusehen, so klein die Verschiedenheit auch seyn mag: zumahl aber wenn die Verschiedenheit irgend beträchtlich ist und selbst den innern Bau und die Organisation der Theile betrifft.

Umgekehrt kann man aber nicht schließen, daß zwey verschiedene Raßen zu einerley Gattung gehören und nicht ursprünglich verschieden gewesen seyen, wenn sie sich vermischen und auch wirklich mitten inne stehende fruchtbare Individuen erzeugen.

§. 8.

Es scheint, daß anfänglich jede Gattung von Thieren, und selbst von Pflanzen, nur in einer bestimmten Gegend vorhanden war, von woher sich dieselbe nach den Mitteln verbreitet hat, welche dazu in ihrer Bildung lagen. Noch heut zu Tage scheinen mehrere derselben auf ähnliche ursprüngliche Puncte beschränkt zu seyn; sey es nun durch das Meer, wenn sie weder schwimmen noch fliegen konnten, oder durch die Temperaturen, welche sie nicht ertragen konnten, oder durch Berge, welche sie nicht übersteigen konnten. Die Arten jeder Gattung haben um so stärker und zahlreicher seyn müssen, als die Beschaffenheit des Ortes, oder ihrer Natur ihnen erlaubte, sich weiter zu verbreiten; daher wird es wahrscheinlich, daß die großen Verschiedenheiten, welche sich unter den Menschen, den Hunden, und andern über die ganze Erde verbreiteten Wesen finden, nichts als Wirkungen zufälliger Ursachen, oder mit einem Worte Arten seyen. Doch ist zu bemerken, daß gewisse Gattungen völlig gleich in sehr entfernten Klimaten, durch weite Strecken des Meeres getrennt, wiedergefunden sind, ohne daß sich diese Gattungen in den Zwischen-Klimaten gefunden hätten.

Viertes Kapitel.

Von den natürlichen Uebereinstimmungen der organischen Körper.

§. 1.

Die Verschiedenheiten und Aehnlichkeiten der unorganischen Körper sind eine Folge der Elemente, aus welchen dieselben zusammengesetzt sind. Die organischen Körper hingegen bestehen fast sämmtlich aus denselben Elementen. Ihre Verschiedenheiten und Aehnlichkeiten bestehen vorzüglich in der Gestalt und dem Baue, oder mit einem Worte, in ihrer Organisation. Diese Organisation geht von den Vätern auf die Kinder über. Sie ist also das Resultat einer Kraft, welche durch Erzeugung übertragen wird, deren Ursprung mit den organischen Körpern selbst gleichzeitig, und deren Natur unbekannt ist.

§. 2.

Zwey Gattungen organischer Wesen, sie seyen welche sie wollen, haben immer einige Puncte der Organisation, in welchen sie mit einander übereinkommen. Diese Aehnlichkeitspuncte werden ihre natürlichen Uebereinstimmungen genannt; je mehr derselben vorhanden sind, desto größer ist diese Uebereinstimmung.

§. 3.

Die Erfahrung lehrt uns, daß diese Uebereinstimmungen unter den Gattungen nicht bloß zufällig sind; sondern daß einige derselben mehr Beständigkeit haben, als andere. Wir wollen also annehmen, man untersuchte z. B. alle die Gattungen, welche einander in drey Vierteln ihrer Eigenschaften ähnlich und nur in einem Viertel derselben verschieden wären; so wird dieses Viertel von Verschiedenheit sich nicht ohne Unterschied auf alle Puncte der Organisation erstrecken; sondern es wird eine gewisse Anzahl von unveränderlichen Puncten geben, welche in allen diesen Gattungen dieselben seyn werden.

§. 4.

Diese vor andern beständigen Uebereinstimmungen werden die seyn, welche die wichtigsten Theile des organischen Haushaltes betreffen. Da alle Theile dieses Haushaltes nur ein einziges Ganzes bilden, so müssen einige derselben einen allgemeinen Einfluß haben und allen andern ihre Wirkung einprägen, und im Gegentheile andere nur eine begränzte örtliche Wirkung haben und nur wenig Einfluß auf das allgemeine System zeigen.

Die Verschiedenheiten, welche diese weniger wichtigen Theile von Gattung zu Gattung erleiden können, ziehen also nicht nothwendigerweise Verschiedenheit der andern Theile nach sich, und können verschieden seyn, obgleich alle übrigen einander ähnlich sind.

Im Gegentheile können die wichtigen Theile keine beträchtliche Verschiedenheit erleiden, ohne daß alle andere daran Theil nehmen; und je mehr diese wichtigen Theile von einer Gattung zur andern verschieden sind, desto mehr weichen auch diese Gattungen in ihrer ganzen Organisation ab, und desto weniger Uebereinstimmung findet Statt.

§. 5.

Die beständigsten Uebereinstimmungen sind also zu gleicher Zeit auch die wichtigsten: die Hauptübereinstimmungen; und die mehr veränderlichen sind die untergeordneten Uebereinstimmungen.

Ist also die Beständigkeit einer Uebereinstimmung einmahl durch Erfahrung bestimmt, so kann man daraus auf die Wichtigkeit des Theiles schließen, von welchem die Uebereinstimmung hergenommen ist; und umgekehrt, wenn wir aus Vernunftgründen die Wichtigkeit eines Theiles einsehen, so können wir daraus auf die Beständigkeit der davon hergenommenen Uebereinstimmung schließen.

Fünftes Kapitel.

Von den Systemen und von der Nomenclatur in der Naturgeschichte.

§. 1.

Da die Anzahl der Natur-Producte so ungeheuer groß ist, so mußte man auf Mittel denken, dieselben zu unterscheiden und jedes derselben gewiß wieder zu erkennen. Diese Mittel bestehen in den Eigenheiten, oder in der Zusammenstellung der Eigenheiten, welche jedem ausschließlich zukommen. Nun giebt es fast kein einziges Wesen, welches ein ausschließliches Kennzeichen besäße, das heißt, welches von allen andern durch eine einzige seiner Eigenschaften unterschieden werden könnte. Nur die Verbindung mehrerer von diesen Eigenschaften kann ein Wesen von andern nahe verwandten unterscheiden, welche zwar auch einige Eigenschaften des ersteren, aber doch nicht alle besitzen, oder bey welchen dieselben mit andern in Verbindung sind, welche jenem fehlen; und je zahlreicher die Gattungen von mit einander zu vergleichenden Wesen sind, desto mehrere ihrer Eigenschaften muß man vereinigen, um jedem solche Kennzeichen beyzulegen, durch welche dieselben unfehlbar von allen andern unterschieden werden. Um also eine einzeln betrachtete Gattung von allen andern in der Natur vorhandenen zu unterscheiden, muß bey seinem systematischen Charakter fast das Ganze seiner Eigenschaften ausgedrückt, oder eine fast vollständige Beschreibung derselben gegeben werden.

§. 2.

Diese Unbequemlichkeit vermeidet man durch den Gebrauch der graduirten Kennzeichen; indem man nur eine gewisse Anzahl der zunächst verwandten Gattungen vergleicht. Die Kennzeichen derselben dürfen nur ihre Verschiedenheiten ausdrücken, welche bey der Voraussetzung, daß diese Gattungen einander nächstverwandt seyen, den geringsten Theil ihrer Eigenschaften ausmachen. Eine solche Vereinigung von Gattungen wird ein Geschlecht genannt.

§. 3.

Der übrige Theil dieser Eigenschaften, die nähmlich, welche allen Gattungen des Geschlechts gemein sind, machen zusammen das Geschlechtskennzeichen oder vielmehr die Geschlechtsbeschreibung aus, welche es von allen denen unterscheidet, die aus der Vereinigung anderer Gattungen entstehen könnten; da aber die Zahl dieser gemeinschaftlichen Eigenschaften doch noch sehr beträchtlich ist, so wendet man von neuem dasselbe Mittel an, um die Gattungskennzeichen so kurz als möglich zu fassen. Man vergleicht nur die nächstverwandten Geschlechter zusammen, und dann bleibt für die Geschlechtskennzeichen nichts weiter auszudrücken übrig, als die Verschiedenheiten der Geschlechter, welche wieder nur den geringsten Theil ihrer Eigenschaften ausmachen.

Die, welche allen gemein sind, bilden den Charakter, welcher ihre Vereinigung zu einem Ganzen, von den übrigen Geschlechtsvereinigungen unterscheidet. Eine solche Zusammenstellung von Geschlechtern heißt eine Ordnung.

§. 4.

Durch Wiederhohlung desselben Geschäftes werden die verwandten Ordnungen vereiniget, um eine Classe zu bilden, und die verwandten Classen um ein Reich zu bilden. Auf gleiche Art lassen sich zwischen den Reichen und Classen, zwischen den Classen und Ordnungen, den Ordnungen und Geschlechtern, den Geschlechtern und Gattungen Mittelstufen festsetzen.

Diese Aufstellung von Abtheilungen, wo die untern in den obern enthalten sind, heißt ein System (Methode).

§. 5.

Man sieht, daß je mehr man hinaufsteigt, desto mehr die gemein bleibenden Eigenschaften beständig sind; und da die Uebereinstimmungen, welche die wichtigsten Theile betreffen, auch die allerbeständigsten sind, so müssen folglich die Kennzeichen der oberen Abtheilungen auch von den wichtigsten Theilen hergenommen seyn, und nach Maßgabe des Hinuntergehens zu den weniger allgemeinen Abtheilungen wird man die Kennzeichen derselben von weniger wesentlichen Theilen hergenommen finden.

§. 6.

Diese Unterordnung der Kennzeichen giebt ein Mittel zur Bildung eines Systems von Naturkörpern an die Hand, ohne gezwungen zu seyn, mit einer Vergleichung aller dieser Körper anzufangen. Wenn man Sorge trägt, die Hauptabsonderungen nach den Verschiedenheiten der wichtigsten Theile zu machen, und nun bey den untern Absonderungen auf gleichem Wege bleibt, so werden die Gattungen nach ihren natürlichen Uebereinstimmungen neben einander zu stehen kommen; die des einen Geschlechts werden mehr Aehnlichkeit unter einander, als mit irgend einem andern Geschlechte haben; die Geschlechter einer Ordnung werden einander ähnlicher seyn, als den Geschlechtern irgend einer andern Ordnung u. s. w. Das System wird ein sogenanntes natürliches System seyn.

§. 7.

Aber dazu müßte man vorher genau den Grad der Wichtigkeit eines jeden Organs bestimmt haben; und da diese Arbeit noch nicht ausgeführt ist, so kann man sich nicht strenge an die Unterordnung der Kennzeichen halten: man muß daher auch die einzelne Vergleichung der Gattungen anwenden, und da wir nicht alle Gattungen kennen, so sehen wir uns bey der Bildung natürlicher Systeme oft zu bloßen dunkeln Vermuthungen genöthiget.

§. 8.

Man könnte die Wesen auch so eintheilen, daß man bey den Hauptabschnitten anfinge, ohne auf die Wichtigkeit der Theile zu sehen, von welchen die Kennzeichen hergenommen würden: vorausgesetzt, daß diese Kennzeichen scharf abgeschnitten wären, so würde man eben so wohl zur Unterscheidung der Gattungen gelangen; aber ein solches System, welches ein willkürliches oder künstliches genannt wird, würde auch nur diesen einzigen Vortheil haben; es würde die Uebereinstimmungen der Gattungen unter einander nicht andeuten, und man könnte unmöglich durch Zusammenstellung ihrer Eigenschaften zu allgemeinen Sätzen gelangen.

§. 9.

Wenn jede Gattung einen eigenen Nahmen führte, so würde das Gedächtniß durch die Menge von Nahmen überladen werden; man ist daher übereingekommen, allen Gattungen eines Geschlechts dasselbe Hauptwort beyzulegen und sie durch ein bloßes Beywort zu unterscheiden, welches von irgend einer Eigenschaft derselben hergenommen wird, und welches man den Trivial-Nahmen nennt; aber dieser bequeme Gebrauch ist bisher nur in der lateinischen Sprache angenommen worden; es wäre sehr zu wünschen, daß er auch bey den lebenden Sprachen eingeführt werden könnte.

Elementarischer Entwurf
der
Naturgeschichte der Thiere.

Erstes Buch.

Vom Menschen.

Erstes Kapitel.

Allgemeine Uebersicht der Bestandtheile des menschlichen Körpers und seiner Verrichtungen.

§. 1.

Die verschiedenen Substanzen, aus welchen der menschliche Körper besteht, lassen sich auf eine ziemlich kleine Anzahl chemischer Elementar-Theilchen, das heißt für unsere Werkzeuge einfacher Materien, zurückbringen; dieß sind größtentheils brennbare Substanzen, oder die Grundstoffe verschiedener luftarten, und außerdem nur eine sehr geringe Menge von festen, entweder erdigen oder salzigen Stoffen.

Aus der Verbindung dieser Grundtheilchen entstehen alle feste und flüssige Theile, aus welchen der menschliche Körper zusammengesetzt ist: als das Blut, die lymphe, die Galle, die Muskeln (oder das Fleisch), die Knorpel, die Bänder, das Fett u. s. w.

§. 2.

Die festen Theile sind aus langen dünnen Fasern und aus breiten dünnen Plättchen gebildet. Beyde diese Theile werden in den harten Theilen oder den Knochen hart und spröde, und sind in den weichen Theilen biegsam und dehnbar.

Die Häute sind aus kleinen dicht zusammenliegenden Plättchen gebildet, die Gefäße, die äußere Haut, die Eingeweide, die innern Häute, die Scheidewände haben Häute zur Grundlage, welche oft mit einem faserigen Gewebe überzogen, oder von Gefäßnetzen durchkreuzt werden.

Das Fleisch, welches die Muskelkörper bildet, besteht aus Faserbündeln, welche vermöge des zwischen ihnen enthaltenen Blutes roth (meist wenigstens) und weich erscheinen. Die Fasern an den Enden der Muskeln sind weiß und dichter: die Vereinigung derselben wird eine Flächse oder Sehne genannt. Diese Fasern sind zu kleinen und großen Bündeln und alle diese Bündel zu einem einzigen Muskel vereiniget; diese Vereinigung geschieht durch kleine, gleichsam zufällig zwischengemengte Plättchen, welche folglich eine Menge von mit einander in Verbindung stehenden Zellen bilden: dieß nennt man das Zellengewebe oder den Zellenstoff. Die Muskeln werden durch ein schlafferes Gewebe von einander geschieden; dieses Gewebe erhält auch alle Theile des Körpers an ihrer Stelle, und man kann es überhaupt wohl wie einen Schwamm betrachten, welcher ganz die Gestalt unseres Körpers hat, und in dessen Zwischenräumen alle andere Theile enthalten sind. In diese Zellen wird das Fett abgelagert und verschiedene Säfte verbreiten sich darin.

§. 3.

Das Blut ist die vorzüglichste Flüssigkeit des menschlichen Körpers; von ihm kommen alle andere Flüssigkeiten oder Säfte her; auch ist es die Ursache der Unterhaltung und des Wachsthumes aller übrigen festen Theile; alle Theile in welchen der Umlauf desselben stockt, sterben ab (das heißt wenn die Stockung lange dauert und gar nicht zu heben ist); das Blut erhält die Lebenswärme und theilt dieselbe mit (dagegen ließe sich doch noch manches erinnern); es ist in einem immerwährenden schnellen Kreislaufe, welcher mit unglaublicher Geschwindigkeit vom Herzen durch die Schlagadern (Arterien) nach allen Theilen des Körpers hin, und durch die Venen von allen Theilen zum Herzen zurück geschieht. Die letzten Verzweigungen, wodurch diese Gefäße mit einander in Verbindung stehen, entgehen dem Auge. Von diesen unsichtbaren Enden der Schlagadern setzt das Blut die Grundtheilchen ab, welche den Wachsthum der festen Theile bewirken sollen, indem sie die schon vorhandenen trennen und sich zwischen dieselben ablagern. Von hier scheiden sich auch die verschiedenen Säfte, welche zu bestimmtem Gebrauche aus dem Blute ausgezogen werden. Diese Verrichtung

tung heißt die Absonderung; die Werkzeuge, wodurch dieselbe geschieht, heißen zusammengehäufte Drüsen oder Absonderungswerkzeuge. Die erzeugten Säfte schwitzen sogleich durch, oder gehen in eigene Gefäße über, welche sich zu Ausführungsgängen vereinigen, oder sich in besondere Behälter entladen.

§. 4.

Bey dem Uebergange aus den Schlagadern in die Venen, verändert das Blut seine Natur und Farbe; von einer hochrothen Farbe und schaumigen Consistenz wird es schwer und schwärzlich. Nur durch Berührung der Luft erhält es seinen vorigen Zustand wieder. Auch macht das Venenblut, bevor es wieder in den Stamm der Schlagadern zurücktritt, einen Umlauf durch die Lungen. Diese sind zellige Werkzeuge, in welche die äußere Luft durch die Luftröhre hinein gelangt, um hier auf das in den Verzweigungen der Gefäße enthaltene Blut zu wirken, welche auf den Wänden der Zellen sich verbreiten; dieß ist das Athemhohlen oder die Respiration. Eine der Hauptwirkungen desselben ist, das Blut zu erwärmen, so wie der Blasebalg das Feuer anfacht.

§. 5.

Die Grundtheilchen, welche aus den Enden der Schlagadern geschwitzt sind, um den festen Theilen Wachsthum und Nahrung zu geben, oder um die verschiedenen Säfte zu erzeugen, werden nicht alle zu diesem Zwecke verwendet. Das übrigbleibende kehrt in der Gestalt einer klaren Flüssigkeit in die Blutmasse durch sehr kleine Gefäße zurück, welche so viele Klappen haben, daß sie wie Reihen kleiner Bläschen aussehen. Man nennt sie die lymphatischen Gefäße oder Saugadern. Sie endigen sich an einem Stamme, welcher sich in die Venen ergießt. Ein großer Theil seiner Zweige kommt von der Oberfläche des Körpers und der Gedärme, und saugt die hier vorhandenen Theilchen ein. Hierdurch wird das Blut versetzt und erneuert. Die von den Därmen kommenden Gefäße dieser Art werden Milchgefäße oder Milchadern genannt, weil sie bey vor sich gehender Verdauung einen weißen Milchsaft, oder den sogenannten Chylus enthalten, welchen sie von den Nahrungsmitteln ausziehen, um ihn ins Blut zu bringen.

§. 6.

Die Verdauung bereitet die Nahrungsmittel zur Hervorbringung des Milchsaftes vor. Sie geschieht im Darmcanäle oder Speisencanale, welcher sich vom Munde bis zum After erstreckt. Die Speisen werden gekauet, mit Speichel durchdrungen und hinuntergeschluckt; sie bleiben dann eine Zeitlang im Magen, gehen von da in die Därme über, wo sie mit der in der Leber erzeugten Galle und mit dem Safte der Bauchspeicheldrüse vermischt werden. Der Darmcanal selbst erzeugt an seiner inneren Fläche den Darmsaft, welcher gleichfalls den Speisen beygemischt wird. Diese werden nun allmählig der ganzen Länge nach durch den Darmcanal geführt, welches vermöge der ihm eigenen wurmförmigen Bewegung geschieht; und wenn die Milchadern alles brauchbare davon ausgesogen haben, so wird das Rückbleibsel in Gestalt des Kothes ausgeschieden.

§. 7.

Außer den Säften, welche zu bestimmten Absichten für den Körper aus dem Blute abgeschieden werden, giebt es noch andere, deren es sich bloß entlediget, und welche nach außen fortgehen. Diese sind die aus den Hautöffnungen vor sich gehende Ausdünstung, welche durch Wärme und Leibesbewegung vermehrt, als Schweiß sichtbar wird; ferner der Athem, welcher aus den Lungen kommt, und ein Erzeugniß der Respiration ist; und der Urin, welcher in den Nieren abgesondert, in der Harnblase gesammelt und durch die Harnröhre ausgeschieden wird.

§. 8.

Nur die Theile des Körpers, an welchen sich Nerven vertheilen, sind der Empfindung fähig. Diese Nerven sind weisliche Fäden, von weicher Substanz, welche sich zu immer mehr zusammengesetzten Bündeln vereinigen, und sich paarweise zu einem großen gemeinschaftlichen Bündel begeben, welches im Rückgrathe und in der Schedelhöhle enthalten ist. Der im Canale des Rückgrathes enthaltene Theil heißt das Rückenmark; der in der Schedelhöhle enthaltene das verlängerte Mark. Es ist mit zwey dicken Massen in Verbindung, welche von ähnlicher gleichförmig breyartiger Substanz sind, und die Schedelhöhle vollends ausfüllen; man nennt sie, das große und kleine Hirn.

Wenn man einen Nerven abschneidet oder unterbindet; so verlieren alle die Theile des Körpers, an welchen sich der unterhalb oder jenseits der Unterbindung liegende Theil des Nerven vertheilt, und die daher außer Verbindung mit dem Hirne gesetzt werden, zu gleicher Zeit alle Empfindung und alle willkürliche Bewegung. Aus dieser Erscheinung hat man gefolgert, daß die erste dieser Eigenschaften von einem Safte oder von einer Flüssigkeit abhänge, welche sich von den Nervenenden zum Hirne begebe, und die zweyte von einer Bewegung eben dieser Flüssigkeit in entgegengesetzter Richtung. Doch ist zu bemerken, daß zuweilen durch Krankheit die Empfindung an gewissen Theilen verloren gehe, ohne daß die Bewegung leide, und umgekehrt.

Unabhängig von den innern Sinnen, durch welche wir das, was in uns vorgeht, als Hunger, Schmerz u. s. w. gewahr werden, haben wir noch fünf äußere Organe, welche uns von dem, was um und außer uns vorgeht, benachrichtigen. Diese sind das Auge, das Ohr, die innere Nasenhaut, die Haut, welche die Zunge und den Schlund bedeckt, und die allgemeine äußere Haut des Körpers. Alle diese Organe haben eine besondere Einrichtung, nach der verschiedenen Art der Körper, welche wir durch dieselben gewahr werden sollen.

§. 9.

Die Bewegung wird durch die Nerven nur vermittelst der Muskeln hervorgebracht, welche Bündel von Fleischfasern sind; diese Fasern haben das Vermögen, dessen Ursache uns noch unbekannt ist, sich durch Zusammenziehung zu verkürzen, wenn sie durch eine scharfe Flüssigkeit oder vermittelst eines spitzigen Körpers gereizt werden. Dieses geschieht selbst noch einige Zeit nach dem Tode, und zwar unabhängig von aller Empfindung. Man nimmt an, daß die willkürliche Bewegung geschehe, wenn der Nervensaft auf die Fasern wirkt; zu dieser Zeit werden die Enden der Muskeln und folglich die Knochen oder andern Theile, an welchen sich dieselben befestigen, einander genähert, und hierin bestehen alle einfache oder zusammengesetzte Bewegungen unseres Körpers.

Zuweilen wirken die Nerven unabhängig vom Willen, und bringen krampfhafte Bewegungen oder Zuckungen hervor.

§. 10.

Die beständige Zunahme der festen Theile verursacht die Erhärtung der Fasern, die Verstopfung der Gefäße, und endlich den Tod; aber die Erzeugung pflanzt die Gattung fort. Der in den Eyerstöcken gebildete Fetus, kommt durch die Muttertrompete in die Höhle der Gebärmutter; hier setzt er sich vermittelst des Mutterkuchens durch seine Gefäße mit denen der Mutter in Verbindung. So wird er bis zu dem Augenblicke seiner Geburt ernährt; nach der Geburt nährt er sich sogleich von der in den Brüsten abgesonderten Milch.

Dieses sind die verschiedenen Systeme von Organen, aus welchen der menschliche Körper zusammengesetzt ist, und vermöge deren derselbe seine verschiedenen Verrichtungen vollbringt. Wir wollen dieselben in den folgenden Kapiteln etwas genauer aus einander setzen.

Zweytes Kapitel.

Von den Bewegungswerkzeugen.

§. 1.

Die Knochen bilden die Grundlage des menschlichen Körpers. Sie umgeben die Höhlen desselben, oder dienen den verschiedenen Theilen zur Stütze. Sie bestehen aus phosphorsaurer Kalkerde*) und einer großen Menge thierischer Gallerte**). Bey dem Fetus sind sie anfangs knorpelig und dem Anscheine nach gleichförmig, allmählig wird man aber Knochenfasern darin gewahr. Die Ränder der platten und die Enden der langen oder Röhrenknochen

*) Diese besteht aus ätzendem Kalk oder reiner Kalkerde und Phosphorsäure.

**) Eine Substanz, welche im warmen Wasser auflöslich ist, und beym Erkalten einen halbdurchsichtigen zitternden hinlänglich bekannten Körper bildet. Der Tischlerleim ist nichts, als eine solche durch Auftrocknen verhärtete Gallerte.

verknöchern von allen zuletzt, und die Enden der langen Knochen vereinigen sich sogar erst ziemlich spät mit den Mittelstücken derselben; bis dahin führen sie den Nahmen der Ansätze. Die platten Knochen, welche den Schedel bilden, vereinigen sich am Ende auch so völlig, daß die Näthe verschwinden. Die Knochen sind mit einem Gewebe von Nerven und Gefäßen bekleidet, welches die Beinhaut *) genannt wird. Die Höhlen der Röhrenknochen enthalten ein feines Fett, welches Mark genannt wird, und in allen Knochenzellen findet sich eine ähnliche Flüssigkeit, welche Marksaft (suc moëlleux) genannt wird.

Die Verbindung der Knochen geschieht entweder durch unbewegliches Ineinandergreifen oder Verzahnung, welches man eine Nath nennt, oder vermittelst eines Knorpels, welcher einige unmerkliche Bewegung zuläßt; oder es

*) Der Verfasser hätte wohl bestimmter und angemessener sagen sollen: eine Haut, welche eine Menge von Nerven und Gefäßen enthält.

findet eine freye Bewegung Statt, entweder nach allen Seiten, wenn nur eine Erhöhung da ist, welche in einer einzigen Höhle spielt, oder nur nach einer Richtung, wenn an beyden Theilen sich Erhöhungen und Vertiefungen finden.

Die Beinhaut geht über die Gelenke von einem Knochen auf den anderen fort, und bildet auf diese Weise Gelenkkapseln. Die Bewegungen werden oft durch Bänder eingeschränkt. In den Gelenkhöhlen sind Drüsen befindlich, welche einen Saft absondern, den man die Gelenkschmiere nennt, er dient um die Reibung zu vermindern.

§. 2.

Die Muskeln setzen sich vermittelst der Flächsen an den Knochen fest; dazu giebt es an diesen oft verschiedene Hervorragungen, und die Muskelwirkung bringt auf der Oberfläche der Knochen auch verschiedene Vertiefungen hervor.

Die Muskeln wirken auf eine sehr unvortheilhafte Art, weil sie sich fast immer sehr spitzwinkelig und sehr nahe an den Ruhepunct des bewegten Knochens ansetzen*). So hat man berechnet, daß die Muskeln, welche den Arm in der ausgestreckten Lage wagerecht halten, eine Kraft äußern müssen, welche beynahe gleich tausend achthundert Pfunden ist. Die Fasern der Muskeln sind bald gleichlaufend, bald wie der Bart einer Feder, bald in verschiedene Bündel, bald in verschiedene Flächen, vertheilt. Die Totalkraft eines Muskels ist die Summe der Kräfte einer jeden Faser, welche nach den verschiedenen Richtungen derselben abgeändert sind. Man kann nicht begreifen, wie diese Fasern, welche an und für sich selbst so schwach sind, im lebenden Zustande eine so beträchtliche Kraft äußern können, da sie doch nach dem Tode, durch das Anhängen eines oft sehr geringen Gewichtes zerreißen.

---

*) Dieß ist nicht ganz richtig ausgedrückt: der bewegte Knochen bildet den Ruhepunct nicht, sondern der andere, um welchen die Bewegung geschieht. Bey der Beugung des Unterarmes ist das untere Ende des Oberarmbeines der Ruhepunct. W.

§. 3.

Der Körper wird abgetheilt in den Stamm, den Kopf und die Gliedmaßen. Der Stamm wird vom Rückgrathe getragen, welches eine Art von Säule ist, die aus einzelnen Knochen, den sogenannten Wirbeln besteht, welche durch Bänder auf einander befestiget werden, die ihnen nur einen geringen Grad von Beweglichkeit erlauben. Jeder Wirbel besteht aus dem nach vorn liegenden Körper, und einem ringförmigen Theile, welcher mit denen der übrigen Wirbel vom Kopfe bis zum Kreuze einen zusammenhängenden Canal bildet, in welchem das Rückenmark enthalten ist. Er hat an der Seite Oeffnungen zum Ausgange der Nerven. An jedem Wirbel finden sich verschiedene Fortsätze, zur Befestigung der Muskeln. Es sind sieben Halswirbel, zwölf Rückenwirbel, fünf Bauchwirbel, fünf Wirbel des Kreuzbeines und fünfe des Steißbeines. Der erste Halswirbel trägt den Kopf; die zwölf Rückenwirbel tragen jeder zwey Rippen oder Knochenbogen, welche die Brust umpanzern, und die Höhle derselben durch ihre Bewegungen beym Athemhohlen erweitern oder verengern. Die sieben ersten oder wahren

Rippen verbinden sich durch knorpelige Verlängerungen mit einem am Vordertheile der Brust liegenden platten Knochen, dem Brustbeine. Die fünf folgenden heißen falsche Rippen. Die Bauchwirbel tragen keine Rippen. Die Kreuzwirbel sind zu einem einzigen Stücke verbunden, welches das Kreuzbein genannt wird, und woran sich die Hüftknochen befestigen. Die Steißbeinwirbel sind ein unvollständiges Analogon des Schwanzes der Vierfüßer und bilden die Hervorragung, welche der Steiß genannt wird.

§. 4.

Der Kopf bewegt sich auf dem ersten Wirbel vor- und rückwärts, und dieser dreht den Kopf, indem er sich auf dem zweyten Wirbel dreht. Auf die Seite kann der Kopf nur durch Beugung des ganzen Halses gebracht werden. Der Kopf besteht aus dem Schedel oder der Hirnschale, und dem Gesichte. Der Schedel ist eine eyförmige Büchse, welche das Hirn enthält. Seine Grundfläche ist von einem großen Loche durchbohrt, welches das Rückenmark durchläßt, um in den Rückenmarkscanal zu gelangen; überdieß giebt es noch verschiedene andere kleinere Löcher zum Durchgange für die Gefäße und Nerven. Der Schedel ist durch Näthe in acht Knochen getheilt, nähmlich: ein Hinterhauptsbein, zwey Schlafbeine, zwey Scheitelbeine, ein Stirnbein, ein Keilbein und ein Siebbein. Das Gesicht liegt vor dem unteren Theile des Schedels, durch dieses geht von hinten nach vorn die Nasenhöhle, welche durch eine Scheidewand das Scheidebein oder Pflugscharbein in zwey getheilt ist. Ueberdieß enthält es noch die Augenhöhlen, Vertiefungen, welche die Augen aufnehmen und die beyden Kinnladen. Es giebt vierzehn Gesichtsknochen: zwey Oberkieferbeine, zwey Wangenbeine, deren jedes sich durch eine Hervorragung mit dem Schlafbeine verbindet, wodurch eine Art von Henkel, der sogenannte Jochbogen entsteht; ferner zwey Nasenbeine, zwey Gaumenbeine hinter dem Gaumentheile der Oberkiefer, ein Scheidebein in der Nasenhöhle, zwey Muschelbeine an den Seiten der Nasenhöhle, zwey Thränenbeine an der inneren Seite der Augenhöhlen, und das Unterkieferbein, welches der einzige bewegliche unter den Kopfknochen ist.

Jede Kinnlade enthält sechzehn Zähne: vier keilförmige Schneidezähne in der Mitte, zwey Spitz- oder Hundszähne an den Ecken, und zehn Backenzähne mit höckerigen Kronen, fünfe an jeder Seite, welches also zusammen zwey und dreyssig Zähne macht. Die Zunge und der Kehlkopf selbst wird von einem besondern Knochen, dem sogenannten Zungenbeine unterstützt, welches mit dem Kopfe nur durch Bänder in Verbindung steht*).

§. 5.

Die oberen Gliedmaßen bestehen aus vier Theilen, nähmlich: Schulter, Arm, Unterarm und Hand. Die Schulter hat zwey Knochen: das Schulterblatt ein platter dreyeckiger Knochen, welcher hinter den Rippen liegt; an seinem äußeren Winkel findet sich eine Fläche, auf welcher der Oberarm eingelenkt ist; an der hinteren Fläche ist eine hervorragende Leiste, an deren Ende ein Fortsatz, die sogenannte Schulterhöhe, an welcher sich das Schlüs-

---

*) Beym Menschen eigentlich wohl nur durch Muskeln. W.

selbein befestiget, welches der zweyte Knochen der Schulter ist, welcher an Gestalt rundlich und zweymahl gebogen, sich mit dem anderen Ende am oberen Theile des Brustbeines befestiget.

Der Arm hat nur einen Knochen, das sogenannte Oberarmbein, welches sich an dem Schulterblatte nach allen Richtungen bewegt. Der Unterarm besteht aus zwey Knochen, dem Ellenbogenbeine, welches sich auf dem Oberarmbeine beugt und ausstreckt, und vermöge einer an ihm befindlichen Hervorragung, dem Ellenbogenknorren, verhindert wird zu weit zurückzutreten, und die Speiche, welche mit ihren Enden das Ellenbogenbein berührt und sich um dasselbe drehet, wobey die Hand sich mit bewegt und folglich gedrehet wird.

Die Handwurzel verbindet die Hand mit dem Unterarme. Sie besteht aus acht kleinen in zwey Reihen liegenden Knochen, welche sich nur unmerklich an einander bewegen können. Die Mittelhand besteht aus fünf langen Knochen, an deren jedem ein Finger hängt. Der Daumen hat nur zwey Glieder, und ist der einzige Finger, dessen Mittelhandknochen beweglich ist, und den übrigen entgegen

gestellt

gestellt werden kann; alle anderen Finger haben drey Glieder.

Der Gebrauch der obern Gliedmaßen besteht im Fassen und Halten alles dessen, was der Mensch nöthig hat. Die Theilung und Beweglichkeit der Finger macht dieselben zu den feinsten Arbeiten geschickt.

§. 6.

Die unteren Gliedmaßen bestehen gleichfalls aus vier Theilen, welche mit denen der oberen Uebereinstimmung haben: nähmlich Hüfte, Oberschenkel, Unterschenkel und Fuß. Die beyden Hüften bilden nur einen einzigen Körper, eine Art von Knochengürtel, welcher den unteren Theil des Stammes umgiebt, und mit einem Becken verglichen worden ist, dessen ausgeschnittener Theil nach oben gewandt ist und den Eingeweiden zur Stütze dient, und dessen unterer Theil zum Ausgange der Excremente offen ist. Jede Hüfte besteht eigentlich aus drey Knochen, welche in einem gewissen Alter zusammenwachsen: dem Darmbeine, welches platt, abgerundet und breit ist, und am Kreuzbeine hängt, dem Schambeine, welches nach oben und vorn liegt, und dem Spitzbeine, welches unten zur Seite liegt. Die rauhe Hervorragung des letzteren unterstützt den Körper beym Sitzen. Diese drey Knochen tragen gemeinschaftlich zur Bildung der Höhle bey, in welcher der Kopf des Oberschenkels, des längsten Knochens am ganzen Körper, eingelenkt ist. Der Unterschenkel besteht aus zwey Knochen, dem Schienbeine, welches nach innen, und dem Wadenbeine, welches nach außen liegt; diese drehen sich aber nicht um einander, und können sich nur gegen den Oberschenkel beugen. Auf diesem Gelenke liegt die Kniescheibe, welche verhindert, daß der Unterschenkel sich zu stark nach vorn bewege.

Die Fußwurzel besteht aus sieben Knochen: einer derselben hat die Gestalt einer halben Rolle, auf welcher sich der Unterschenkel bewegt, er heißt das Sprungbein; ein anderer, dessen Hervorragung die Hacke oder die Ferse bildet, heißt das Fersenbein. Die übrigen fünfe sind kleiner. Der Mittelfuß besteht aus fünf langen oder Röhrenknochen; der Mittelfußknochen der großen Zehe kann sich aber nicht unabhängig von den übrigen bewegen, wie der am Daumen der Hand. Die große Zehe ist dicker und länger als die übrigen, obgleich dieselbe nur zwey Glieder hat; die übrigen Zehen haben jede drey Glieder. Der Nutzen der unteren Gliedmaßen ist, den ganzen Körper zu tragen und zu bewegen.

Drittes Kapitel

Von den Werkzeugen des Athemhohlens und des Blutumlaufes.

---

§. 1.

Der menschliche Körper hat drey vorzügliche Höhlen, die des Kopfes, der Brust und des Unterleibes. In der Brust sind die Werkzeuge des Athemhohlens und Blutumlaufes enthalten. Sie ist von den Rippen umgeben und von der Bauchhöhle durch das Zwerchfell geschieden, welches eine häutige Scheidewand*) ist, deren obere der Brust zugewandte Fläche convex,

*) Eigentlich ein wahrer platter dünner Muskel. W.

und die mit Muskelfasern versehen ist, welche durch ihre Zusammenziehung die Convexität flächer machen und dadurch die Brusthöhle auf Kosten der Bauchhöhle erweitern. Diese Erweiterung geschieht auch sonst noch, indem die Rippen durch mehrere Muskeln aufwärts gezogen werden, dahingegen andere durch Herabziehen der Rippen eine gegenseitige Wirkung äußern.

§. 2.

Die Lungen sind zwey große zellige Massen, welche beynahe die ganze Brusthöhle ausfüllen. Die Zellen derselben sind so klein, daß man sie nur unter dem Mikroskope unterscheiden kann. Jede derselben steht mit einem kleinen Canale in Verbindung, und alle diese Canäle, nachdem sie sich in einander geöffnet haben, endigen an jeder Lunge in einen großen Stamm, welcher der Luftröhrenast heißt: beyde Luftröhrenäste vereinigen sich zur Luftröhre, welche sich an der Wurzel der Zunge im Schlunde öffnet. Sowohl die Luftröhre, als die Aeste derselben mit ihren Zweigen werden von elastischen knorpeligen Ringen so unterstützt oder offen gehalten, daß bey der Erweiterung der Brusthöhle die äußere Luft vermöge ihrer eigenen Schwere in alle Lungenzellen dringt, und umgekehrt bey der Verengung derselben wieder herausgetrieben wird.

§. 3.

Das Herz liegt vorn in der Brusthöhle, zwischen beyden Lungen; die Spitze desselben ist schräge nach links gerichtet. Es besteht aus zwey Kammern mit sehr starken Muskelwänden, und zwey Nebenkammern mit dünneren Wänden. Wenn sich die hintere oder linke Kammer zusammenzieht, so treibt sie das in ihr enthaltene Blut in den großen Schlagaderstamm, welchen man die Aorte nennt, an dessen Anfange sich drey Klappen befinden, welche eine solche Richtung haben, daß sie, wenigstens größtentheils das Blut verhindern, wieder in die Herzkammer bey deren Erweiterung zurück zu dringen. Durch die Schlagadern wird das Blut sowohl vermittelst der Zusammenziehung der linken Herzkammer, als auch vermittelst der fortschreitenden Zusammenziehung ihrer eigenen Fasern zu allen Theilen des Körpers gebracht. Die letzten kleinen Zweige der Schlagadern ergießen sich in die Venen. In diese wird das Blut theils durch den von den Schlagadern erhaltenen Stoß, theils durch den Druck der umgebenden Theile getrieben, und steigt von den Zweigen in die Stämme, indem es durch Klappen gestützt wird, welche zu dieser Absicht in gewissen Zwischenräumen in den Venen angebracht sind, und tritt endlich wieder durch den gemeinschaftlichen Venenstamm, welcher Hohlvene heißt und sich in die rechte Nebenkammer ergießt, wieder zum Herzen hinein. Diese rechte Nebenkammer steht mit der rechten oder vorderen Kammer durch eine Oeffnung in Verbindung, an welcher sich Klappen finden, die so angebracht sind, daß sie dem Blute zwar den Eintritt in diese Kammer erlauben, den Rücktritt aber bey der Zusammenziehung derselben in die Nebenkammer verhindern. Das Blut ist also nun genöthiget, durch die lungenschlagader seinen Ausweg zu suchen, deren Anfang mit nach außen gerichteten Klappen versehen ist. Durch diese Schlagader gelangt das Blut nun zu den lungen; sie theilt sich hier ins Unendliche, um alle ihre Zweige an den Wänden der lungenzellen der Wirkung der luft auszusetzen. Dann tritt das Blut in die Wurzeln der lungenvenen, deren Stämme sich in die linke Nebenkam=

mer und von da in die linke Kammer selbst ergießen, welche es durch ihre Zusammenziehung in die Aorte treibt u. s. w.

In diesem doppelten Kreislaufe besteht der Blutumlauf. Man sieht, daß 1. das Blut, welches durch den Körper gelaufen ist, nicht eher wieder in diesen Kreislauf gelangt, als bis es durch die Lungen gegangen ist; 2. daß in den Lungen allein so viel Blut ist, als im ganzen übrigen Körper; 3. daß die beyden Nebenkammern sich zu gleicher Zeit zusammenziehen, in dem Augenblicke, wo die Kammern sich erweitern, und umgekehrt; 4. daß wenn die Kammern sich zusammenziehen, das Blut die Schlagadern auftreibe, und daß die Pulsschläge des Herzens mit denen der Schlagadern abwechseln, welche man vorzugsweise den Puls nennt.

§. 4.

Die Zusammenziehung der Herzkammer wird durch den Reiz bewirkt, welchen das aus der Nebenkammer kommende Blut auf die Fasern derselben macht; ist diese Thätigkeit einmahl ins Werk gesetzt, so dauert sie das ganze Leben hindurch fort.

Die Venen laufen gemeiniglich näher an der Oberfläche des Körpers, als die Schlagadern; daher werden sie durch Binden eher zusammengedrückt, als diese letzteren. Deswegen häuft sich auch das Blut bey der Unterbindung eines Gliedes in dem vom Herzen entfernteren Theile oder jenseits der Unterbindung an.

§. 5.

Wenn das Athemhohlen gehemmt wird, so läßt die zusammengezogene Lunge das Blut nicht mehr frey durch, und der ganze Blutumlauf wird behindert, wenn sich nicht für das Blut ein anderer Weg aus der Hohlvene in die linke Herzkammer findet. Dieses ist der Fall beym Fetus, welcher, wie wir weiter unten sehen werden, nicht athmet.

Das Blut, welches von allen Theilen des Körpers durch die Hohlvene zum Herzen zurückkehrt, und von da durch die Lungenschlagader zur Lunge gelangt, ist schwärzlich und schwer; das, welches von der Lunge durch die Lungenvenen zum Herzen zurückkommt, und von da durch die Schlagadern sich zu allen Theilen des Körpers hin verbreitet, ist hochroth und schäumig; dieß kommt von der Wirkung der Luft. Unsere Atmosphäre besteht aus etwa einem Viertel Lebensluft oder Sauerstoffgas, welches allein zur Unterhaltung des Verbrennens taugt, und drey Vierteln einer anderen Luftart, welche Stickluft oder Stickstoffgas genannt wird. Diese geht so aus der Lunge wieder fort, wie sie hineingekommen ist. Aber anstatt der Lebensluft kommt Wasser in Dunstgestalt und fixe Luft oder Kohlenstoffgas, kohlensaures Gas wieder heraus. Diese beyden Producte sind aus der Verbindung des Sauerstoffs mit der Kohle oder dem Kohlenstoffe, und der Grundlage der brennbaren Luft oder dem Wasserstoffgase entstanden, welche im Blute enthalten waren. Die vorzüglichste Wirkung des Athemhohlens ist also, das Blut von dem Ueberflusse dieser beyden Grundstoffe zu befreyen; und da bey dieser Verbindung, welche einer langsamen Verbrennung ähnlich ist, das Sauerstoffgas einen Theil des Wärmestoffs fahren läßt, welcher dasselbe in den luftförmigen Zustand versetzte, so ist die Lunge der Mittelpunct der thierischen Wärme, und von hier erhält das Blut die Wärme, welche es dem ganzen übrigen Körper mittheilt.

§. 6.

Am oberen Ende der Luftröhre ist das vorzüglichste Werkzeug der Stimme, welches der Kehlkopf genannt wird. Dieser besteht aus mehreren Knorpeln, welche eine längliche Oeffnung mit sehr zarten Rändern zwischen sich haben, die die Stimmritze heißt. Sie kann zusammengezogen uud erweitert werden; und wenn die Luft vermöge der Zusammenziehung der Brust schnell ausgestoßen wird, so bringt sie Töne hervor, welche nach Maßgabe des mehr oder weniger vorwärts gezogenen Kehlkopfes mehr oder weniger fein sind. Diese Töne werden dann durch die mehr oder weniger erweiterte Oeffnung des Mundes abgeändert, und durch die Bewegungen der Zunge, der Lippen und Zähne artikulirt. Ein Knorpel, welcher der Kehldeckel heißt, legt sich beym Hinunterschlucken auf die Stimmritze, um dieselbe zu bedecken.

Viertes Kapitel.

Von den Empfindungswerkzeugen.

§. 1.

Das Hirn hat äußerlich eine röthliche, nach innen aber eine reinweiße Farbe; die Substanz desselben erscheint gleichartig und breyig. Die Blutgefäße desselben bleiben an der Oberfläche, auf welcher sie hinlaufen und sich vertheilen, ohne in das Innere zu dringen *). Man nimmt an, daß der röthliche Theil, welchen man die Rinden-Substanz nennt, ein Gewebe von Gefäßen sey, in welchen die Absonderung des Nervensaftes geschehe, und daß der weiße Theil, welchen man die

*) Die meisten Gefäße im Inneren der Hirnmasse führen bloßes Blutwasser. W.

Mark=Substanz nennt, und der sich in das verlängerte Mark und in alle Nerven fortsetzt, aus Gefäßen bestehe, welche jenen Nervensaft durchlassen. Das Hirn ist von einer sehr feinen Haut umgeben, welche in alle Furchen desselben dringt, und die weiche Hirnhaut oder Gefäßhaut des Hirns heißt, und von einer anderen, welche die feste Hirnhaut heißt, dicker ist, an den Hirnschalenknochen festhängt und nur mit einigen Verdoppelungen eindringt; deren beyde vorzüglichste das Hirnzelt und die große Sichel sind, wovon das erstere das große Hirn vom kleinen trennt, die letztere aber das große Hirn in zwey Hälften theilt. Man bemerkt im großen und kleinen Hirne verschiedene Erhabenheiten und Vertiefungen, deren Nutzen noch unbekannt ist; die beyden Hirnhälften sind am Grunde durch den Hirnbalken verbunden. Jede enthält eine der vorderen oder Seitenhirnhöhlen, an deren Boden sich die gestreiften Körper finden, und die durch die durchscheinende Scheidewand von einander geschieden sind, und nur unter dem Gewölbe mit einander Gemeinschaft haben, und deren Seitenwinkel oder Hörner sich hinter zwey gekrümmten Erhöhungen verlängern, welche man die gerollten Wülste oder die Ammonshörner nennt. Dieß Gewölbe bedeckt die Erhabenheiten, welche die Sehehügel genannt werden, und zwischen denen der Eingang der dritten Hirnhöhle ist, welche bis an die Schleimdrüse oder den Hirnanhang reicht, der am Grunde des Hirns eingesenkt ist. Hinter den Sehehügeln liegen die Vierhügel, zwischen welchen die Zirbeldrüse aufsitzt. Unter diesen Vierhügeln geht ein Canal, welcher von der dritten Hirnhöhle zur vierten führt, die unter dem kleinen Hirne liegt. Dieses hat in seinem Innern markige Verzweigungen, welche der Lebensbaum genannt werden. Es umfaßt das verlängerte Mark mit zwey Schenkeln, und unter ihm sieht man eine querliegende Hervorragung, den Hirnknoten, oder die Varolsbrücke. Hinter derselben hat das verlängerte Mark drey Furchen, welche vier Erhabenheiten, nähmlich die Oliven- und Pyramidenkörper, bilden.

§. 2.

Von dem verlängerten Marke entstehen zehn Nervenpaare, *) welche durch Oeffnungen des Schedels herausgehen; die übrigen zwanzig **) entstehen vom Rückenmarke, und gehen durch die Ausschnitte zwischen den Wirbeln hinaus. Von diesen zwanzigen gehen die drey ersten an die Seiten des Halses und des Kopfes; die fünf nächsten vereinigen sich, um den großen Armnerven zu bilden, welcher sich zu allen Theilen des Armes vertheilt. ***) Dann folgen

---

*) Nach der neueren richtigeren Zählung sind es eilf Paar, wie weiter unten angegeben werden soll. W.

**) Es entstehen vom ganzen Rückenmarke eigentlich dreyßig Nervenpaare, wovon acht Halsnerven, zwolfe Rückennerven, fünfe Lendennerven, und fünfe Kreuznerven heißen.

***) Nicht die fünf unteren Halsnerven, sondern die vier unteren mit dem ersten Rückennerven bilden den großen Armnerven, oder vielmehr das Armgeflecht, woraus mehrere Stämme zusammengesetzt werden. Der vierte Halsnerve von oben giebt den Zwerchmuskelnerven. W.

zwölfe, welche sich in den Zwischenräumen der Rippen vertheilen; dann sieben, welche zusammen zwey große Nerven für den Ober- und Unterschenkel bilden. **)

Was die ersten zehn Paare betrifft, welche aus dem Schedel hervorkommen, so geht das erste Paar zur inneren Nase, wo es zum Geruche dient; das zweyte bildet die beyden großen Sehnerven, welche zum Auge gehen, und dem Sinne des Gesichts dienen; die beyden folgenden und das sechste Paar dienen zur Bewegung der Augenmuskeln; das fünfte, welches sehr beträchtlich ist, vertheilt sich zu vielen Theilen des Kopfes; das siebente geht zum Ohre und dient zum Gehöre; das achte, welches von den meisten für einen Zweig des siebenten angesehen worden ist, geht zum An-

---

*) Nähmlich die vier oberen Lendennerven bilden zusammen den Schenkelnerven, welcher vorn, und die vier oberen Kreuznerven, mit dem untersten Lendennerven bilden den Sitzbeinnerven, welcher hinten am Schenkel läuft, und bis an den Fuß kommt, welchen er beynahe allein versorgt.

gesichte; das neunte, welches diese für das achte zählten, verbreitet sich im Inneren des Körpers zu den vorzüglichsten Eingeweiden, indem es sich mit einer großen Menge von anderen Nerven verbindet, woher man es auch das mittlere Mitleidungspaar genannt hat; *) das zehnte geht zur Zunge und wird für das Geschmackswerkzeug gehalten.

Unter dem großen Mitleidungsnerven versteht man einen Strang, welcher durch sogenannte Nervenknoten mit allen Nerven des Rückenmarkes in Verbindung steht, und fast allen Eingeweiden eine Menge von Zweigen giebt.

---

*) Der Verf. zählt den Zungenschlundnerven (glossopharyngeus) mit zum Lungen- oder Stimmnerven (n. vagus) und macht aus diesen beyden sein neuntes Paar. Der Zungenschlundnerve bildet aber ein eigenes vom Stimmnerven abgesondertes Paar, welches das neunte ist; das mittlere Mitleidungspaar des Verf. ist eigentlich das zehnte, und das zehnte Paar des Verf. ist das eilfte, und heißt das Zungenfleischnervenpaar (par hypoglossum). W.

Vermöge dieser Vereinigungen der Nerven unter einander erstrecken sich die Empfindungen und Eindrücke oft von einem Ende des Körpers zum andern.

§. 3.

Das Auge ist das Werkzeug des Gesichts; das Licht wirkt darauf ein. Der Augapfel besteht aus der weißen Augenhaut oder Sklerotika, welches eine dicke, undurchsichtige, weißliche Haut ist, deren vorderer Theil offen ist, um eine durchsichtige Haut, die Hornhaut aufzunehmen; die weiße Augenhaut ist inwendig mit der Aderhaut bekleidet, welche sehr fein und ganz mit unzählbaren Blutgefäßen durchwebt, an der inneren Fläche von einem schwärzlichen Schleime gefärbt ist. Sie endiget sich vorn mit zwey häutigen Ringen: der vordere derselben ist die Regenbogenhaut, deren Oeffnung, welche die Sehe oder Pupille heißt, sich nach Verhältniß der größeren oder geringeren Stärke des Lichtes zusammenzieht oder erweitert. Der andere von den beyden Ringen ist ringsum gefaltet oder gefranzt; man nennt ihn den Strahlenkörper oder Ciliar-Körper. Er dient der Krystallinse zum

Halte, welche ein linsenförmiger durchsichtiger Körper ist, der die Lichtstrahlen bricht und in seinem Brennpuncte die äußeren Gegenstände darstellen macht. Der ganze Raum vor der Krystallinse ist mit der wässerigen Feuchtigkeit erfüllt, der Raum hinter der Krystallinse mit der gläsernen Feuchtigkeit, (oder besser dem Glaskörper). Der Grund des Auges, auf welchem sich die Gegenstände abbilden, ist mit einer Haut bekleidet, welche die Netz- oder Nervenhaut heißt, von der Ausbreitung des Sehnerven entsteht, und der empfindlichste Theil des menschlichen Körpers ist. Das Auge wird durch sechs Muskeln bewegt, welche von einer großen Nervenmenge in Thätigkeit gesetzt werden; denn das dritte, vierte, sechste Paar und ein Theil des fünften Hirnnervenpaares gehen zu ihnen. Die Thränendrüse, welche oben in der Augenhöhle liegt, erzeugt die Thränen, welche den Vordertheil des Auges abspühlen, und durch die Bewegung der Augenlieder gegen den inneren Augenwinkel hingetrieben werden, wo sie durch die Thränenpuncte in die Nase gelangen, wenn nicht heftige Gemüthsbewegungen oder starke Gerüche (oder starkes blendendes Licht u. s. w.) ihre Menge zu sehr vermehren.

§. 4.

Der Geruch hat seinen Sitz in der Schleimhaut, welche die ganze Nasenhöhle auskleidet. Sie ist mit einer grossen Menge von Gefäßen und Nerven versehen, und beständig von einer schleimigen Feuchtigkeit benetzt. Die Nerven derselben sind das ganze erste Paar, welches auch das Geruchsnervenpaar heißt, und ein Theil des fünften Paares. Die innere Oberfläche der Nase ist durch gewisse Höhlen und mehr oder weniger verwickelte Plättchen vergrößert. Da diese mit dem Schlunde nach hinten Gemeinschaft haben, so zieht die Luft bey dem Athemhohlen durch, und bringt die flüchtigen riechbaren Theilchen dahin.

§. 5.

Das Ohr ist das Werkzeug des Gehörs. Die Schwingungen der Luft, welche durch das äußere Ohr aufgefangen werden, dringen in den äußern Gehörgang, bis an das Paukenfell, eine dünne elastische Haut, welche jenen Gang von der Paukenhöhle trennt;

diese Höhle hat durch die Eustachische Trompete mit dem hintern Theile des Mundes Gemeinschaft, und enthält vier unter einander verbundne Knöchelchen: die Gehörknöchelchen. Der erste heißt der Hammer, und ist am Paukenfelle selbst befestiget. Der zweyte heißt der Amboß; der dritte heißt das Sylvische Knöpfchen, und ist der kleinste Knochen des ganzen menschlichen Körpers; auf ihn folgt der Steigbügel, welcher von seiner vollkommenen Aehnlichkeit mit einem wirklichen Steigbügel so genannt ist. Dieser letzte steht mit seinem Grunde auf einer Oeffnung, welche das eyrunde Fenster heißt, und die aus der Paukenhöhle in eine andere Höhle führt, welche das Labyrinth genannt wird. Die Winkel, unter welchen sich die genannten vier Knöchelchen verbinden, können vermittelst gewisser Muskeln vergrößert und verkleinert werden, und dadurch das Paukenfell mehr oder weniger anspannen. Man sieht, daß es dadurch mit den Tönen in Uebereinstimmung gebracht werde, welche man genauer hören will. Es scheint auch, daß der Steigbügel durch die Schwingungen des Paukenfelles erschüttert, auf den Nervenbrey wirken kann, welcher das Labyrinth ausfüllt.

Mit diesem letzteren Nahmen belegt man den letzten Theil des innern Ohres, welcher aus einem Vorhofe, drey Bogengängen und einem kegelförmigen Canale besteht, der spiralförmig um eine Axe gewunden und durch eine halb knöcherne, halb häutige Scheidewand in zwey Treppen getheilt ist, wovon die eine auf den Vorhof stößt, und die andere durch eine Oeffnung, welche das runde Fenster heißt, in die Paukenhöhle führt. Dieser spiralförmig gewundene Canal heißt die Schnecke. Alle Theile des labyrinthes sind inwendig mit einer festen Haut bekleidet und mit einer flüssigen Gallerte erfüllt, in welcher die letzten Fäden des siebenten Hirnnervenpaars oder des Gehörnerven sich fein vertheilen. Alle Höhlungen des innern Ohres sind in einem Theile des Schlafbeins ausgehöhlt, welchen man seiner Härte wegen das Felsenbein nennt; und die Theile des inneren Ohres verknöchern von allen Knochen am frühesten: ja man bemerkt, daß dieselben beym neugebornen Kinde fast schon ihre ganze Vollkommenheit erreicht haben.

§. 6.

Der Sinn des Geschmackes wird durch die Zunge verrichtet; diese ist mit einer feinen, beständig feucht erhaltenen Haut überzogen; die zahlreichen Nerven, welche vom zehnten Paare zu ihr gehen (vom neunten und eilften Paare), endigen sich in kleinen Wärzchen, welche auf der Oberfläche der Zunge sitzen, und deren Bau man für schwammig hält, so daß die Feuchtigkeit oder die auflöslichen Theile der Nahrungsmittel davon eingesogen werden. Die Spitze der Zunge besitzt einen feineren, der hintere Theil der Zunge einen volleren Geschmack (plus plein).

§. 7.

Die allgemeine Haut des Körpers ist das Werkzeug des Gefühls. Sie besteht aus vier Theilen: aus der Lederhaut, welche weiß, dicht, dick und dem Anscheine nach aus sehr dichtem Zellenstoffe gewebt ist: dem Warzenkörper (corps papillaire), welcher zahlreiche Erhöhungen auf der Lederhaut bildet, welche wie man glaubt, von der Verbreitung der Nerven entstehen, die durch die Lederhaut gedrungen sind, und worin vorzüglich das Gefühl liegt; an den Enden der Finger sind sie am zahlreichsten und am regelmäßigsten gelagert: ferner dem Schleimhäutchen, einer Art von Netze, welches die Lederhaut und ihre Wärzchen bedeckt; bey den Negern ist es schwarz; und endlich aus der Oberhaut, welches die äusserste Haut des Körpers, weiß und unorganisch ist, und leicht wieder erzeugt wird, nachdem sie zerstört worden ist. Sie stumpft die Wirkung der äußern Körper auf die Nerven der Haut ab. Zwischen der Lederhaut und den Muskeln liegt ein mit Fett erfülltes Zellengewebe. Die Haare und Nägel sind von ähnlicher Natur als die Oberhaut, und erzeugen sich auch eben so wieder. Ihr Nutzen besteht darin, daß sie die Eindrücke der Körper auf die Werkzeuge des Gefühles schwächen: die Nägel dienen überdieß noch, um den Fingerenden mehr Stärke zu geben. Der Sinn des Gefühls verschafft uns drey verschiedene Arten von Empfindungen, nähmlich: diejenigen, welche von dem Widerstande der Körper herrühren, und wodurch wir bemerken, ob sie hart, weich, elastisch, flüssig, luftartig, unbeweglich, oder mit größerer oder geringerer Geschwindigkeit bewegt sind u. s. w.; ferner die Empfindungen, welche von der Gestalt der Körper herrühren, und wodurch wir sie als rund, eckig, glatt, rauh u. s. w. erkennen; endlich diejenigen Empfindungen, welche der Wärmegrad der Körper verursacht. Diese letzteren geben uns zwar nicht absolut den Wärmegrad zu erkennen, aber sie setzen uns nur in den Stand, die Menge der Wärme zu vergleichen, welche irgend ein Körper uns raubt oder mittheilt.

Fünftes Kapitel.

Von den Ernährungswerkzeugen.

---

§. 1.

Die Speisen werden im Munde zerkauet und mit Speichel getränkt. Von den Zähnen und Kinnladen ist schon oben die Rede gewesen. Der Speichel wird von verschiedenen Drüsen abgesondert, welche in der Gegend um den Mund liegen und sich in die Höhle desselben ergießen. Die beträchtlichsten sind die neben den Ohren liegenden Ohrdrüsen, welche durch das Zusammendrücken bey'm Kauen, wo sich die Kinnladen bewegen, den Speichel durch einen Canal in den Mund ergießen, welcher sich an der innern Fläche jeder Wange öffnet. Die Kieferdrüsen liegen zwischen den Aesten des Unterkiefers und ihr Ausführungsgang öffnet sich unter dem Zungenbändchen. Außer diesen sind noch mehrere kleinere da. Der Speichel ist ein klarer seifenartiger Saft, welcher einen kräftigen Anfang zur Auflösung der Speisen macht.

§. 2.

Das Schlingen, oder die Handlung des Hinunterschluckens geschieht vermittelst der Zunge, welche durch ihr Zurückschlagen nach hinten die Speisen in den Schlund oder Schlundkopf treibt: mit diesem Nahmen belegt man den Anfang des Speisecanals, welcher eine länglichrunde Erweiterung bildet und von vielen Muskelfasern umgeben ist, welche fast an alle benachbarten Theile sich festsetzen, und indem sie sich nach einander zusammenziehen, die Speisen hinuntergehen machen.

§. 3.

Der Speisecanal besteht eigentlich aus drey Häuten, nähmlich aus der innern Haut, (in den Därmen selbst heißt diese die Zottenhaut) welche eine Fortsetzung des Oberhäutchens ist, der zweyten, welche die Zellenhaut heißt und in ihrem Gewebe der Lederhaut gleicht, da sie ein eben solches dichtes Gewebe von weißlichen Fasern und Plättchen bildet, und der dritten, welche die beyden vorigen umgiebt und aus längs- und querlaufenden Muskelfasern besteht, welche der Stärke und Richtung nach verschieden sind; sie heißt die Muskelhaut. Der ganze Theil dieses Canals, welcher im Unterleibe enthalten ist, wird außerdem noch von einer Verdoppelung der Bauchhaut oder des Bauchfelles umgeben, welche eine vierte Haut (die äußere Haut) bildet. Diese Bauchhaut ist eine dünne Haut, welche die meisten Eingeweide des Unterleibes ungefähr wie ein Sack umgiebt.

§. 4.

Der erste Theil des Speisecanals steigt der Länge nach am Halse und in der Brust hinab, und heißt die Speiseröhre. Nachdem diese den Zwerchmuskel durchbohrt hat, und so in den Unterleib gedrungen ist, bildet sie eine große Erweiterung, welche man den Magen nennt. Dieses Eingeweide liegt nach links, hat eine große Convexität, und dieser gegenüber eine kleinere Concavität. Die Oeffnung am Eingange des Magens heißt der obere Magenmund; die Oeffnung des Ausganges der untere Magenmund, oder der Pförtner. An der innern Fläche bemerkt man einige Runzeln. Er erzeugt eine besondere Flüssigkeit, welche man den Magensaft nennt, und die sehr kräftig auf die Speisen wirkt. Diese werden nähmlich im Magen zu einem gleichartigen, gräulich gefärbten Breye.

§. 5.

Gleich jenseits des Magens erhält der Speisecanal den Nahmen der Därme oder des Darmcanals, und erfüllt mit seinen Windungen den größesten Theil des Unterleibes. Der erste Theil ist der Zwölffingerdarm, welcher zwey Krümmungen macht, und hinter dem Magen gegen den Rücken befestiget ist; dann schlägt sich der Darmcanal nach vorn und ist am faltigen Rande einer senkrechten Verdoppelung der Bauchhaut befestiget, welche das Gekröse heißt, dieser Theil des Darmcanals wird mit dem Nahmen des leer- und Krummdarmes belegt. Alle diese drey ersten Theile zusammengenommen, sind unter dem gemeinschaftlichen Nahmen der dünnen Därme begriffen. Der übrige Theil dieses Canals führt den Nahmen der dicken Därme. Der beträchtlichste von diesen ist der Grimmdarm, ein sehr dicker Darm, welcher viele Unebenheiten oder querlaufende Auftreibungen an seinen Wänden zeigt, und der länge nach mit drey gleichförmigen bandähnlichen Flächsenstreifen besetzt ist. Der Grimmdarm beschreibt einen unregelmäßigen Bogen, indem er längs der rechten Seite hinaufsteigt und dann quer über geht, um an der linken Seite wieder abwärts, und von da am untern Theile des Rückgraths hinabzusteigen. Er ist am Rande einer queren Verdoppelung der Bauchhaut befestigt, welche das Grimmdarmsgekröse genannt wird. Da der Krummdarm sich nicht in gerader linie, sondern nur von der Seite in den Grimmdarm einsenkt, so bleibt eine Art von blindem Sacke übrig, welche der Blinddarm genannt wird, und an dem ein kleiner dünner Anhang, der sogenannte wurmförmige Anhang sitzt. Beyde liegen unten an der rechten Seite. Der Rand des Krummdarms ragt in den Blinddarm hinein, und bildet dadurch die sogenannte

Grimmdarmsklappe. Diese verschließt den Substanzen, welche einmahl in den dicken Darm gelangt sind, den Rückweg in die dünnen Därme. Der Grimmdarm endiget sich in den Mastdarm, den letzten von allen, welcher gerade zum After hinabsteigt.

§. 6.

Der Speisenbrey wird der ganzen länge nach in den Därmen durch die auf einander folgende Zusammenziehung ihrer Muskelhaut fortgeführt, welche eine langsame Bewegung bewirkt, die der eines kriechenden Wurmes ähnlich ist, und deswegen auch die wurmförmige Bewegung genannt wird. Diesem Breye mischt sich überall eine Feuchtigkeit bey, welche reichlich aus den Wänden des Canals schwitzt (der Darmsaft). So wie sich dieser Brey dem Mastdarme nähert, wird er brauner, trokkener und nimmt einen häßlichern Geruch an. Bey seinem Durchgange durch den Zwölffingerdarm werden ihm die Säfte zweyer beträchtlicher Drüsen, nämlich der leber und der Bauchspeicheldrüse beygemischt.

§. 7.

Die Leber erzeugt die Galle. Es ist eine sehr große Drüse von brauner Farbe und ziemlich dichter Consistenz. Sie nimmt den obersten Theil des Unterleibes an der rechten Seite ein, und liegt nach links auf dem Magen: das Blut, welches zur Ernährung derselben dient, gelangt auf die gewöhnliche Art durch eine Schlagader zu derselben; aber das, welches zur Gallenbereitung dient, gelangt auf eine andere Art hinein. Das von den Eingeweiden und vom Magen kommende Blut begiebt sich durch eine Menge von Venenzweigen in einen gemeinschaftlichen Stamm, welcher die Pfortader genannt wird, anstatt von da durch die Hohlader zum Herzen zu gehen, vertheilt sich dieser Stamm wieder in die Leber; auch von der Milz erhält sie viele Zweige; dieß ist ein brauner, ziemlich großer, an der linken Seite zwischen dem Magen und den Rippen liegender Körper, von welchem man keinen andern Nutzen kennt als den, die Pfortader auch mit Blute zu versorgen. Aus allen diesem Venenblute wird die Galle abgesondert, ein bittere Flüssigkeit von dunkelgelber Farbe und seifenartiger Beschaffenheit; der Theil derselben, welcher nicht gleich den Speisen beygemischt werden soll, wird in einem Behälter, nähmlich in der Gallenblase aufbewahrt.

§. 8.

Die Bauchspeicheldrüse ist eine andere weißliche, längliche, in einer Krümmung des Zwölffinderdarms liegende Drüse, welche einen klaren Saft absondert, welcher dem Speichel ziemlich ähnlich ist; der Bauchspeicheldrüsensaft und die Galle kommen an eben derselben Stelle in den Zwölffingerdarm. Beyde sind zur Verdauung wesentlich nothwendig.

§. 9.

Die Milchadern entspringen von allen Theilen des Darmcanals, aber vorzüglich von den dünnen Därmen. Man wird dieselben nicht leicht gewahr, wenn man nicht den Körper eines Menschen oder Thieres untersucht, welche kurz nach dem Essen gestorben sind: zu dieser Zeit findet man sie mit einem milchigen Safte, dem Chylus oder Milchsafte, erfüllt. Diese Gefäße laufen zwischen den Platten des Gekröses und des Grimmdarmgekröses: sie begeben sich in die kleinen sogenannten zusammengewickelten Drüsen, welche sich in großer Menge zwischen jenen Verdoppelungen der Bauchhaut finden, und aus Blutgefäßen und Nerven, durch dichtes Zellengewebe mit den Milchgefäßen verbunden, bestehen. Die Milchgefäße kommen in minderer Anzahl wieder aus diesen Drüsen heraus, um sich in einen gemeinschaftlichen Stamm zu endigen, welcher der Brustgang heißt, und sich in eine große Vene oben in der Brust begiebt.

§. 10.

Diese Milchadern sind eigentlich nur ein Theil des großen Saugader-System's, wovon dieser Brustgang der gemeinschaftliche Stamm ist. Er entsteht aus ähnlichen Gefäßen von allen Theilen des Körpers, welche aber nur eine klare Flüssigkeit enthalten: diejenigen welche von der Haut kommen, saugen die verschiedenen in der Atmosphäre enthaltenen Substanzen ein, und tragen viel zur Ernährung bey.

Diejenigen, welche von den innern Theilen kommen, saugen alle überflüssigen Säfte wieder ein, und führen dieselben zur Blutmasse zurück; die festen Grundtheilchen selbst machen sich allmählig los, um von andern ersetzt zu wer-

werden; so daß alle Theilchen des Körpers als in einer immerwährenden Bewegung angesehen werden können. Die Saugadern haben, so wie die Milchadern, zusammengewickelte Drüsen, in welchen sie sich zertheilen. Vorzüglich giebt es deren mehrere Haufen in verschiedenen Gelenken, als in der Leistengegend, in der Achselgrube u. s. w.

§. 11.

Man sieht aus dem bisher gesagten, daß alle diese Systeme, woraus der menschliche Körper zusammengesetzt ist, in einer beständigen Bewegung und Beziehung auf einander sind. So trägt das Blut durch seinen beständigen Kreislauf unaufhörlich zur Ernährunng der festen und zur Absonderung der flüssigen Theile bey. Gegenseitig erhält dasselbe durch die Saugadern diejenigen Theilchen, welche sich von den erstern losmachen und den Ueberschuß der leztern; die Verdauung giebt ihm durch die Milchadern alles das wieder, was die Ausdünstung, das Ausathmen, der Urin u. s. w. ihm rauben. Eben so findet eine immerwährende Einwirkung der Sinneswerkzeuge auf den gemeinschaftlichen Mittelpunct aller Empfindungen, von diesem auf die Muskeln zur Bewegung, der Nerven auf einander bey der Mitleidung Statt. Das Ganze dieser Bewegungen, und wahrscheinlich noch einer Menge anderer, deren Daseyn, Beziehungen und Ursachen uns noch unbekannt sind, macht das leben aus.

Sechstes Kapitel.

Von der Erzeugung und von dem Wachsthume.

---

§. 1.

Wir haben gesehen, auf welche Art der lebende Mensch ernährt, und wie das verloren gegangene seines Körpers ersetzt wird, auch wie überhaupt alle seine Verrichtungen vor sich gehen. So viele Schwierigkeiten es auch haben mag, zu begreifen, auf welche Art dieses alles eigentlich geschehe, so ist es doch noch schwerer zu begreifen, wie er sein Daseyn erhalte. Man hat beynahe ganz allgemein angenommen, daß alle Fetus der künftigen Menschen oder Thiere schon völlig gebildet, obgleich außerordentlich klein, im Mutterleibe vorhanden seyen, und daß die Empfängniß nur ihre verschiedenen Werkzeuge in Thätigkeit setze. *)

§. 2.

Die Eyerstöcke sind zwey scheinbar drüsenartige Körper, welche im weiblichen Körper in der Gegend der Nieren (doch wohl tiefer hinunter) liegen, und in welchen wie es scheint, der Fetus gleich zuerst gebildet wird.

Neben jedem Eyerstocke ist die ausgeschnittene und mit Fransen umgebene Oeffnung eines Canales, welcher die Muttertrompete heißt, und sich allmählig an Dicke abnehmend, gegen den Grund der Gebärmutter hinbegiebt.

*) Diese sogenannte Evolutions-Hypothese ist doch in der That weniger wahrscheinlich, als die der Epigenese, wo die Entstehung organischer Körper durch allmählige Ausbildung eines noch ungebildeten, aber unter gehörigen Umständen sich durch den Bildungstrieb organisirenden Zeugungsstoffes erklärt wird. W.

Diese ist eine Art von Sack oder Beutel, dessen Grund nach oben gerichtet ist. Ihre Wände bestehen aus einer dichten schwammichten Substanz, welche während der Schwangerschaft einer ungeheuren Ausdehnung fähig ist. Die Oeffnung derselben steht mit einem nach außen gehenden Canale, der Mutterscheide, in Verbindung.

§. 3.

Der Fetus steigt der Ordnung nach aus den Eyerstöcken durch die Muttertrompeten in die Gebärmutter hinab. Es finden sich an demselben einige Theile, welche er bey der Geburt verliert; nähmlich:

1. Der Mutterkuchen oder die Nachgeburt, ein Körper, welcher aus unzähligen Blutgefäßen besteht, welche die Nabelvene und die beyden Nabelschlagadern zu Stämmen haben. Diese drey von Häuten umgebenen Gefäße bilden den Nabelstrang. Sie gehen durch den Nabel in den Körper des Fetus hinein. Die Vene begiebt sich in die Leber, um zur Pfortader zu gelangen. Die Schlagadern verbinden sich mit denen, welche zu den Schenkeln gehen. Es findet also ein immerwährender Kreislauf aus dem Fetus in

den Mutterkuchen und aus diesem in den Fetus Statt; und da sich der Mutterkuchen genau an die innere Fläche der Gebärmutter befestiget, so findet auch zwischen diesem und der Mutter Gemeinschaft Statt, und auf diese Art wird der Fetus durch das Blut der Mutter ernährt.

2. Eine Haut, welche das Chorion heißt, und den Fetus umgiebt, indem sie sich an der innern Wand der Gebärmutter befestiget.

3. Eine andere noch feinere Haut, das Schafhäutchen genannt, welche die innere Seite der vorigen bekleidet und eine Flüssigkeit enthält, in welcher der Fetus schwimmt.

4. Ein Sack, die Allantois genannt, in welchen sich der Harn durch den Urachus oder Harnstrang begiebt, welcher vom Grunde der Blase kommt und durch den Nabel geht. Es ist indessen zu bemerken, daß der Harnstrang beym Menschen sich gewöhnlich verschlossen findet, und daß die Allantois hier nicht zu sehen ist; beydes findet man aber sehr deutlich bey den Thieren, wo der Harnstrang sich in die Allantois öffnet.

§. 4.

Da der Fetus nicht athmet, so sind seine Lungen unzugänglich und verstatten dem Blute keinen freyen Durchgang; dagegen ist aber in der Scheidewand, welche die beyden Nebenkammern des Herzens trennt, eine Oeffnung, das sogenannte eyförmige Loch, welches dem von der untern Hohlvene kommenden Theile des Blutes den unmittelbaren Uebergang in die linke Nebenkammer und von da in die Aorte gestatten, ohne erst durch die Lunge zu gehn. Das Blut, welches von der oberen Hohlvene kommt, geht in die rechte Nebenkammer, in die rechte Herzkammer, und in die Lungenschlagader, welche dasselbe, anstatt es wie beym erwachsenen Menschen, ganz in die Lunge zu führen, durch den Schlagadergang, ein besonderes Gefäß, in den untern Theil der Aorte bringt.

Das Blut also, welches durch die obere Hohlvene vom obern Theile des Körpers zurück kommt, geht durch den untern Theil der Aorte in den untern Theil des Körpers und in den Mutterkuchen; das Blut im Gegentheile, welches durch die untere Hohlvene von diesen Theilen zurückgekommen ist, geht durch den Stamm der Aorte in den Obertheil des Körpers.

Das eyrunde Loch und der Schlagadergang verschließen sich nach der Geburt.

§. 5.

Die Verhältnisse der Theile des Fetus sind nicht dieselben, wie bey Erwachsenen. Der Kopf ist beym Fetus nach Verhältniß größer und zwar desto mehr, je jünger er ist. Die Leber ist gleichfalls beträchtlicher, weil sie eine große Menge Blut durch die Nabelvene erhält, die sich nach der Geburt schließt. Die unteren Theile sind im Verhältnisse zu den oberen kleiner. Die Pupille ist mit einer Haut verschlossen, welche nach der Geburt verschwindet*). Die Thymus oder Brustdrüse, eine besondere in der Brust liegende Drüse, deren Nutzen man noch nicht kennt, ist größer u. s. w.

§. 6.

Ein Fetus von einem Monathe hat gewöhnlich einen Zoll Länge; im zweyten Monathe ist er zwey und einen Viertelzoll, im dritten drey und einen halben, im vierten Mo-

*) Schon im achten Monathe öffnet sich die Pupille. W.

nathe fünf Zoll, im fünften Monathe sechs bis sieben Zoll, im sechsten Monathe acht bis neun Zoll, im siebenten Monathe eilf Zoll, im achten Monathe vierzehn Zoll, im neunten Monathe achtzehn Zoll lang; dieses ist der gewöhnliche Zeitpunct der Geburt. Diejenigen, welche unter sieben Monathen geboren werden, bleiben meistens nicht am Leben.

§. 7.

Gewöhnlich werden die Kinder ohne Haare und Zähne geboren. Der Kopf ist auch nach der Geburt noch verhältnißmäßig größer, als beym Erwachsenen; die Schedelknochen lassen einige leere Stellen zwischen sich übrig, vorzüglich auf dem Scheitel, welche Fontanellen heißen. Die Zähne, welche im Anfange nur gallertartig sind, verknöchern erst nach der Geburt. Ihr Hervorbrechen durch das Zahnfleisch ist mit einer schweren Krankheit verbunden*).

---

*) Solche schwere Krankheiten sind immer nur als eine Folge der verdorbenen Lebensart des Menschengeschlechts anzusehen; da, wo die Menschen der Natur getreuer geblieben sind, finden sie gewiß in den meisten Fällen nicht Statt. W.

Mit zwey Jahren haben die Kinder zwanzig Zähne. Gegen das Ende des siebenten Jahres fallen dieselben nach und nach aus, um von anderen ersetzt zu werden. Die acht folgenden Backenzähne kommen erst gegen das zwölfte Jahr sämmtlich zum Vorscheine. Die vier letzten erscheinen erst gegen das zwanzigste Jahr, und oft sogar noch viel später.

§. 8.

Der Fetus wächst um desto mehr, je mehr er sich der Geburt nähert. Das Kind hingegen wächst in der Folge immer weniger und weniger. Bey der Geburt hat dasselbe schon über ein Viertel seiner nachmaligen Größe; mit dritthalb Jahren erreicht es die Hälfte, und mit neun bis zehn Jahren drey Viertel derselben. Nur erst nach dem achtzehnten Jahre hört der Mensch auf zu wachsen; selten wird er über sechs Fuß hoch, und er bleibt auch gewöhnlich nicht viel unter fünf Fuß klein. Weiber sind gewöhnlich einige Zolle kleiner.

§. 9.

Die Mannbarkeit giebt sich durch äußere Zeichen zu erkennen, und zwar bey den Mädchen vom zehnten bis zum zwölften, bey den Knaben vom zwölften bis zum sechzehnten Jahre. In heißeren Ländern zeigt sich dieselbe früher, als in kälteren. Das eine und andere Geschlecht wird selten vor diesem Zeitraume zur Fortpflanzung fähig.

§. 10.

Kaum hat der Körper das Ende seines Wachsthumes in die Höhe erreicht, so fängt er auch schon an in die Dicke zu wachsen; es häuft sich nähmlich Fett im Zellengewebe an. Die verschiedenen Gefäße verstopfen sich nach und nach; die festen Theile werden steifer, und nach einem mehr oder weniger langen, mehr oder weniger geschäftigen, mehr oder weniger schmerzhaften Leben, stellen sich Alter, Hinfälligkeit, Abnahme der Kräfte und endlich der Tod selbst ein. Menschen, welche über hundert Jahre erreichen, sind seltene Ausnahmen; die meisten kommen lange vor dieser Zeit entweder durch Krankheiten, Zufall oder selbst vor Alter um.

Siebentes Kapitel.

Von den verschiedenen Menschenraßen.

§. 1.

Die weisse Raße, mit eyrundem Gesichte, langen Haaren, und vorstehender Nase; zu welcher die gebildeten Europäischen Völker gehören, und welche uns die schönste von allen scheint, ist den übrigen auch an Stärke des Geistes, an Tapferkeit und Thätigkeit weit überlegen. Die eigentlichen Tataren, von welchen die Türken abstammen, die Cirkassier und andere kaukasische Völkerschaften, welche die schönsten von allen Menschen sind, die Perser, die eigentlichen Bewohner von Hindostan, die Araber, die Mauren, welche das nördliche Afrika bevölkern, und die Abyssinier, welche wie die Juden von den Arabern abzustammen scheinen, gehören mit den Europäern zu einer und derselben Raße. Diese Völker sind größer, in Norden weißer von Farbe, haben hier blondes Haar und blaue Augen. In Süden hingegen sind sie lederbraun und oft sehr dunkelbraun und haben schwarze Augen und Haare; in den gemäßigten Gegenden sind sie aus Mittelfarben gemischt.

§. 2.

Der ganze nördliche Theil der beyden festen länder ist mit sehr braunfarbigen Menschen bevölkert, welche platte Gesichter, schlichtes straffes schwarzes Haar, schwarze Augen und einen untersetzten sehr kleinen Körper haben. Dieß sind die lappen in Europa; die Samojeden, Ostiaken, Tschutchis u. s. w. in Asien; die Grönländer und Eskimos in Amerika. Die Finländer gleichen ihnen fast in allen Stücken, nur ihr Wuchs kummt den Europäern näher. Die Hongrier und verschiedene in Asien zerstreuete Völker haben mit den Finländern auffallende Uebereinstimmung der Gestalt, der Sitten und Sprache.

§. 3.

Die Mongolische Raße, zu welcher die meisten von den Völkern gehören, welche wir Tataren nennen, als die Mongolen, die Mantscheous, die Kalmücken oder Eleuths u. s. w., und die ihre Eroberungen von China bis Hindostan ausgedehnt hat, und ehemahls selbst bis an die Europäischen Gränzen vorgerückt ist, hat als Kennzeichen eine platte Stirn, kleine Nase, vorstehende Backen, schlichtes straffes schwarzes Haar, nur wenig Barthaar, kleine schief liegende Augen, dicke Lippen und eine mehr oder weniger gelbe Gesichtsfarbe.

Die Chinesen und Japanesen, und die Völker jenseits des Ganges, welchen man den Namen Malayen giebt, scheinen den Mongolen sehr nahe zu kommen. Die Inseln des Südmeers und das große feste Land von Neu-Holland sind von Malayschen Abkömmlingen bewohnt. Diejenigen, welche dem Aequator am nächsten sind, haben eine fast eben so dunkele Gesichtsfarbe als die Neger. So unter andern die Papus.

§. 4.

Die Neger bewohnen alle Küsten des südlichen Afrika, vom Senegal bis zum rothen Meere. Außer ihrer Schwärze unterscheidet man sie noch an der platten Stumpfnase, an der platten Stirne, den vorspringenden Kiefern, vorgezogenen Backen und krausen Haaren. Die allerschwärzesten sind die von Guinea. Diese haben eine sehr lange Nase. Die von Kongo sind schöner. Gegen den südlichen Wendekreis werden sie ein wenig blässer und erhalten den Namen der Kaffern. Fast alle Bewohner der östlichen Küste von Afrika gehören zu dieser Unterabtheilung. Die Hottentotten bilden noch eine andere Abtheilung, welche sich an der mittäglichsten Spitze findet. Sie haben so vorstehende Wangenbeine, daß ihr Gesicht dadurch dreyeckig wird. Ihre Farbe ist olivenbraun.

Man behauptet, daß die inneren Theile von Afrika, welche sehr hoch liegen, von weißen Menschen bewohnt werden, wie dieß der Fall in Abyssinien ist.

§. 5.

Amerika war von kupferfarbenen Menschen bevölkert, welche langes grobes Haar und zufolge vieler Reisebeschreiber, allgemein ohne Bart und selbst ohne Haare am übrigen Körper sind. Andere beh upten, daß sie sich die Haare ausreißen. Auch sagt man, daß die mehr oder weniger sonderbaren Gestalten ihrer Köpfe durch in der frühesten Kindheit angebrachtes Zusammendrücken bewirkt werden.

Diese Raße begreift die wilden amerikanischen Völker, und das, was von den Mexikanern und Peruanern noch übrig ist. Gegen die mittägliche Spitze dieses festen landes findet man die größesten Menschen der ganzen Welt; ihre Höhe aber, welche von den ersten Reisebeschreibern als riesenmäßig angegeben wurde, ist doch nicht mehr als sechs Fuß. Dieß ist das unter dem Nahmen der **Patagonen** so berüchtigte Volk.

§. 6.

Alle diese Menschenraßen können sich vermischen und Kinder zeugen, welche zwischen den Gestalten und Farben der beyderley Aeltern das Mittel halten. Diese **Metis** können sich wieder mit den ursprünglichen Raßen vermischen und die Nachkommenschaft nähert sich diesen Raßen verhältnißmäßig nach dem Grade der Vermischung des Metis. Alle diese Nachkommen sind eben so fruchtbar, als ihre Väter und Mütter.

§. 7.

Es scheint, als wenn zuweilen in den verschiedenen Raßen des Menschengeschlechtes Subjecte von Milch oder hellweißer Farbe geboren werden; dieß ist aber die Wirkung einer Krankheit, und diese Farbe ist mit Schwäche des Körpers und des Gesichtes verbunden. Mit Unrecht haben einige Reisende geglaubt, daß diese sogenannten Blafards ganze Nationen ausmachten, welche in Amerika Darier, in Afrika Dondos oder Albinos (weiße Mohren) und in Indien Kakerlaken genannt worden sind.

§. 8.

Die verschiedenen Farben, welche diese Abarten der Menschengattung bezeichnen, haben ihren Sitz nicht im Oberhäutchen, sondern in dem schleimartigen netzförmigen Gewebe, welches unmittelbar unter demselben liegt.

Achtes

Achtes Kapitel.

Von den der Menschengattung eigenthümlichen Gewohnheiten.

§. 1.

Der Mensch ist zum aufrechten Gange geschaffen, dieß zeigt sein ganzer Bau: die Lage des großen Hinterhauptsloches hält seinen Kopf auf dem Halse im Gleichgewichte; die Breite seines Beckens und zumahl der Darmbeine, giebt den Muskeln, welche den Rumpf aufrecht halten, hinlängliche Befestigungspuncte; die Breite seines Fußes giebt dem ganzen Körper eine ausgedehnte Grundfläche, und die Kraft der Muskeln, woraus sein Gesäß und seine Weichen bestehen, hält die Ober- und Unterschenkel aufrecht und fest. Kein anderes Thier vereiniget diese verschiedenen Hülfsmittel; selbst die menschenähnlichsten Affen tragen den Kopf so weit vorwärts, haben ein so schmales Bek-ken, und so gebogene Unterschenkel und Füße, daß sie unsere Stellung nur mit Mühe auf einige Augenblicke annehmen können.

§. 2.

Der Mensch würde unmöglich auf vier Füßen gehen können; seine Augen würden zur Erde gerichtet seyn; da er kein Nackenband hat, so würde er den Kopf nicht halten können; seine unteren Gliedmaßen würden im Verhält-nisse zu den Armen zu lang und seine Füße zu kurz seyn, als daß er sie wie die Thiere mit Bequemlichkeit beugen könnte, welche letzteren nur die Zehen auf den Boden bringen; seine zu breite Brust würde die freye Bewegung sei-ner Arme verhindern. Er kann selbst nicht einmahl mit gleicher Leichtigkeit klettern, als die Affen, weil bey ihm nicht, wie bey den Affen, die große Zehe der Hinterfüße von den übrigen absteht, noch als die Katzen, wegen der Schwäche seiner Nägel.

§. 3.

Der Mensch ist bey der Geburt schwä-cher und hülfloser als irgend ein anderes Thier.

Nur durch die Beyhülfe seiner Aeltern kann sein Daseyn erhalten werden; dieser Hülfe bedarf er ungleich längere Zeit als die übrigen Thiere, welche Zeit zur Erzeugung neuer Nachkommenschaft hinreichend ist. Daraus entsteht die natürliche Fortdauer der ehelichen Verbindung, und das genaue gesellschaftliche Verhältniß zwischen Aeltern und Kindern, und der Kinder unter einander. Da der Vater mit seiner Gattinn die Sorge für die Erziehung der Kinder theilt, so muß der Mensch, so wie alle Thiere, wo das der Fall ist, in der Monogamie leben; welches auch schon aus der fast gleichen Anzahl männlich und weiblich geborner Kinder im Durchschnitte jedes eins ins andere gerechneten Jahres erhellet.

§. 4.

Der Mensch hat eine Neigung zur Geselligkeit, welche ihm seine natürliche Schwäche zum wesentlichen Bedürfnisse machte, und ohne welche er weder den wilden Thieren hätte widerstehen, noch sich seine Nahrung und Bedürfnisse hätte verschaffen können, weil er keine Angriffs- oder Vertheidigungswaffen, als Hörner, Klauen, Schuppen, noch irgend etwas besitzt, welches denen unter dem Nahmen des Instincts bekannten Fähigkeiten gliche, welche mehrere Thiere von Natur besitzen, sich Wohnungen zu erbauen, Bedeckungen zu bereiten, den Himmelsstrich nach den verschiedenen Jahrszeiten zu verwechseln u. s. w.

Alle gesellschaftlichen Thiere haben wohl eine gewisse Art von Sprache, aber der Mensch hat in dieser Hinsicht zwey große Vorrechte: 1. die Fähigkeit Töne zu artikuliren, welche kein Thier mit ihm gemein hat, und welche seiner Sprache nothwendig eine unendliche Abänderung und Bestimmtheit geben mußte, und 2. die unbeschränkte Fähigkeit seine Ideen zu generalisiren und die abgezogenen Begriffe vermittelst der Töne festzusetzen und zu behalten. Hiervon hängt das Gedächtniß und die Urtheilskraft ab. Sie ist die Grundlage der Vernunft, oder der Fähigkeit nachzudenken und Ideen zu verbinden, welche dem Menschen vor allen anderen eigen ist.

§. 5.

Die Sprache ist es, welche der ganzen Gattung die Beobachtungen und Entdeckungen jedes Individuums gemein macht, und welche die Quelle der unbegränzten Vervollkommnung des Menschengeschlechtes ist. Die Künste sind aus der Wissenschaft entstanden, welche durch den Verein dieser Beobachtungen und Entdeckungen hervorgebracht ist, und aus der Geschicklichkeit, welche eine Folge der Bildung unserer Hände und Finger ist.

§. 6.

Vermittelst der Künste, selbst im ersten Entstehen derselben, hat der Mensch sich seine Nahrung zu verschaffen und der Unbeständigkeit der Luft in allen Himmelsstrichen des Erdbodens zu widerstehen gewußt. Auch hat er sich überall niedergelassen; dahingegen die übrigen Thiere jedes einen bestimmten Raum einnehmen, welchen sie nur unter dem Schutze des Menschen überschreiten können, welcher die Gattungen der Hausthiere mit sich umhergeführt hat, und dem die Schmarotzergattungen wider seinen Willen gefolgt sind.

§. 7.

Die Völker, welche sich in die nördlichen Eisgegenden begeben haben, wo sie weder für sich selbst vegetabilische Nahrung, noch hinlängliche Weide für Heerden fanden, leben hier bloß von der Jagd oder Fischerey. Da sie gezwungen sind, der Aufsuchung dieses Unterhaltes ihre ganze Zeit zu widmen, und sich nicht sehr vervielfältigen können, weil daraus die gänzliche Ausrottung des Wildes entstehen könnte, so hat unter diesen Völkern der Mensch die wenigsten Fortschritte von irgend einer Art gemacht. Die Künste derselben erstrecken sich bloß auf die Erbauung der Hütten, auf die Bedeckung des Leibes mit Thierfellen und auf die Verfertigung der Pfeile. Die Völker des nördlichen und östlichen Sibiriens, und die Wilden von Nord-Amerika sind beynahe die einzigen, welche sich auf diesem Punkte der Einschränkung befinden.

§. 8.

Andere Völker haben sich durch den Besitz zahlreicher Heerden einen fortdauernd sicheren Unterhalt und einige Muße verschaffen können, welche sie zur Vermehrung ihrer Kenntnisse angewandt haben; aber ihre umher irrende Lebensart, um neue Pflanzungen zu finden und der günstigen Jahreszeit zu folgen, hält sie noch in ziemlich engen Gränzen. Sie zeigen einige Betriebsamkeit in der Erbauung ihrer Wohnungen und der Bereitung ihrer Kleidung; wissen was

Eigenthum heißt und kennen folglich den Tauschhandel, den Reichthum, und die Ungleichheit des Standes. Die vorzüglichsten nomadischen Völker, welche wir kennen, sind: die Lappländer im nördlichen Europa, die Tataren in der ungeheuren Strecke, welche den mittleren Theil von Asien ausmacht, die umherstreifenden oder beduinischen Araber, in den Sandwüsten von Arabien und im nördlichen Afrika; die Gallen, Kaffern und Hottentotten im mittäglichen Afrika.

§. 9.

Der Mensch ist nicht eher dahin gelangt, sich zu vermehren und seine Künste und Kenntnisse zu vervollkommnen, als bis das Eigenthum der Ländereyen ihm verstattet hat, sich dem Ackerbaue zu ergeben, vermittelst dessen die Arbeit eines Theiles der Mitglieder der Gesellschaft alle übrigen ernährt und ihnen Zeit läßt, sich mit weniger nothwendigen Künsten zu beschäftigen. Endlich hat die Erfindung des repräsentativen Werthes durch Erleichterung des Handels die Betriebsamkeit, den Luxus und die Ungleichheit des Vermögens, folglich aber auch nothwendigerweise die Laster der

Weichlichkeit und die Rasereyen des Ehrgeizes auf den höchsten Grad gebracht.

§. 10.

Die Menschen sind, da sie in allen Himmelsstrichen leben, kein Thier fürchten, und diejenigen, welche ihnen hinderlich werden konnten, selbst zerstört oder in die Wüsten verbannet haben, ohne Vergleich zahlreicher geworden, als irgend eine andere noch so große Gattung; so daß jetzt nur der Mensch dem Menschen schaden kann. Auch ist dieß die einzige Gattung, welche im beständigen Kriege mit sich selbst lebt. Die Wilden machen sich die Wälder streitig, in welchen sie jagen, die Nomaden die Weiden, wo ihre Heerden grasen; die cultivirten Völker streiten sich um das ausschließliche Recht des Handels, oder die Prärogativen des Hochmuths: daraus entsteht die Nothwendigkeit der Regierungen, um die National-Kriege zu dirigiren, und die Privat-Streitigkeiten zu unterdrücken oder auf verordnete Formen zurückzubringen. Hier hört der Mensch auf, in das Gebiet der Naturgeschichte zu gehören.

Elementarischer Entwurf
der
Naturgeschichte der Thiere.

Zweytes Buch.
Von den Säugethieren.

Erstes Kapitel.
Vergleichung des Menschen mit den übrigen Thieren, und allgemeine Begriffe über die Säugethiere.

§. 1.

Im vorhergehenden Buche haben wir die Organisation des Menschen betrachtet, welcher von allen Thieren das vollkommenste ist. Der Körper der übrigen ist aus denselben Grundtheilchen gebildet und aus ähnlichen Organen zusammengesetzt: diese bewegen sich daher nicht anders, als durch Muskeln, empfinden eben so durch Nerven, ernähren sich auf eben die Art, durch eine in ihnen umlaufende Flüssigkeit, welche durch die Verdauung erneuert wird. Diese geht auf gleiche Weise in einer Höhle innerhalb des Körpers oder im Darmcanale vor sich.

§. 2.

Es giebt viele Thiere, welche dem Menschen nur in diesen allgemeinen Uebereinstimmungen gleichen, und welche übrigens mit demselben nichts, weder in Ansehung der Einrichtung, noch der Gestalt der Theile gemein haben: dieß sind die sogenannten weißblütigen Thiere, wovon in den drey letzten Büchern dieses Werkes die Rede seyn wird.

§. 3.

Die Thiere im Gegentheile, deren Blut, wie das des Menschen, roth ist, gleichen demselben in allen Stücken so sehr, daß sie auf den ersten Anblick nur Abweichungen einer gemeinschaftlichen Gestalt zu seyn scheinen. So haben sie alle einen Knochenkopf, welcher das Hirn und die vorzüglichsten Werkzeuge der Sinne enthält, und an dem Einen Ende einer Wirbelsäule sitzt, welche das gemeinschaftliche Bündel der Nerven enthält, und deren anderes Ende sich in ein Steißbein oder in einen mehr oder weniger beträchtlichen Schwanz verlängert. Der Rumpf derselben ist fast immer zum Theile von knöchernen Halbzirkeln oder Rippen umgeben, wie bey dem Menschen. Unsere Arme finden sich in den Vorderfüßen der Vierfüßer, in den Flügeln der Vögel, und sogar in den Brustflossen der Fische wieder, so wie unsere Füße durch ihre Bauchflossen vorgestellt werden. Nur den Schlangen fehlen die Gliedmaßen gänzlich. Die weichen Theile der rothblütigen Thiere zeigen dieselbe Aehnlichkeit, wie ihre knöcherne Grundlage. Sie haben Schlagadern und Venen, in welche das Blut durch ein muskulöses Herz getrieben wird. Ihr Hirn, ihre Sinneswerkzeuge haben dieselben wesentlichen Theile. Sie haben einen Speisencanal, eine Leber, eine Bauchspeicheldrüse, eine Milz, Nieren; mit einem Worte: es ist schwer zu bestimmen, ob die Aehnlichkeiten zusammen genommen, nicht die Verschiedenheiten noch übertreffen.

§. 4.

Dieß stimmt mit dem überein, was wir im vierten Kapitel der Einleitung von dem Einflusse der Haupttheile auf alle die übrigen gesagt haben; denn alle Theile des Körpers entstehen mittelbar oder unmittelbar aus dem Blute; die Beschaffenheit des Blutes muß also die vorzüglichste Ursache der Verschiedenheiten seyn, welche sich in jenen Theilen finden. Deswegen haben nun gerade die weißblütigen Thiere nichts anderes mit den rothblütigen gemein, als das, was wesentlich in dem Begriffe eines Thieres überhaupt enthalten ist, während die Reihe dieser letzteren nur die verschiedenen Abänderungen eines einzigen Planes zeigt, dessen Hauptgrundlagen in nichts verändert sind.

§. 5.

Auch zeigen die verschiedenen Eigenschaften, welche das Blut durch die mehr oder weniger vollständige Art erhält, auf welche es der Wirkung der Luft ausgesetzt wird, die besten Unterabtheilungen an, welche unter den rothblütigen Thieren zu machen sind.

Die einen haben, wie der Mensch, ein Herz mit doppelten Kammern und Nebenkammern, und ein System von Lungengefäßen, welches dem der übrigen Gefäße des Körpers gleich ist, so daß ihr Blut der Einwirkung der Luft völlig ausgesetzt ist, und vermöge dieses Athmens wärmer als die Atmosphäre wird. Dieses sind die lebendig gebärenden Vierfüßer oder die Säugethiere und Vögel. Die anderen haben nur eine einzige Herzkammer: ihre Lungengefäße bilden kein besonderes System; aber die Aorte giebt einen zur Lunge gehenden Zweig, und das Blut kömmt von der Lunge in die Hohlvene zurück. Es läuft also nur ein kleiner Theil des Blutes durch die Lungen: dieses wird in denselben nicht erwärmt, sondern es behält die Temperatur der Atmosphäre. Dieß sind die kriechenden Thiere oder die Amphibien.

Endlich giebt es unter diesen Thieren solche, deren Gefäße zwar so eingerichtet sind, daß alles Blut derselben durch das Respirations-Werkzeug geht, wo dieses Werkzeug aber keine zellige Lunge und zur Aufnahme der Luft nicht geschickt ist: es besteht aus mehreren Blättchen, in deren Zwischenräumen das Thier das Wasser durchströmen läßt. Dieses Wasser wirkt nur vermittelst der wenigen ihm beygemengten, oder in ihm aufgelöseten Luft, und das Blut wird nicht mehr als die umgebene Temperatur erwärmt. Diese Thiere sind die Fische.

§. 6.

Man hat unter den warmblütigen Thieren einen beträchtlichen Unterschied in Ansehung der Erzeugungsart bemerkt, welcher zu der Abtheilung derselben in zwey Classen Anlaß gegeben hat: nähmlich die Säugethiere, welche lebendig gebären, und die Vögel, welche Eyer legen. Es giebt also überhaupt vier Classen von rothblütigen Thieren.

§. 7.

Wenn von jeder dieser Classen besonders die Rede seyn wird, so werden wir sehen, daß die Organisation derselben noch eine Menge von Verschiedenheiten enthält, welche vorzüglich in den äußersten Theilen sichtbar sind.

Eben diese Abstufung in der Beständigkeit der Theile, findet sich bey den Unterabtheilungen dieser Classen. Die am nächsten verwandten Gattungen sind nur in Rücksicht der äußersten und weniger wichtigen Theile verschieden; in den entfernteren Gattungen dringen die Verschiedenheiten schon tiefer ein, und nur, nachdem so zu sagen alle Abänderungen, welche die äußern Organe darzubieten vermochten, erschöpft sind, sieht man die Eingeweide, das Hirn, das Herz in ihrer Gestalt und Organisation wesentlich verändert.

§. 8.

Die Thiere, welche die meiste Aehnlichkeit mit dem Menschen haben, und unter welche selbst der Mensch mit geordnet werden muß, sind die Säugethiere oder die lebendig gebärenden Vierfüßer, die einzigen, welche nächst dem Menschen lebendige Junge zur Welt bringen, welche in der Gebärmutter vermittelst eines Mutterkuchens, und nach der Geburt durch die in den Brüsten abgesonderte Milch ernährt werden. Sie sind von uns nur durch die Anzahl der kleinsten und durch die Verhältnisse der größesten Theile verschieden.

§. 9.

Ihr Herz, ihre Lungen, ihr Zwerchmuskel sind wie die unsrigen gebaut; ihr Kehlkopf ist von dem unsrigen nur durch einige Nebenumstände verschieden.

§. 10.

Sie haben immer, wie wir, sieben Halswirbel; *) die Rücken und Bauchwirbel aber sind in der Anzahl verschieden: ihr Steißbein ist meistens in einen wahren Schwanz verlängert: keines dieser Thiere ist so gebauet, daß es ohne Zwang aufrecht gehen könnte.

Die Affen, selbst die menschenähnlichsten, haben eine mehr verlängerte Schnauze, und ein mehr nach hinten liegendes Kopfgelenk, welches den Kopf des Gleichgewichtes beraubt. Diese bey den übrigen Säugethieren noch beträchtlichere Abweichung wird durch das Nakkenband wieder gut gemacht, welches ihnen zur Haltung des Kopfes dient, und dem Menschen

*) Diese Regel ist nicht allgemein, beym dreyzehnjährigen Faulthiere fand ich neun Halswirbel. W.

schen fehlt. *) Ihr Becken ist auch schmaler als das unsrige, und ihre Fersen sind nicht auf eine Hervorragung gestützt; die meisten derselben halten sogar beym Gehen die Fußsohlen der Vorder- und Hinterfüße erhoben und treten nur mit der Spitze der Zehen auf. Die Schlüsselbeine finden sich nur bey denen vollkommen, welche ihre Vorderpfoten gebrauchen, um Gegenstände zu handhaben, oder zu irgend einer andern Stärke erfordernden Absicht: die übrigen haben nur Anlagen zu Schlüsselbeinen, und diejenigen, deren Klauen durch Hufe ersetzt werden, haben gar keine Schlüsselbeine. Es giebt Säugethiere, deren Vorderfüße in Gestalt der Flügel verlängert sind, andere, deren Rumpf so lang und deren Gliedmaßen so kurz sind, daß sie dieselben nur zum Schwimmen gebrauchen können. Unter diesen giebt es wieder welche, die gar keine hinteren Gliedmaßen haben.

§. 11.

Viele Säugethiere haben fünf Zehen wie wir; bey verschiedenen ist die große Zehe der

*) Doch nicht ganz, obgleich es weit schwächer ist. W.

hinteren Gliedmaßen wie die der vorderen abstehend; bey andern ist dieß nur mit der der hintern Gliedmaßen der Fall: in den meisten aber ist sie mit den übrigen Zehen verbunden; bey einigen Gattungen ist dieselbe ganz in der Haut verborgen. Eben dieß ist auch bey einer geringen Anzahl derselben mit der fünften oder äußern Zehe der Fall.

Die wiederkäuenden Thiere haben nur zwey völlig ausgebildete Zehen; die Vorder- und Hinter-Mittelfußknochen derselben fließen an jedem Fuße in einen einzigen zusammen, welcher canon (bey unsern Viehärzten mit Unrecht das Schienbein) heißt. Die Thiere mit ungespaltenem Hufe haben nur einen vollständigen Finger.

§. 12.

Diese beyden letzten Ordnungen und diejenigen, welche wir Pachydermen nennen werden, haben alle den Theil der Zehen, welcher die Erde berührt, in einen hornigen Huf eingeschlossen. Die übrigen haben nur Nägel, welche bald platt, bald spitzig und schneidend (Klauen) sind. Der Sinn des Gefühls ist desto feiner bey ihnen, je mehr ihr Vorderfuß in seiner Abtheilung und in der Feinheit seiner Bedeckungen unsrer Hand ähnlich ist; aber ihr ganzer Körper ist wegen der ihn bedeckenden Haare oder Wolle, welche zuweilen durch Stacheln oder Schilder ersetzt werden, gegen die Eindrücke der Luft weniger empfindlich als der unsrige. Ihre Augen sind von den unsrigen wenig verschieden. Ihre Ohren haben meistens eine Muschel in Gestalt eines beweglichen Hornes, oder einer Düte, welches die Töne auf eine vortheilhafte Art auffängt. Die Verlängerung ihrer Schnauze und die Plattheit ihres Schedels geben der Verlängerung der Nase und Zunge, und folglich der Stärke des Geruches und Geschmackes alles wieder, was sie dem Umfange ihres Hirnes und ihrem Geistesvermögen nehmen.

§. 13.

Die Muskeln am Maule der Säugethiere sind gemeiniglich stärker als die unsrigen; ihre Zähne sind an Gestalt, Lage und Anzahl sehr von den unsrigen verschieden. Es giebt Säugethiere, welche gar keine Zähne haben; andere, bey denen eine oder die andere Art von Zähnen fehlt. Die reißenden fleischfressenden Thiere haben sehr lange Eckzähne und schneidende mit Spitzen bewaffnete Backenzähne. Diese letzteren sind bey den Pflanzenfressern platt u. s. w. Der Darmcanal ist an Länge und in seinen Windungen sehr verschieden; bey den Fleischfressern ist er kurz, und hat nur einen kurzen oder gar keinen Blinddarm; die Drüsen ihres Gekröses sind in einen großen Haufen, das sogenannte asellische Pankreas versammelt.

Bey den Pflanzenfressern ist der Darmcanal im Gegentheile sehr lang *) und der Blinddarm ungeheuer groß. Die wiederkäuenden Thiere haben einen vierfachen Magen; andere Pflanzenfresser haben wenigstens zusammengeschnürte Stellen daran.

§. 14.

Die Nieren der Säugethiere, ihre Harnblase, ihre Zeugungstheile, gleichen sehr den unsrigen. Doch ist bey den meisten das männliche Glied durch eine Vorhaut am Bauche befestiget und inwendig durch einen Knochen verstärkt.

---

*) Auch diese Regel scheint zuweilen eine Ausnahme zu leiden. W.

Die Gebärmutter ist fast allgemein von ihrem Eingange an in zwey große und unten weitere Hörner getheilt. Die Gestalt des Beckens macht, daß die Säugethiere leichter niederkommen, als das Weib. Ihre Brüste sind meistens in verhältnißmäßiger Anzahl zu ihren Jungen; sie liegen bald an der Brust, bald an dem Bauche, bald zwischen den Oberschenkeln. Die Anzahl der Jungen verhält sich gewöhnlich umgekehrt wie die Größe der Gattung. Doch macht das Schwein eine merkliche Ausnahme von dieser Regel.

§. 15.

Die Gewohnheiten der Säugethiere, ihr Aufenthalt, ihr Nutzen und der Schaden, welchen sie verursachen, sind unendlich verschieden; doch kann man sie in Landthiere, fliegende, Amphibien und Wasserthiere abtheilen. Diese letzteren sind die Wallfischarten, welche lange Zeit hindurch mit den Fischen verwechselt worden sind, und die wirklich im Wasser leben, obgleich ihr ganzer innerer Bau dem der gewöhnlichen Säugethiere ähnlich ist.

§. 16.

Um diese Thiere in der Ordnung abzuhandeln, wollen wir diejenigen untersuchen, welche uns im Ganzen ihres Baues am meisten ähnlich sind, und dann zu den andern übergehn, so wie sie sich mehr oder weniger von dieser ersten Urform entfernen. Hierin werden wir, nach dem was im §. 7 gesagt ist, durch die Wichtigkeit der einander ähnlichen Organe geleitet werden; wir fangen also bey denen an, welche uns selbst in den äußersten Theilen gleichen, und gehen nach und nach durch die ganze Classe, bis zu denen, welche nichts weiter mit uns gemein haben, als das Herz, die Lungen, das lebendig gebären u. s. w.

Zweytes Kapitel.

Von den vierhändigen Säugethieren, oder Quadrumanen.

Affen (Simia).

Unter allen Thieren gleichen dem Menschen die Säugethiere am meisten, und von diesen die Affen am allermeisten. Sie haben wie der Mensch, in jedem Kiefer vier Schneidezähne, zwey Brüste an der Brust, fünf Zehen an allen vier Füßen, und noch manche andere Aehnlichkeit. Das Hauptkennzeichen, wodurch sie sich vom Menschen unterscheiden, ist, daß die großen oder inneren Zehen ihrer Hinterfüße von den übrigen Füßen, wie an den Vorderfüßen getrennt oder abstehend sind; daher kommt es, daß man sie Quadrumanen (vierhändige) genannt hat. Diese Aehnlichkeit der Organe macht, daß sie unsere Bewegungen und unsere Geschicklichkeit nachahmen; aber ihr schmales Becken, ihre wenig vorstehenden Fersen, die zu schwachen Muskeln ihres Gesäßes und ihrer Ober- und Unterschenkel verstatten ihnen nicht, sich ohne Mühe aufrecht zu halten. Dahingegen klettern sie mit vieler Gewandtheit auf die Bäume, indem sie die Zweige derselben mit ihren vier Pfoten, und einige Gattungen selbst mit dem Schwanze umfassen.

Die Affengattungen sind sehr zahlreich; sie unterscheiden sich von einander durch ihre Größe, durch ihre Farbe, durch die Abwesenheit und verschiedene länge des Schwanzes, durch die Gestalt des Kopfes und die Verlängerung der Schnauze. Sie nähren sich von Früchten und Wurzeln, und wohnen sämmtlich in den warmen

Ländern der beyden festen Länder, doch so, daß die des einen sich nicht im anderen finden.

Man theilt sie in mehrere Familien, nähmlich:

a) Eigentliche Affen: mit rundem Kopfe, sehr wenig vorstehender Schnauze (von 65°) ohne Schwanz und ohne Backentaschen.

1. Der Orang Utang. (Simia satyrus.)

Dieser Affe setzt uns durch seine Geschicklichkeit, seine Geisteskräfte und seine Ernsthaftigkeit in Erstaunen; so daß einige Nationen ihm den Nahmen eines Waldmenschen gegeben haben. In der That ist derselbe von allen Thieren dem Menschen am ähnlichsten; dessen ungeachtet aber hat er eine mehr vorstehende Schnauze, und Arme, welche bis auf die Erde reichen. Er hat keine Hinterbacken und Waden, und kann nur mit Hülfe eines Stabes aufrecht gehen. Es ist ihm physisch unmöglich, irgend einen artikulirten Ton hervorzubringen, weil er mit einem gewissen Sacke versehen ist, der mit seinem Kehlkopfe in Verbindung steht, und seine Stimme ganz dumpf macht. Sein ganzer Körper ist mit groben röthlichen Haaren bekleidet. Er bewohnt die entlegensten Gegenden von Ost-Indien. Er allein von allen bekannten Affen, hat keine Nägel an den großen Zehen der Hinterfüße *).

2. Der Langarm. Le gibbon. (S. lar.)

Dieser hat noch längere Arme als der Orang Utang, dem er übrigens an Gestalt, Geschicklichkeit und Klima gleichkommt. Seine Hinterbacken sind schwielig und unbehaart. Der Körper ist mit groben schwarzen Haaren bedeckt.

5. Der graue Affe oder Wauwau. Le wouwou. (S. cinerea.)

Gleicht im kleinen den beyden vorigen, ist aber am ganzen Körper mit einer aschgrauen Wolle bedeckt. Von Batavia.

---

*) Dieß ist der von Campen beschriebene eigentliche Orang Utang. W.

4. Der Schimpansee. (Büffons Jocko). Le chimpansé. (S. troglodytes).

Dieser ist von einigen auch Orang Utang genannt worden; er scheint eben so viele Geschicklichkeit und Instinct, als der wahre Orang Utang zu haben; sein Kopf ist aber oben platt, und seine Arme reichen nur bis an die Kniee. Sein Körper ist mit braunen Haaren bedeckt; er wird sehr groß und lebt in Afrika.

b) Sapajus: mit plattem Kopfe, wenig vorstehender Schnauze (von 60°), mit langem Schwanze, ohne Backentaschen, mit behaartem Gesäße, und von der Seite hineingehenden Nasenlöchern.

Dieß sind nächst den Alluatten, wovon unten die Rede seyn wird, die einzigen Quadrumanen der neuen Welt. Einige haben einen Wickelschwanz, das heißt einen solchen, dessen Ende sich mit hinlänglicher Gewalt um andere Körper schlingt, daß sich das Thier desselben als einer Hand bedienen kann; diese werden vorzüglich mit dem Namen Sapajus bezeichnet. Diejenigen, welche keinen solchen Schwanz haben, werden Sagoins genannt. Die vorzüglichsten Sapajus sind.

5. Der Coaita. Le coaita. (S. paniscus.)

Mit schwarzen Haaren und dünnen Gliedmaßen, der Daumen oder die innerste Zehe der Vorderfüße ist ganz unter der Haut verborgen *).

6. Der Sai oder Winselaffe. Le Saï (vulgo Singe pleureur). (S. capucina).

Braun von Körper, die Bedeckung des Kopfes und die Pfoten schwarz; er erfüllt die Wälder mit seinem kläglichen Geschrey.

7. Das Todtenköpfchen. Le saïmiri (vulgo Sapajou orangé). (S. sciurea.)

Von der Größe eines Eichhörnchens, mit grauen Haaren und gelblichen Händen. Auf dem Maule hat er einen schwarzen Fleck **).

---

*) Deswegen nennt ihn auch Schreber den vierfingerigen Affen. W.

**) Noch gehört nach Büffon der Saju hierher.

Unter den Sagoins sind zu bemerken:

8. Der Uistiti. L'ouistiti. (S. jacchus.)

Kaum von der Größe einer Ratte, mit einem schönen, langen, wolligen Schwanze, welcher weiß und braun geringelt ist.

9. Der Marikina. Le marikina. (vulg. singe-lion.) (S. rosalia.)

Weiß am Kopfe mit einer bräunlich gelben (fauve) Mähne rings umgeben.

10. Der Miko. Le mico. (S. argentata.)

Weiß, mit rothem Gesichte und braunem Schwanze*).

c) Guenons: mit plattem Kopfe, wenig vorstehender Schnauze (60°); mit langem schlaffen Schwanze, Backentaschen**) und Gesäßschwielen.

---

*) Noch findet man bey Büffon folgende Sagoins: den Saki (S. pithecia), Tamari (S. midas) und den Pinche (S. oedipus).

**) Die Backentaschen sind Säcke, welche unter den Backen liegen und sich im Maule öffnen. Die damit versehenen Thiere tragen ihre Lebensmittel darin fort.

Die Gattungen derselben bewohnen sämmtlich die alte Welt, vorzüglich Afrika. Sie sind zahlreich, von sehr verschiedener Größe und Farbe, leben heerdenweise und richten in Gärten und angebaueten Feldern viele Verwüstungen an. Die merkwürdigsten sind:

11. Der rothe Affe. Le patas. (S. Patas.)

Mit sehr hochröthlichem Haare.

12. Der grüne Affe. Le callitriche. (S. sabaea.)

Mit grünlichem Haare und gelber Schwanzspitze.

13. Die Mone. La mone. (S. mona.)

Schwarz, braun und weißbunt von Farbe. (Das Weiße findet sich am Bauche, an der innern Schenkelseite, an der Brust, am Halse u. s. w. W.)

14. Die Diane. Le Roloway. (S. Diana.)

Oben schwärzlich, unten weißlich, mit einem kleinen spitzigen Barte am Kinne*).

---

*) Der Verfasser scheint Linnes Diane und Allamands Roloway für einerley

15. Der blaumäulige Affe. Le moustac. (S. cephus.)

Braun, zwey gelbe Haarpinsel an den Ohren; die Oberlippe blau.

16. Der weißmäulige Affe. Le blanc nez. (S. nictitans.)

Bräunlichschwarz, bloß die Nase weiß *).

17. Der Nasenaffe. Le nasique. (S. nasica.)

Groß, gelblichbraun, mit sehr langer Nase u. s. w.

d) Makaken; mit plattem Kopfe; vorstehender Schnauze (von 45°); mit Backentaschen und Gesäßschwielen.

Gattung zu halten; mir scheinen beyde doch selbst in der Zeichnung viel abweichendes zu haben. Die Diane ist ganz weiß punctirt, und hat über den Augen nur zwey weiße zusammenlaufende Bogen; dahingegen der Roloway nicht punctirt und am ganzen Gesichte mit einem weißen Dreyecke eingefaßt ist. W.

*) Verwechselt der Verf. hier vielleicht Sim. nictitans und petaurista? W.

So wie sich die Schnauze allmählig verlängert, so verschlimmert sich das Naturell. die Guenons sind nur lebhaft und muthwillig; diese Affen hingegen sind ungelehrig und selbst wild und grausam. Wir bezeichnen mit dem Nahmen der Makaken vorzüglich diejenigen Affen, welche einen langen Schwanz, und über den Augenbraunen eine vorspringende leiste oder Kamm haben.

18. Die Meerkatze. Le macaque. (S. cynomolgos.)

Mit gräulichem Haare und gespaltener Oberlippe.

19. Der Hutaffe. Le bonnet chinois. (S. sinensis.)

Mit grauem Haare; auf dem Kopfe eine von aus einander laufenden Haaren gebildete Kappe.

Diejenigen mit langen Schwänzen, welche keinen Kamm über den Augenbraunen haben, heißen Hundsköpfe (cynocéphales).

20. Der braune Pavian. Le papion.
(S. sphinx.)

Mit gelblichem Haare, schwärzlicher Schnauze, rothen Hinterbacken*).

Die ohne Schwanz heißen Magots.

21. Der Magot. Le magot.
(S. Inuus.)

Mit grauem Haare; einen kleinen Hocker anstatt des Schwanzes. Dieser Affe verträgt unser Klima von allen am besten; er stammt aus Aegypten und der Barbarey, von woher er oft nach Europa gebracht wird. Er wirft bey uns zuweilen Junge. Seine Größe ist ungefähr die eines Fuchses.

e) Paviane: mit vorgezogener Schnauze (von 30°), mit Backentaschen, Gesäßschwielen, und kurzem oder gar keinem Schwanze.

Dieß sind scheußliche Geschöpfe, von ungezähmter Wildheit und abschreckender Brutalität.

22. Der

*) Bey Schreber und Büffon ist der Schwanz dieses Affen doch ziemlich kurz gezeichnet. W.

22. Der Mandril. Le mandril. (S. maimon.)

Von braunem Haare, oben an der Schnauze gefurcht und blau gefärbt. Die Gesäßschwielen roth und violblau. Mit zunehmendem Alter wird die Nase hochroth, welches gegen das Blau seiner Backen schrecklich absticht. Einige haben ihn in diesem Alter als eine verschiedene Gattung (Sim. mormon. Linn.) angesehen. Man findet ihn in Guinea. Sein Schwanz ist kurz.

23. Der Pongo. Le pongo. (S. pongo.)

Eine Affe von der Insel Borneo, welcher Mannshöhe erreicht. Seine Arme sind so lang, als der Körper, seine Kinnladen sehr stark mit ungeheuern Eckzähnen versehen, und ohne Schwanz. Er gleicht dem Kopfe nach dem Mandril. Diese beyden Gattungen haben einen häutigen Sack, welcher mit dem Kehlkopfe in Gemeinschaft steht und sich aufbläset, wenn die Thiere schreyen.

f) Aluatten, Brüll- oder Heulaffen: mit pyramidenförmigem Kopfe; sehr hohem Unterkiefer, langem Wickelschwanze, ohne Backentaschen und Gesäßschwielen.

Finden sich in Amerika, haben eine knöcherne Trommel in der Kehle (eigentlich das mittlere stark vergrößerte und ausgehöhlte Zungenbein (W.)), welche ihrer Stimme eine ungeheure Stärke giebt, so daß sie einen schrecklichen Ton hervorbringen. Daher ihr Nahme Heul- oder Brüllaffen.

29. Der rothe Brüllaffe. L'alouatte. vulg. hurleur roux. (S. beelzebul.)

Ganz röthlich, mit langem Barte.

25. Der schwarze Brüllaffe. L'ouarine. (S. seniculus.)

Ganz schwärzlichbraun.

II. Makis (Lemur).

Unter diesem Nahmen werden alle, die von den Affen verschiedenen Quadrumanen begriffen, welche sich übrigens von denselben nur in der Anzahl und Richtung der Schneidezähne und durch eine gewöhnlich spitzigere Schnauze unterscheiden, woher sie auch von einigen Schriftstellern Fuchsschnauzenaffen genannt worden sind. Man theilt sie, wie die Affen, in verschiedene Familien, nähmlich:

a) Eigentliche Makis: mit vier Schneidezähnen im Oberkiefer, deren mittlere durch eine Lücke von einander getrennt sind; im Unterkiefer sechs nach vorwärts gerichtete Schneidezähne.

Sie finden sich auf Madagaskar, leben von Früchten, sind der Größe und Farbe nach verschieden, haben aber sämmtlich einen langen wolligen Schwanz.

1. Der Vari. Le vari. (Lemur macaco.)

Bunt, mit großen schwarzen und weißen Flecken.

2. Der Mokoko oder Eichhorn-Maki. Le mococo. (L. catta.)

Grau, mit weiß und schwarz geringeltem Schwanze.

3. Der Mongus oder ringäugige Maki. Le mongous. (L. mongos.)

Ganz braun u. s. w. (Von diesem scheinen verschiedene Abänderungen in Ansehung der Farbe vorzukommen. W.)

b) Indris: Ganz den Makis ähnlich; aber nur vier Schneidezähne im Unterkiefer.

Sind aus demselben Lande und haben gleiche Sitten mit den vorhergehenden. Es giebt eine Gattung ohne Schwanz und ganz schwarz (Lemur indri Gmel.) und eine andere röthliche mit sehr langem Schwanze (Lem. laniger).

c) Loris: die Anzahl der Zähne, wie bey den Makis; der Kopf rund; die Schnauze kurz und erhoben; kein Schwanz.

Sie finden sich in Ost-Indien.

4. Der Loris. Le lori paresseux.
(Büffons bengalischer Loris.)
(Lem. tardigradus.)

Das Haar gräulich, längs des Rückens einen braunen Streif. Dieß Thier ist besonders langsam in seinem Gange

5. Der schlanke Loris. Le lori grele.
(Lem. gracilis.)

Einförmig fahl: mit schlanken verlängerten Gliedern. Er ist kleiner und schneller in seinen Bewegungen, als der vorhergehende.

d) Galagos: sechs Schneidezähne unten, und nur zwey oben, welche sehr weit von einander entfernt stehen.

Diese Thiere sind von Senegal; haben einen langen wolligen Schwanz, an den Hinterfüßen ist die Fußwurzel sehr verlängert, so daß sie mit den Vorderfüßen in sehr ungleichem Verhältnisse stehen. Ihre Backenzähne haben mehrere Spitzen; sie leben von Insecten.

6. Der größere Galago. Le galago moyen. (Lem. galago.) Galago senegalensis Geoffroy.

Das Haar fahlgrau*), mit großen nackten Ohren; von der Größe einer Ratte.

7. Der kleine Galago. Le petit galago. (Lem. minutus.)

Mausegrau, mit kleinen Ohren.

e) Tarser: im Oberkiefer vier, im Unterkiefer zwey Schneidezähne, mit mehreren Eckzähnen, welche kürzer sind, als die Schneidezähne.

Es ist nur eine Gattung davon bekannt das Makiartige Beutelthier) Lem. tarsius Pall. (Didelphis macrotarsus Gmel.)

---

*) Ich weiß gris fauve nicht anders zu übersetzen. W.

welche, wie die Galagos, große nackte Ohren, sehr verlängerte Fußwurzeln und einen langen wolligen Schwanz hat. Sie findet sich auf den Molucken und lebt von Insecten. Ihr Haar ist wollig und fahlgrau.

Die Vierhänder gleichen dem Menschen auch sehr in Rücksicht ihrer inneren Theile: die eigentlichen Affen haben wie er eine in zwey Lappen und ein Läppchen getheilte Leber, und einen wurmförmigen Anhang am Blinddarme. Dieser fehlt allen übrigen, bey welchen auch die Leber mehr getheilt ist. Bey den Sapajus und Makis sind die dicken Därme dünner und gleichförmiger, und der Blinddarm nach Verhältniß länger als beym Menschen.

Nur die Galagos und Tarser haben mit Spitzen versehene Backenzähne, und leben auch von Insecten; die übrigen haben wie der Mensch nur stumpfe Höcker an den Backenzähnen.

Drittes Kapitel

Von den reißenden Thieren. (Ferae.)

Diese haben wie der Mensch und die Vierhänder die drey Arten von Zähnen, nähmlich: Schneidezähne, Eckzähne und Backenzähne: ihre Pfoten sind mit Klauen und nicht mit Hufen versehen: aber die innerste Zehe ihres Vorderfußes ist weder abstehend, noch kann sie den übrigen Zehen entgegengestellt werden. Dieß sind die unterscheidenden Merkmahle derselben. Da ihre Geschlechter sehr zahlreich sind, so zerfallen sie in verschiedene Unterabtheilungen.

A. Fliegende reißende Thiere oder Chiropteren.

Eine Haut, welche von einer Verdoppeung oder Falte der allgemeinen Bedeckungen

b) Eigentliche Fledermäuse: zwey oder vier Schneidezähne im Oberkiefer; die mittleren von einander entfernt stehend; sechs im Unterkiefer mit gezahnter Schneide.

Unter diesen finden sich die meisten Fledermäuse unserer Gegenden; alle haben einen langen Schwanz, welcher mit von der Flughaut eingefaßt ist, und sich unter den Bauch zurückkrümmt, wenn das Thier nicht fliegt: die Nase ist ohne Kamm. Zu merken sind:

2. Die langöhrige Fledermaus. L'oreillard. (V. auritus.)

Klein, aschgrau, mit nackten Ohren, welche so groß sind, als der übrige Körper, mit verlängerten spitzigen Ohrläppchen.

3. Die gemeine Fledermaus. Le chauve-souris ordinaire. (V. murinus.)

Grau, mit nackten länglichen Ohren, von der Größe des Kopfes, mit verlängerten spitzigen Ohrläppchen.

4. Die Speckfledermaus. La noctule. (V. noctula.)

Braun, mit dreyeckigen kurzen Ohren, kleinem zugerundeten Ohrläppchen u. s. w.

c) Rhinolophen: zwey sehr kleine Schneidezähne im Oberkiefer, vier im Unterkiefer.

Sind den vorigen an Gestalt des Körpers und Schwanzes ähnlich; auf der Nase haben sie häutige Anhänge, welche bey den verschiedenen Gattungen verschieden gebildete Kämme machen.

5. Die Hufeisennase. Le fer-à-cheval. (V. ferrum equinum).

Die Haut der Nase bedeckt fast das ganze Gesicht, und nähert sich in ihrer Gestalt einem Hufeisen; in der Mitte ist ein vorragender Kamm. Diese Gattung findet sich in unserem Lande; es giebt deren von zwey verschiedenen Größen, welche nicht vom Alter abhängen.

B. Fledermäuse deren Schneidezähne am Grunde einander genähert sind und kaum vor sich einen Platz für die Schneidezähne lassen.

a) Phyllostomen: mit einem senkrechten blattähnlichen Anhange auf der Nase.

Diese Gattungen kommen aus den heißen Ländern; sind von mittlerer Größe, und unterscheiden sich von einander durch die verschiedene Bildung des auf ihrer Nase befindlichen häutigen Blattes. Sie haben nur zwey oder vier kleine Schneidezähne, welche zwischen den langen Eckzähnen gleichsam eingeklemmt stehen. Der Schwanz ist sehr kurz oder fehlt ganz.

6. Die Spießnase. Le fer-de-lance. (V. hastatus)

Das Blatt auf der Nase hat die Gestalt eines Lanzeneisens, mit einer einfachen Spitze. Die Ohren sind eyrund, die Ohrläppchen gezahnt.

7. Die Trichternase. Le spectre. (V. spectrum.)

Mit eyrunden trichterförmig ausgehöhltem Nasenblatte und länglichen Ohren.

8. Die Herznase. Le spasme. (V. spasma.)

Mit einem unten runden Blatte, auf welchem ein eyrundes mit drey Lappen oder Zacken versehenes Stück sitzt. Die Ohren an ihrem innern Rande vereiniget; die großen Ohrlappen gespalten.

b) Noctilionen: ohne Blatt auf der Nase.

Die Zähne ungefähr wie bey den Phyllostomen; die Schneidezähne fehlen sogar zuweilen gänzlich. Sie haben keinen häutigen Kamm. Kommen aus den heißen ländern.

9. Die Hasenscharte. Le bec-de-lievre. (V. leporinus).

Mit gelblichem Haare, aufgetriebener gespaltener Schnauze, welche mit verschieden gestalteten Warzen besetzt ist. Das Ende des Schwanzes nicht mit in der Flughaut begriffen.

10. Die hundsmäulige Fledermaus. Le noctilion dogue. (V. molossus).

Braun mit dicken lippen, der Schwanz länger als die Flughaut, so daß er weit hinter derselben zurückragt. *)

---

*) Es giebt noch mehrere hier nicht angeführte Gattungen von Fledermäusen. W.

II. Galeopitheken. Les galéopithèques. Vulg. chats-volans. Galeopithecus. (Lem. volans Linn.)

Sie sind weiter nicht von den Fledermäusen verschieden, als daß an den Vorderfüßen derselben die Zehen nicht länger als an den hinteren sind, und daß sie scharfe hakenförmige Klauen haben. Ihre Flughaut ist doch ausgebreitet genug, um ihnen beym Hinabspringen von einem Baumzweige zum andern behülflich zu seyn. Diese Haut ist, so wie auch die sehr kleinen Ohren überall behaart. Der Schwanz ist mit darin begriffen. Die Schnauze ist stumpf: im Oberkiefer sind zwey sehr von einander entfernte Schneidezähne, welche so wie die Eckzähne einen den Backenzähnen ähnlichen eingeschnittenen Rand haben; im Unterkiefer sind sechs kammförmig abgetheilte Schneidezähne. Der Blinddarm ist sehr groß.

1. Der röthliche Galeopitheke oder der fliegende Maki. Le Gal. roux. (Galeopithecus rufus).

Einförmig röthlich.

2. Der bunte Galeopithefe. Le Gal. varié. (Gal. variegatus).

Braun, mit grauen und schwarzen Flecken und weißen Puncten.

Diese Thiere kommen von den Molucken.

Anmerkung: Die Chiropteren sind die einzigen reißenden Thiere, welche wie die Affen ihre Säugewarzen an der Brust haben; bey den übrigen sitzen dieselben am Bauche.

B. Plantigraden oder solche reißende Thiere, welche mit der ganzen Fußsohle auftreten.

Die Affen und Fledermäuse gehen wie wir auf der ganzen Fußsohle. Diejenigen reißenden Thiere ohne Flughaut, welche eben so gehen, sind durch ihren langsamen kriechenden Gang, durch eine einsame nächtliche Lebensart und einen besondern Geschmack an Höhlen und düsteren Aufenthaltsorten merkwürdig. Viele von denselben bringen den Winter in gänzlicher Betäubung hin, ohne die geringste Nahrung zu genießen: Sie haben sämmtlich keinen Blinddarm.

I. Igel. Herissons. (Erinaceus).

Ihr Körper ist mit Stacheln bedeckt; die Gliedmaßen sind kurz, die Schnauze ist spitz, der Schwanz kurz oder gänzlich fehlend. Man theilt dieselben in:

a) Eigentliche Igel: mit sechs Schneidezähnen, deren mittlere länger als die an den Seiten sind. Die Eckzähne kürzer als die Schneidezähne.

1. Der gewöhnliche Igel. Le herisson ordinaire. (Erin. europaeus).

Wenigstens Fußlang; lebt in Gehölzen, Hecken, und nährt sich theils von Früchten, theils von kleinen Thieren; hält sich in einer selbst gegrabenen unterirdischen Höhle auf und schläft den Winter über. Wenn er angegriffen wird, so rollt er sich zusammen und zeigt seine Stacheln von allen Seiten.

b) Tenreks: mit sechs gleich langen Schneidezähnen und langen Eckzähnen.

Haben keinen Schwanz; die Stacheln im Nacken sind länger als die übrigen. Es giebt drey Gattungen davon, welche alle von Madagaskar abstammen.

2.

2. Der Tenrek oder ungeschwänzte Igel. Le tenrec. (Er. ecaudatus).

Er ist mit steifen Stacheln bedeckt. Seine Schneidezähne sind ausgeschnitten, unten hat er deren nur vier; er ist der größeste von allen dreyen.

3. Der Tendrak oder kleinste Igel. Le tendrac. (Er. setosus).

Seine Stacheln sind biegsamer und länger, und nähern sich mehr den Borsten. Die Schneidezähne sind ausgeschnitten.

4. Der gestreifte Tenrek. Le ternec rayé. (Er. semispinosus). *)

Gelb und schwarz gestreift, mit gemengten Borsten und Stacheln bedeckt. Die Schneidezähne sind dünn und spitzig.

II. Spitzmäuse. Musaraignes. (Sorex).

Diese haben wie die eigentlichen Igel die mittleren Schneidezähne länger, als die an den

*) Dieß ist Büffons junger Tenrek. S. B. Suppl. III. p. 37.

Seiten, und die Eckzähne kürzer als die Schneidezähne; ihr Körper ist aber behaart und ohne Stacheln.

a) Die Spitzmäuse unseres Landes: haben die zwey unteren mittleren Schneidezähne sehr lang und vorwärts gestreckt.

1. Die gemeine Spitzmaus. La musaraigne ordinaire. (Sorex mus araneus).

Mit aschgrauem Körper, mit karirtem Schwanze; findet sich auf Wiesen. Da sie von den Katzen nur getödtet und nicht gefressen wird, so hat man sie mit Unrecht für giftig gehalten, und geglaubt, daß ihr Biß die Pferde tödte.

2. Die Wasserspitzmaus. La musaraigne d'eau. (Sor. fodiens).

Mit schwärzlichem Körper; karirtem Schwanze; die Füße mit steifen Haaren besetzt; die Ohren können vermittelst eines kleinen Läppchens gänzlich geschlossen werden: Sie findet sich an den Ufern kleiner Gewässer.

3. Die Spitzmaus mit zusammengeschnürtem Schwanze. La musaraigne à queue etranglée. (Sor. constrictus H.)

Mit röthlich braunem Körper, und rundem am Anfange dünneren Schwanze.

Diese drey Gattungen sind etwas kleiner als die gewöhnliche Maus, und haben eine sehr spitze Schnauze. Man glaubt, daß sie von Insecten leben.

b) Andere Gattungen: mit zwey sehr kleinen Zähnen zwischen den beyden langen Schneidezähnen des Unterkiefers.

4. Die Bisamratte. La musaraigne musquée ou desman. (Sor. moschatus).

Von der Größe einer Ratte; aschgrau, mit schuppigem senkrecht zusammengedrückten Schwanze; die Nase zu einer Art von beweglichem Rüssel verlängert. Sie findet sich an den Ufern der Gewässer in Rußland und Sibirien, und verbreitet einen starken Bisamgeruch.

5. Die Maulwurfspitzmaus. La musaraigne taupe. (Sorex aquaticus Linn.).

Von der Größe und Farbe unseres Maulwurfes, und auch wie dieser mit breiten Vorderpfoten zum Graben versehen. lebt unter der Erde, und ist mit einem Worte nur durch das Verhältniß der Zähne vom Maulwurfe verschieden.

6. Die Goldspitzmaus. La musaraigne dorée. (Sorex auratus. Talpa asiatica Linn.)

Bewohnt das Vorgebirge der guten Hoffnung und nicht Asien. Ist merkwürdig wegen des schönen grün- gold- und purpurfarben schillernden Haars. Hat eine kurze runde Schnauze, nur drey sichtbare Zehen an den Vorderfüßen und durchaus keinen Schwanz.

Alle Spitzmäuse leben in unterirdischen Höhlen.

III. Maulwürfe. Taupes. (Talpa).

Diese haben oben sechs und unten acht gleiche Schneidezähne und Eckzähne, welche jene an Länge übertreffen. Der Körper ist behaart; die Schnauze lang und beweglich, um damit in die Erde zu bohren; die Vorderpfoten sehr breit, mit platten Nägeln versehen und nach rückwärts gerichtet, um die Erde dahin fortzuwerfen; die Arme sind, um desto größere Stärke zu haben, kurz und unter der Haut verborgen. Der Kopf ist mit sehr derben Muskeln versehen, um die Erde aufwerfen zu können; es fehlt also diesen Thieren nichts von dem was ihre Lebensart erförderte. Die Maulwürfe nähren sich von Insecten und Würmern, deren sie eine große Menge zerstören und dadurch sehr nützlich werden, obgleich sie auch auf der andern Seite dem Lande vielen Schaden thun, indem sie beständig das Erdreich durchwühlen und aufwerfen.

1. Der gemeine Maulwurf. La taupe ordinaire. (Talpa europaea).

Ein aller Welt bekanntes Thier, mit dichtem, sanften, schön schwärzlichem Haare. Zuweilen findet man weiße und scheckige.

2. Der kammnasige Maulwurf. La taupe à crête. (Talpa cristata) (Sorex crist. Linn.)

Kleiner als der gemeine Maulwurf, schwärzlich mit langem Schwanze; die Nase mit knorpeligen beweglichen Spitzen geziert, welche einen doppelten Stern bilden. Dieses sonderbare Thier wohnt in Kanada.

IV. Bären. Ours. (Ursus).

Unter diesem Nahmen begreifen wir alle Plantigraden, welche in beyden Kiefern sechs zwischen großen Eckzähnen stehende Schneidezähne haben. Der zweyte Schneidezahn des Unterkiefers steht ein wenig weiter zurück als die übrigen. Sie haben sämmtlich fünf fast gleich lange Zehen, welche mit gekrümmten spitzigen Klauen versehen sind. Wir theilen sie ab, wie folgt:

a) Eigentliche Bären.

Dieß sind große Thiere, mit vierschrötigem Körper und dicken Gliedmaßen. Der Schwanz ist sehr kurz. Man findet sie nur in Gebirgen und wenig bewohnten Gegenden. Sie verbergen sich in Höhlen, wo sie den Winter schlafend zubringen. Hinter jedem Eckzahne ist ein sehr kleiner Zahn und dann ein leerer Raum bis an die Backenzähne.

1. Der schwarze Bär,

welcher Früchte und Honig dem Fleische vorzieht, und der braune Bär, welcher lieber Fleisch als Früchte frißt. Sie bewohnen die Alpen, Polen u. s. w. Sie gelten für Arten einer und derselben Gattung. (Ursus arctos Linn.)

2. Der Eisbär. Lours blanc. (Ursus maritimus).

Findet sich nur im Norden; ist von den vorigen durch seine Farbe und durch ein mehr verlängertes Verhältniß der Theile des Körpers verschieden. Seine gewöhnliche Nahrung besteht in Fischen; wenn ihm aber Menschen begegnen, so greift er dieselben wüthend an. Es ist ein sehr grausames Thier.

b) Dachse. Blaireaux.

Ihr Körper steht auf kürzeren Beinen als der der Bären, der Schwanz ist von mittlerer Länge. Die Backenzähne bilden eine bis zu den Eckzähnen ununterbrochene Reihe; eben das findet sich auch bey den folgenden Familien dieses Geschlechtes.

3. Der eigentliche Dachs. Le blaireau proprement dit. (Urs. meles).

Ein bey uns einheimisches Thier, welches obgleich viel kleiner als der Bär, doch mit diesem fast gleiche Lebensart führt, den Winter über schläft, eben so von Früchten und Fleisch lebt. Er ist oben grau, unten schwärzlich, mit einem schwarzen Streif über den Augen. Unter dem Schwanze findet sich eine Oeffnung, aus welcher eine fettige stinkende Flüßigkeit hervorschwitzt.

4. Der Vielfraß. Le glouton. (Urs. gulo).

Ein Thier welches im nördlichen Europa lebt, und durch seine Gefräßigkeit berühmt ist, wovon man aber viel übertriebenes erzählt. Sein Balg giebt ein sehr schönes Fell, oder gelblich braunes Pelzwerk; er hat auf dem Rücken einen großen schwärzlichen Fleck.

5. Der Honigdachs. Rattel. Le rattel. (Urs. mellivorus). (Viverra mellivora Linn.)

Bewohnt das Vorgebirge der guten Hoffnung, nährt sich von Honig, und hat einen besonderen Instinct, die Nester der wilden Bienen aufzusuchen und zu plündern. Sein dickes, weites, schlaffes Fell sichert ihn gegen den Stachel jener Thiere. Er ist oben grau, unten schwärzlich, mit einem weißen Streifen, welcher zwischen diesen beyden Farben vom Auge bis zum Schwanze läuft.

c) Koatis. Les coatis.

Diese haben einen sehr langen Schwanz, und eine nach allen Seiten bewegliche, weit über das Maul hinaus verlängerte Nase. Sie bewohnen die heißen Gegenden von Amerika, gehen vorzüglich des Nachts umher, nähren sich von Eyern, Geflügel u. s. w.

6. Der rothe Koati. (Das rothe Rüsselstinkthier.) Le coati roux. (Urs. nasua. Viv. nasua Linn.)

Der Pelz röthlich, die Schnauze grau, Füße braun, der Schwanz braun und röthlich geringelt.

7. Der braune Koati. (Das braune Rüsselstinkthier.) Le coati brun. (Urs. narica. Viv. narica Linn.).

Der Pelz bräunlich grau; rund um die Schnauze weiß; der Schwanz einfärbig.

d) Ratons. Ratons.

Unterscheiden sich von den Koatis nur durch kürzere Nase und Schnauze. Es sind auch amerikanische, fleischfressende Thiere. Nur beym Stehen treten sie mit der ganzen Sohle auf, im Gehen aber heben sie den Hacken und entfernen sich folglich schon von den Bären.

8. Der Rackun oder Waschbär. Le raton ordinaire. (Urs. lotor).

Bräunlich aschfarben, der Schwanz braun und weiß geringelt. Aus Nord-Amerika. Alles was er frißt, wäscht er im Wasser ab.

9. Der Krabben-Rackun. Le raton crabier. Vulg. chien crabier. (Urs. cancrivorus).

Gleichförmig hellbraun, findet sich in Cayenne, lebt von Krabben.

e) Kinkajus. Kinkajous.

Haben eine kurze Schnauze und einen langen Wickelschwanz.

10. Der Kinkaju oder Poto. (Stinkthier mit dem Wickelschwanze). (Urs. caudivolvulus). (Viv. caudivolvula Linn.)

Dieß Thier ist von Nord-Amerika, hat gelbliches Haar, nährt sich von Fleische und kann die Zunge sehr verlängern. Ist etwas größer als eine Katze.

f) Mangusten Mangoustes.

Diese haben einen sehr langgestreckten Körper, einen langen spitzigen Schwanz; eine kurze spitze Schnauze, eine mit harten Wärzchen besetzte Zunge.

11. Die Pharaonsmaus. Der Mungo. La mangouste ordinaire. (Urs. ichneumon. Viv. ichneumon Linn.) *)

Mit langem ziemlich steifen Haare, bräunlich oder aschgrau von Farbe. Man füttert sie in Indien in den Häusern, wo sie, wie eine Katze, die Mäuse fängt. In Aegypten zerstört sie die Eyer des Krokodilles. Man sagt sogar, daß sie sich in den Rachen des Krokodilles wage, wenn dieser schläft, und ihn tödte, indem sie ihm den Bauch zernage. Sie war den Alten unter dem Namen Ichneumon bekannt. In Aegypten wird sie heut zu Tage Pharaonsmaus genannt.

Anmerkung: Man sieht, daß dieses Geschlecht sehr verschiedene Gattungen enthält. Es war indessen nicht leicht, dieselben mit mehrerer Bestimmtheit abzutheilen. Die beyden letzten Abtheilungen sind vielleicht die einzigen, welche eigene Geschlechter ausmachen könn-

*) Von einigen werden die Pharaomaus und der Mungo für verschiedene Gattungen gehalten. W.

ten, und denen man hinlänglich wichtige Merkmahle beylegen könnte.

C. Carnivoren oder reißende Thiere, welche nur auf der Spitze der Zehen gehen.

Diese haben sämmtlich wie die Bären sechs Schneidezähne in jedem Kiefer zwischen großen Eckzähnen, und spitzige scharfe Backenzähne. Keines von denselben hält einen Winterschlaf; nur das erste Geschlecht ist ohne Blinddarm.

V. Marder. Martes. Mustela.

Diese haben wie die meisten der unter dem Bärengeschlechte begriffenen Thiere zwey von den Schneidezähnen des Unterkiefers (den zweyten an jeder Seite nähmlich) etwas weiter zurückstehend als die übrigen. Ihr Körper ist außerordentlich langgestreckt und steht auf kurzen Beinen, so daß sie durch die kleinsten Oeffnungen schlüpfen können, und daher auch wohl wurmförmige Thiere genannt worden sind. Sie haben sämmtlich wie die Plantigraden keinen Blinddarm. Sie leben von Eyern,

Blut und anderen thierischen Substanzen; verbreiten sämmtlich einen sehr häßlichen Geruch, welcher bey einigen in sehr hohem Grade sich findet.

Sie werden abgetheilt in:

a) Ottern: mit Schwimmfüßen *) und oben platten Kopfe.

1. Die Fischotter oder gemeine Otter. La loutre ordinaire. (Mustela lutra).

Die größeste Gattung dieses Geschlechts; von einförmig brauner Farbe. Sie lebt am Ufer der Flüsse, hält sich fast beständig im Wasser auf und nährt sich einzig von Fischen.

2. Die Meerotter. La loutre de mer. (Must. lutris).

Ihre schmalen Hüften, ihre kurzen und übel angesetzten Gliedmaßen, der kurze und

*) Schwimmfüße sind solche, deren Zehen durch eine Haut verbunden sind. Sie finden sich bey Wasserthieren überhaupt, als bey Enten u. s. w.

platte Schwanz geben ihr viele Aehnlichkeit mit dem Seehunde. Dieß Thier wird wegen der Schönheit seines bald braunen bald schwarzen Balges sehr gesucht.

b) Eigentliche Marder, mit freystehenden Zehen und kurzen Klauen.

3. Das Wiesel. La belette. (M. vulgaris).

Ein kleines langes einförmig röthliches Thier.

4. Das Hermelin. L'hermine. (M. erminea.)

Röthlich, mit schwarzer Schwanzspitze. Im Winter ändert sich die röthliche Farbe in weiß um.

5. Der Steinmarder. La fouine. (M. foina), und

6. Der Baummarder. La marte. (M. martes).

Sind einander an Größe, Gestalt, brauner Farbe des Körpers und dem Flecken an der Kehle gleich; der Baummarder aber, bey welchem dieser Fleck gelblicher ist, wohnt in den Gehölzen, und der Steinmarder, bey dem der Fleck weiß ist, schleicht sich in die Häuser.

7. Der Iltis. Le putois. (M. putorius).

Braun, an den Seiten gelblich, mit weißen Flecken am Kopfe. Die lateinische Benennung kommt von seinem Geruche her, welcher noch stinkender ist, als bey den vorigen. Diese drey Gattungen thun unsern Hühnerhöfen großen Schaden, vorzüglich dadurch, daß sie mehr Federvieh erwürgen als sie verzehren oder fortschleppen können.

8. Der Tigermarder. Le perouasca ou' putois de Pologne (M. sarmatica).

Braun überall weiß oder gelb gefleckt.

9. Die Zorille (das geschlängelte Stinkthier.) Le zorille ou putois du Cap. (M. zorilla. Viverra zorilla Linn.)

Schwarz und weiß gestreift. Stinkt entsetzlich.

10. Der Zöbel. La marte zibelline. Must. zibellina.

Ist wegen seines kostbaren Pelzes berühmt, welcher eine gelblichbraune ins schwarze sich ziehende Farbe hat. Das unterscheidende Merkmahl desselben ist, daß seine Pfoten selbst unten mit Haaren besetzt sind, und daß er einige weiße Haare am Kopfe hat. Er findet sich nur in Sibirien, wo die Jagd der Krone gehört und derselben ein beträchtliches Einkommen liefert.

c) Die Muffetten oder Stinkthiere. Les Mouffettes.

Sie unterscheiden sich durch lange Klauen, welche zum Graben geschickt sind, und durch einen vorzüglich hinten platteren Körper.

Diese Thiere sind von Amerika und verbreiten, wenn sie verfolgt werden, einen Gestank, welchen die Reisebeschreiber über allen Begriff scheußlich schildern.

11. Das weißgestreifte Stinkthier.
Le conepate. (Must. putida).
(Viv. putorius. Linn.)

Schwarz, mit fünf gleichlaufenden weißen Streifen auf dem Rücken. Aus Nord-Amerika.

12. Das weißgefleckte Stinkthier.
Le chinche. (M. mephitis).
(Viv. mephitis Linn.)

Unten schwarz, auf dem Rücken weiß, mit einem schwarzen längslaufenden Streifen; der Schwanz sehr langhaarig, ganz weiß. Findet sich in ganz Amerika.

VI. Katzen. Chats. Felis.

Unterscheiden sich von allen übrigen reißenden Thieren durch ihre zurückziehbaren Klauen, welche sich nähmlich nach hinten zurück krümmen und zwischen die Zehen verstecken können, wenn das Thier nicht geraden Gebrauch davon macht, wodurch die Klauen ihre Schärfe und Spitze behalten. Alle Katzengattungen haben eine kurze runde Schnauze, sechs kleine gleich lange Schneidezähne, sehr große Eckzähne und drey oder vier Backenzähne mit drey sehr scharfen Spitzen. Ihre Zunge ist mit stacheligen Wärzchen dicht besetzt, so daß sie beym Lecken verwunden. Ihre Vorderfüße haben fünf, die Hinterfüße aber nur vier Zehen. Die meisten klettern auf die Bäume, und gehen mehr bey Nacht als bey Tage umher; sehen gut bey Nacht, weil ihre Pupille sich sehr erweitert. Sie ziehen das Fleisch von lebendig gefangenen Thieren allem anderen vor. Wasser und Feuchtigkeit sind ihnen sehr zuwider.

1. Der Löwe. Le lion. (Felis leo.)

Dieses durch seine Stärke, durch seinen Muth und seine Großmuth so berühmte Thier ist im wesentlichen wie unsere Hauskatze gebauet. Er ist von derselben nur durch seine Größe, seine gleichförmig gelblich braune Farbe, durch die dicke Mähne am Halse des Männchens und den Haarbüschel am Ende seines Schwanzes verschieden. Der Löwe bewohnt jetzt nur noch Afrika, wo der Mensch ihn auch schon bis in die Wüsten zurückgetrieben hat. Seine rauhe weithallende Stimme wird das Brüllen (rugissement) genannt. Er nährt sich nur von Thieren, welche er lebendig fängt, und greift den Menschen nur an, wenn ihn die Nothwendigkeit treibt. Er weiß Wohlthaten zu erkennen, ist aber unversöhnlich in seiner Rache. In der Gefangenschaft läßt er sich zähmen, und ist selbst der Zuneigung sowohl gegen den Menschen als gegen andere Thiere fähig.

2. Der Tiger. Le tigre. (Fel. tigris.)

Kommt an Größe und Stärke dem Löwen gleich, ist aber weit grausamer als dieser, und erwürgt mehr Schlachtopfer, als sein Hunger bedarf; hat vorzüglich großen Gefallen am Blute. Er findet sich nur in den heißesten Theilen von Asien. Sein Pelz ist hochbräunlichgelb mit schwarzen Querstreifen gezeichnet. Er hat keine Mähne, so wenig als die folgenden Gattungen.

3. Der Leopard. Le léopard. (Fel. leopardus.)

4. Der Panther. La panthère. (Fel. pardus.) und

5. Die Unze. L'once. (Fel. uncia.)

Sind drey Gattungen der alten Welt, mit kurzem Sammthaare und gefleckten Pelze.

Die beyden ersten sind von Afrika und haben bräunlichgelbes Haar mit schwarzen Flecken, welche bey dem Leopard eine Rosengestalt, bey dem Panther die Gestalt von Ringen oder Augen haben. Die Unze ist kleiner, grau mit unregelmäßigen Flecken. Sie findet sich in Indien. Die Einwohner richten sie, wie wir unsere Hunde, zur Jagd ab.

Auch in Amerika finden sich große gefleckte Katzengattungen, welche aber von denen der alten Welt verschieden sind. Wir bemerken unter andern:

6. Den Jaguar Le jaguar. (Fel. onca.)

Gelblich, mit gelblichbraunen schwarz eingefaßten Flecken; ist von der Größe der Unze.

7. Der Ozlot. L'ocelot. (Fel. pardalis.)

Noch kleiner, hellbraun, mit schwärzlichen am Rücken länglichen, an den Seiten runden Flecken.

Noch bemerkt man in Amerika:

8. Den Puma, Kuguar oder amerikanischen Löwen. Le puma ou couguar. (Fel. concolor.)

Die ersten Reisenden hatten ihn, wegen seiner bräunlichgelben Farbe, für einen Löwen angesehen; er ist aber weit kleiner, mehr langgestreckt nnd hat nie eine Mähne. Er kommt auch dem Löwen durchaus nicht an Muth und Stärke gleich.

Die merkwürdigsten der kleinen Katzengattungen sind:

9. Der Luchs. Le lynx. (Fel. lynx.)

Wohnt im Norden, hat langes graues Haar mit braunen sich allmählig verlaufenden Flecken: einen sehr kurzen Schwanz; die Ohren an der Spitze mit einem Haarpinsel versehen.

10. Der Karakal. Le caracal. (Fel. caracal.)

Aus der Barbarey, Arabien, Aegypten u. s. w. röthlich von Farbe, mit langem Schwanze und Luchsaugen.

11. Die gemeine Hauskatze. Le chat ordinaire. (Felis catus.)

Findet sich in unseren Holzungen wild, und ist zum Hausthiere gezogen worden, um uns von kleinen lästigen Thieren zu befreyen; hat aber weder die Gelehrigkeit noch die Zuneigung des Hundes erlangt. Die wilde Katze hat, wie alle übrige Thiere, welche durch Häuslichkeit nicht verändert worden sind, eine bestimmte Farbe, nähmlich die mehr oder weniger hellgraue, mit schwärzlichen Streifen, welche an den Schultern und Seiten fast eine Art von Spiral-Linien bilden; diejenigen aber, welche bey uns in den Häusern leben, haben sehr verschieden gefärbtes Haar angenommen. Die Hauptarten sind;

Die Angorakatze aus Syrien, mit langen seidenartigen weißen Haaren.

Die Kartheuserkatze, von schiefergrauer Farbe; und

Die Spanische Katze, weiß, schwarz und gelblichbraun bunt, mit großen Flecken.

VII. Hund. Chien. (Canis.)

Die Hundegattungen haben keine zurückziehbaren Klauen oder Nägel; längere Kiefern als die Katzen und mehrere Backenzähne. Die Seitenschneidezähne sind ausgeschnitten oder gekerbt, und die Zunge nicht rauh oder scharf.

Die meisten dieser Gattungen lieben das Aas eben so sehr als frisches Fleisch, ja sie ziehen jenes wohl gar diesem vor.

a) Eigentliche Hunde mit fünf Vorder- und vier Hinterzehen.

1. Der Hund. Le chien. (Canis familiaris.)

Dieses dem Menschen so nützliche Thier ist vermöge seiner Häuslichkeit dergestalt ausgeartet, daß man seine Stammraße gar nicht mehr erkennen kann; denn man findet nirgends mehr ursprünglich wilde Hunde, obgleich es deren giebt, welche es in der von Menschen verlassenen Gegenden wieder geworden sind. Diese Hunde sind träge und grausam; sie vereinigen sich in Heerden, um ihren Raub anzugreifen; sie haben sämmtlich geradestehende Ohren. Man hat daher geschlossen, daß die Hunde mit solchen Ohren unter die am wenigsten ausgearteten Raßen gehören. z. B. der Schäferhund und der Spitz. Die übrigen Hauptraßen sind:

1. Die Jagdhunde, als der Parforc-Hund (chien courant), der Hühner-

hund (brâque) dessen Geruch feiner ist; der Dachshund (le basset), welcher wegen seiner kurzen, oft gebogenen Füße sehr brauchbar ist, um Füchse und andere kleine Thiere, welche sich unter die Erde graben, überall zu verfolgen; der Windspiel (le levrier), welcher keinen feinen Geruch hat, sondern nur nach dem Gesichte jagt, dadurch aber auch den Hasen alle Umwege abschneidet und dieselben vermöge seiner langen Beine und seines schlanken Baues bald einholt; der Budel (le barbet) welcher vorzüglich geschickt ist, das Wildbrät aus dem Wasser zu holen, welches er wegen seines langen krausen Haares nicht scheuet; der Bologneserhund (l'epagneul) u. s. w.

2. Die Haushunde, als: der Metzgerhund (le matin), mit langer, dicker Schnauze, sehr gut um Wache zu halten; der Bullenbeisser (le dogue), mit dicker, kurzer Schnauze und hängenden lippen; sehr gut um seinen Herrn zu vertheidigen; der große dänische Blendling (le grand danois), von beträchtlichem Umfange und elegantem Baue, welchen man gern vor dem Wagen herlaufen läßt u. s. w.

3. Die Stubenhunde, welche man nur zum Vergnügen oder aus Angewohnheit hält; dahin gehören: der angorische Hund (le bichon), das Löwenhündchen (le lion), der kurzhaarige Bologneser (le gredin), der Bastardmops (le roquet), der Mops (le doguin), der kleine Bologneser (le petit épagneul), der Harlekin (le petit danois) u. s. w.

Der Hund nährt sich oft von faulem Fleische. Wenn er des Fressens und Saufens beraubt ist, so erzeugt er die unter dem Nahmen der Hundswuth bekannte Krankheit, welche er anderen Thieren durch den Biß mittheilt, welche aber von selbst nur bey dem Hundegeschlechte zu entstehen scheint. Die vorzüglichsten Kennzeichen dieser Krankheit sind: Abscheu vor dem Wasser (doch, wie es scheint, nicht immer. W.), und eine blinde unwiderstehliche Wuth. Dieß Thier schwitzt nicht, dafür sondert es aber beym Warmwerden desto mehr Speichel ab. Er hat einen unbegreiflich starken Geruch. Seine Zuneigung zu den Personen, welche seiner pflegen, seine Treue und Beständigkeit haben ihn von jeher der Vorsorge und des Schutzes der Menschen werth gemacht.

2. Der Wolf. Le loup. (Can. lupus.)

Diesen könnte man einen großen Hund nennen, er hat einen geraden Schwanz und gerade Ohren, Hund und Wolf sind einander sehr ähnlich. Es ist ein gefräßiges aber träges, feiges Thier. Den Schäfern thut er großen Schaden; daher haben sich die Menschen auch von jeher vereiniget ihn auszurotten. In den Großbrittannischen Inseln giebt es keinen mehr.

3. Der Fuchs oder Birkfuchs. Le renard. (Can. vulpes.)

Viel kleiner als der Wolf, und greift daher kein so großes Wildbrät an. Sein gewöhnlicher Raub besteht in Kaninchen und Vögeln. Es ist bekannt, welche List er anwendet, um sich Meister unseres Federviehes zu machen. Er hat mehr als der Wolf und der wilde Hund den Trieb, sich eine unterirdische Wohnung zu graben, auch verbreitet er einen besondern stinkenden Geruch. Der Fuchs ist röthlich, mit weißer oder schwarzer Schwanzspitze. Diese letzte Art wird Brandfuchs (renard charbonnier) (canis alopex) genannt.

4. Der Isatis oder Steinfuchs. L'isatis ou renard bleu. (Can. lagopus.)

Wohnt in Sibirien und den nördlichsten Gegenden; ist bläulichgrau und wird im Winter weiß. Man unterscheidet ihn zu jeder Zeit durch das seine Zehen selbst unten bedekkende Haar. Sein Pelz ist kostbar.

5. Der Schakal oder Goldfuchs. Le chacal. (Can. aureus.)

Hat fast gleiche Gestalt wie der Birkfuchs und Steinfuchs, seine Farbe ist aber hell bräunlichgelb. In der Levante und Barbarey ist er sehr gemein.

b) Hyänen (Hyénes): haben an allen vier Füßen nur vier Zehen. Unter dem After ist eine immer offenstehende Spalte. Sie haben hohe Beine und am Rücken längeres mähnenartiges Haar. Sie bewohnen die heißen Länder, und beugen hier durch die Gefräßigkeit, mit welcher sie das stinkendste Aas fressen und selbst auf den Kirchhöfen die leichname ausgraben, ansteckenden Krankheiten vor.

6. Die orientalische Hyäne. La hyène d'orient. (Can. hyaena Linn.)

Grau, mit braunen etwas undeutlichen Querstreifen.

7. Die gefleckte Hyäne. La hyène tachetée. (Can. crocuta.)

Röthlichbraun, mit schwärzlichen Flecken; findet sich in Afrika.

VII. Zibeththiere. Civettes. (Viverra.)

Haben wie die Hunde einen langen Kopf, und an jeder Seite vier oder fünf Backenzähne: ihre Zunge ist rauh wie bey den Katzen; ihre Klauen sind halbzurückziehbar, das heißt, sie krümmen sich nur bis auf die Rückenseite der Zehen, nicht aber zwischen dieselben zurück. Unter dem After haben sie einen Beutel, welcher eine sehr stark riechende Schmiere absondert und enthält, und bey einigen nur in einer bloßen Furche besteht. Alle Zibeththiere sind aus den heißen Ländern, haben einen langen Schwanz und braungefleckte Haar. Ihre Därme sind kurz, und sie haben einen kleinen Blinddarm, wie die Hunde und Katzen.

1. Das gefleckte Zibeththier. La civette. (Viverra civeta.) und

2. Das gestreifte Zibeththier. Le zibeth. (Viv. zibetha.)

Beyde geben ein gebräuchliches Wohlgeruchsmittel. Das erstere findet sich in Afrika, ist grau, braun gefleckt und hat einen einförmig gefärbten Schwanz. Das letztere lebt in Indien und Arabien, hat einen aschgrauen schwarz gewelleten Körper, der Schwanz ist mit diesen beyden Farben geringelt.

3. Die Genette. La genette. (Viv. genetta.)

Hat bloß eine riechende Furche anstatt des Beutels; ist von Farbe gelblichbraun und schwarz gefleckt; und schwarz geringelt. Findet sich in Spanien und selbst in einigen Provinzen Frankreichs.

D. Pedimanen oder reißende Thiere, deren innerste Zehe der Hinterpfoten von den übrigen Zehen absteht.

Die Vorderfüße dieser Thiere sind wie bey den übrigen reißenden Thieren gebildet; die Hinterfüße hingegen wie bey den Affen; die innerste Zehe derselben ist ganz ohne Nagel und sehr weit abstehend; die übrigen Zehen haben Nägel oder Klauen, wie die an den Vorderfüßen. Man hat bis jetzt nur ein einziges Geschlecht daraus gemacht, nähmlich:

X. Beutelthiere. Didelphes. (Didelphis.)

Didelphis bedeutet doppelte Gebärmutter; diese Benennung ist von der außerordentlichen Eigenschaft dieser Thiere entstanden, daß sie nähmlich ihre Jungen lange Zeit vorher gebären, ehe dieselben sich ihrer Gliedmaßen bedienen können, ja selbst ehe man irgend einen von ihren Theilen unterscheiden kann. In diesem Zustande hängen sie sich an die Säugewarzen der Mutter und bleiben hier unbeweglich, bis sie so weit ausgewachsen sind, wie die übrigen Thiere es in der Gebärmutter thun. Mehrere Gattungen haben sogar einen Beutel unter dem Bauche, in welchem die Jungen während der Zeit, daß sie so an den Säugewarzen hängen, eingeschlossen sind und wohinein sie auch noch ihre Zuflucht nehmen, wenn ihnen eine Gefahr zu drohen scheint, nachdem sie sich schon von den Säugewarzen losgemacht haben. Diejenigen Gattungen, bey welchen sich ein solcher Beutel nicht findet, nehmen die Jungen, nachdem sie von den Säugewarzen losgelassen haben, auf ihren Rücken, wo sie sich durch Umschlingen ihrer Schwänze um den Schwanz der Mutter festhalten; denn diese Thiere haben fast alle einen größtentheils schuppigen Schwanz, welcher zugleich wie bey den Sapajus ein Wickelschwanz ist, dessen sie sich wie auch ihrer Hinterfüße bedienen, um auf Bäume zu klettern und sich daran aufzuhängen.

Die Beutelthiere müssen abgetheilt werden in:

A. Sarigen (sarigues): mit zehn Schneidezähnen im Oberkiefer, deren mittlere ein wenig länger sind, und acht Schneidezähnen im Unterkiefer; mit langen spitzigen Eckzähnen; nacktem Wickelschwanze. Sie leben ausschließlich in Amerika, sind fleischfressend und verbreiten einen häßlichen Geruch.

1. Der Krabbenfresser oder das Sumpfbeutelthier. Le crabier. (Did. marsupialis et D. carcinophaga. Linn.*))

Gelb mit brauner Schattirung, von der Größe einer Katze. lebt von Krabben und Krebsen. Von Cayenne.

2. Der Maniku oder das Virginische Beutelthier. Le manicou. (Did. virginiana Pen.)

Sein Haar ist im Grunde braun, mit weiß gemengt, ungefähr von der Größe des vorigen. Aus Nord-Amerika.

*) Nicht mit dem Krabbenfressenden Rackun zu verwechseln. W.

3. Das fuchsartige Beutelthier. Le sarigue. (Did. Opossum.)

Von der Größe des Eichhörnchens; braun oder röthlich, mit einem gelben Flecke über jedem Auge; bewohnt ganz Amerika; lebt von Insecten. Diese drey Gattungen haben Beutel.

4. Das mausartige Beutelthier. La marmose. (Did. murina. Linn.)

Fahlgrau, einfarbig.

5. Das Mexikanische Beutelthier und der Aeneas. Le cayopollin. (Did. cayopollin. et Did. dorsigera Linn.)

Gelblichbraun, der Schwanz schwarz gefleckt.

6. Das kurzschwänzige Beutelthier. Le touan. (Did. brachiura.)

Auf dem Rücken schwärzlich, an den Seiten röthlich, unter dem Bauche weiß. Von Guiana. Diese drey Gattungen sind klein und haben keinen Beutel. Es ist noch unbekannt, ob die folgende Gattung einen Beutel habe oder nicht.

7. Der Yapok, Le yapock. (Did. memina. (Lutra memina Boddaert.)

Die Hinterfüße sind wie bey den Ottern Schwimmfüße; der Körper ist braun, mit drey grauen Querstreifen eingefaßt. Lebt an den Flüssen in Guiana.

B. Dasyuren (Dasyures): im Oberkiefer acht, im Unterkiefer sechs Zähne; der Schwanz mit langen Haaren besetzt, übrigens den vorigen ähnlich.

Man hat sie bisher nur in Neu-Holland gefunden.

8. Das gefleckte Beutelthier. Le dasyure tacheté. (Did. maculata.)

Schwärzlich, ganz mit unregelmäßigen weißen Flecken bezeichnet.

C. Phalanger (Phalangers): im Oberkiefer sechs, im Unterkiefer zwey lange platte, wagerecht nach vorn stehende Schneidezähne; unten drey oder vier Eckzähne, welche kaum aus dem Zahnfleische hervorragen; die zweyte und dritte, zuweilen auch die vierte Zehe der Hinterfüße bis zum Nagel zusammengewachsen.

Sie finden sich nur in Ost-Indien und auf den Inseln des Indischen Archipelagus. Sie nähren sich gleichfalls von Insecten und Früchten.

8. Das morgenländische Beutelthier. Der Kuskus.

Der weiße Phalanger, welcher auf Amboina Coescoes genannt wird, gelblich-weiß und von der Größe einer Katze ist; der gefleckte und der braune Phalanger sind wahrscheinlich nur Abänderungen oder Arten des Kuskus. (Did. orientalis.)

9. Das fliegende Beutelthier. Le phalanger volant. (Did. volans.)

Er kann vermittelst der längs seiner Seiten zwischen den Vorder- und Hinterfüßen ausgespannten Haut sehr weite Sprünge thun. Der Schwanz ist langhaarig und nicht schuppig, oder ein Wickelschwanz, wie bey den vorigen. Findet sich auf Neu-Holland.

Noch hat man, obgleich sehr unpaßlich, zu dem Geschlechte der Beutelthiere gezählt:

Die Kängurus, welche mit den Beutelthieren fast nichts gemein haben, als die vorzeitige Geburt ihrer Jungen und den Beutel, worin dieselben aufbehalten werden. Diese Thiere kommen aus den am meisten östlich liegenden Theilen unseres festen Landes. Die Hinterfüße derselben sind fünf- oder sechsmahl länger und stärker, als die Vorderfüße, so daß sie nicht auf allen Vieren gehen können, und sich nur mit großen Sprüngen fortbewegen. Sie haben im Oberkiefer sechs oder acht, im Unterkiefer aber zwey große Schneidezähne, welche wie bey den Phalangern flach nach vorn gerichtet sind; die Eckzähne fehlen ihnen gänzlich, woher man sie zu der Ordnung der Nagethiere zählen könnte. Sie haben an den Vorderfüßen fünf, an den Hinterfüßen vier Zehen, deren beyde innerste klein und bis an die Nägel mit einander verwachsen sind. Der Schwanz ist dicht behaart, lang, sehr dick und kein Wickelschwanz. Sie stützen sich darauf, wie auf einen dritten Fuß. Sie leben von Kräutern.

10. Der Känguru. Le kanguroo-géant. (Didelphis gigantea. Linn.)

Von Neu-Holland; fünf bis sechs, ja wie man sagt, bis acht Fuß hoch. Von aschgrauer Farbe; der Schwanz am Ende schwarz gefärbt.

11. Der Filander. Le kanguroo filandre. (Did. Brunii.) Pelandor-aroe. Val.

Von den Inseln des Indischen Archipelagus. Auf Java wird er in den Häusern aufgezogen. Er ist zwey bis drey Fuß hoch; schwärzlichbraun, unten röthlich.

12. Die Känguru-Ratte. Le kanguroo-rat. (Didelph. murina.) Poto-roo.

Von Neu-Holland; grau, von der Größe einer Ratte.

Hier endiget sich die lange Reihe der reißenden Säugethiere. Man sieht, daß sie, wie der Mensch und die Affen, die drey Arten von

Zähnen haben, daß aber ihre Schneidezähne gewöhnlich zahlreicher und ihre Backenzähne mit schärferen oft sehr schneidenden Spitzen versehen sind. Ihre Kiefer haben eine, dem Raube, welcher ihnen zur Nahrung dient, angemessene Stärke, und ihr Schedel ist verschmälert, um den Schlafmuskeln mehr Raum zu lassen, welche durch Aufhebung des Unterkiefers den Rachen schließen. Die Schlafgrube findet man an den Schedeln derselben immer mit der Augenhöhle vereiniget, dahingegen bey allen Quadrumanen diese beyden Höhlungen, wie beym Menschen, durch eine Knochenwand geschieden sind. Die Gedärme der reißenden Thiere sind kürzer, als bey dem Menschen und den Affen, welche sich von Früchten nähren; weil eine geringere Menge thierischer Nahrung eben so viele nahrhafte Theile giebt, als eine größere Menge vegetabilischen Stoffes. Aus der entgegengesetzten Ursache haben die pflanzenfressenden Thiere so ungeheuer lange Därme. Ueberdieß würde das Fleisch eine zu große Fäulniß haben hervorbringen können, wenn es in einem längeren Darmcanale zu lange verweilt hatte.

Viertes Kapitel.

Von den Nagethieren, oder Säugethieren ohne Eckzähne.

Die Phalanger haben so kleine Eckzähne, daß man sie als gar nicht vorhanden ansehen kann; auch nähren sich dieselben meistens aus dem Pflanzenreiche: daher sind ihre Gedärme lang und ihr Blinddarm ist sehr weit. Die Kängurus, welche gar keine Eckzähne haben, leben bloß von Kräutern. Die Thiere, von welchen jetzt die Rede seyn wird, haben ein noch weniger vollkommenes Kauwerkzeug; zwey sehr große, und vorzüglich sehr lange Schneidezähne in jedem Kiefer, welche durch einen großen leeren Zwischenraum von den Backenzähnen getrennt sind, können wohl auf keine Weise dienen, einen lebenden Raub festzuhalten, oder Fleisch zu zerreißen; sie sind selbst nicht einmahl geschickt, Nahrungsmittel zu zerschneiden, sondern sie dienen nur, um dieselben zu feilen, oder dieselben durch eine anhaltende Bemühung in kleine Theilchen zu zerstückeln, oder mit einem Worte, um sie zu zernagen. Daher kommt die Benennung der Nagethiere oder Nager, welche man diesen Säugethieren gegeben hat.

Auf diese Art können sie die härtesten Substanzen mit gutem Erfolge angreifen: es nährt sich auch ein Theil derselben wirklich von Hölzern, Rinden und Wurzeln. Die übrigen leben von Kräutern, Körnern oder Früchten; doch giebt es auch einige unter ihnen, welche die vom Menschen aufbewahrten thierischen Substanzen, als Speck, Talg, Käse u. dergl. verzehren. Eine oder zwey Arten greifen nur zuweilen sehr schwache Thiere an, um dieselben zu verschlingen; aber verschiedene von denen, welche dieß sonst nicht thun, werden durch den äußersten Hunger dazu getrieben.

Die Nagethiere haben an ihren Backenzähnen bald Erhöhungen, wie der Mensch und die Affen, bald gänzlich platte Kronen. Nur eine kleine Anzahl derselben hat Backenzähne mit Spitzen, wie die reißenden Thiere.

Die allgemeine Gestalt ihres Körpers hat das besondere, daß der Hintertheil höher als der vordere ist, so daß sie mehr springen als gehen: dieses ungleiche Verhältniß ist bey einigen Gattungen sogar eben so groß, als bey den Kängurus.

Ihre Gedärme sind sehr lang, der Magen einfach und ihr Blinddarm außerordentlich groß und geräumig, so daß er selbst den Magen übertrifft. Die unter den Nagethieren festgesetzten Geschlechter sind;

I. Stachelschweine. Porc-épics. (Hystrix.)

Sie zeichnen sich in dieser Ordnung, wie die Igel unter den reißenden Thieren dadurch aus, daß ihr Körper anstatt der Haare mit Stacheln bedeckt ist, und sind von den Igeln selbst durch die Gestalt und Anordnung ihrer Zähne verschieden; da sie oben und unten zwey sehr lange schneidende Vorder- oder Schneidezähne haben, worauf ein großer Zwischenraum folgt, nach welchem die Backenzähne mit platten Kronen kommen. Ihr innerer Bau hat gleichfalls nichts mit dem der Igel gemein, welche letzteren keinen Blinddarm haben, da hingegen dieser bey den Stachelschweinen sehr groß ist. Ihre Schnauze ist dick, kurz und wie bey dem Schweine abgestutzt: daher kommt der Name Schwein.

1. Das gemeine Stachelschwein. Le porc-épic commun. (Hystrix cristata.)

Findet sich in den heißen Ländern, in Spanien und Italien; gräbt sich unterirdische Gänge mit mehreren Kammern; ist zwey Fuß lang, hat einen kurzen Schwanz, sehr lange und starke Stacheln, welche braun und weiß geringelt sind, Man glaubte ehemahls, daß das Thier diese Stacheln weit fortschießen könne. Auf dem Kopfe ist ein Borstenkamm, welchen das Thier nach Willkühr aufrichten kann.

2. Das geschwänzte Stachelschwein. Le porc-épic a queue prenante. (Hystr. prehensilis)

Ganz mit kleinen kurzen Stacheln bedeckt; hat einen halbnackten Wickelschwanz; vier Zehen an jedem Fuße, und findet sich in Amerika.

Es klettert auf Bäume, um die Früchte dersel- ben zu verzehren.

II. Hasen. Lièvres. (Lepus.)

Diese haben auch ein sehr unterscheiden- des Kennzeichen, welches darin besteht, daß ihre oberen Schneidezähne doppelt sind; das heißt: hinter jedem steht noch ein anderer klei- nerer. Die Backenzähne dieser Thiere sind aus senkrechten zusammengewachsenen Platten gebildet. Sie haben an jedem Vorderfuße fünf, an den hinteren nur vier Zehen; einen unge- heuren fünf bis sechsmahl an Größe den Magen übertreffenden Blinddarm, welcher inwendig mit einer der ganzen Länge nach durchlaufenden spiralgewundenen Klappe oder Valvel versehen ist.

a) Eigentliche Hasen; mit lan- gen Ohren und kurzem Schwanze; die Hinterfüße viel länger, als die vor- deren.

1. Der gemeine Hase. Le lièvre com- mun. (Lepus timidus.)

Röthlichgrau, mit an der Spitze schwar- zen Ohren; der Schwanz oben schwarz, unten weiß. Man schätzt das Fleisch, und sein Haar wird gleichfalls benutzt. Er gräbt sich nicht unter die Erde, legt sich platt auf den Boden nieder, und läuft, wenn er auf der Ebene gejagt wird, in großen Bogen umher.

2. Das Kaninchen. Le lapin. (Lep. cuniculus).

Ist kleiner als der Hase, bräunlich grau, am Halse röthlich. Schwanz und Ohren sind nach Verhältniß ein wenig kürzer. Sobald es verfolgt wird, läuft es gerade zu seiner unterirdischen Höhle, wo es in Gesellschaft lebt, die oft sehr zahlreich ist; die Höhle hat eine Menge von Ausgängen. Die Hauskaninchen sind an Größe und Feinheit des Haars verschieden. Die in dieser Rücksicht am meisten geschätzten haben ein langes seidenartiges Haar; sie stammen aus Angora in Syrien; gewöhnlich ist diese Art weiß, mit rothen Augen. Das Fleisch der zahmen Kaninchen ist weniger schmackhaft als das der wilden. Sie sind sehr fruchtbar.

b) Lagomys Les lagomys: mit mittelmäßigen Ohren, fast gleich langen Beinen und ohne Schwanz.

Sie lassen oft eine starke gellende Stimme hören.

3. Der Alpenhase. Le pika. (Lep. alpinus.)

Von der Größe des Meerschweinchens, von bräunlich gelber gleichförmiger Farbe. Bewohnt die Gipfel der Sibirischen Gebirge, wo er sich für den Winter beträchtliche Haufen von sehr reinem Heue zusammenträgt, dessen sich die Zobeljäger für ihre Pferde bedienen.

III. Damans oder Fettthiere. Les damans. (Hyrax.)

Bey diesen findet sich noch ein sehr wesentliches Unterscheidungszeichen in der Anzahl ihrer unteren Schneidezähne. Sie haben deren nähmlich vier gleich lange, kurze, platte, gezackte. Im Oberkiefer finden sich zwey krumme, spitzige Schneidezähne: Ihre Backenzähne sind mit Erhöhungen versehen. Man kennt bis jetzt nur eine Gattung, nähmlich ein afrikanisches Thier, welches einen feisten Körper, keinen Schwanz, kurze Beine, an den Vorderfüßen vier, an den hinteren drey Zehen hat, wovon eine einzige, nähmlich die innere der

Hinterfüße einen spitzigen schiefstehenden Nagel hat. *) Es bewohnt unterirdische Höhlen und Felsenklüfte. Die Benennung Daman ist arabisch. Die Holländer auf dem Vorgebirge der guten Hoffnung nennen dieß Thier den Klippendachs, Klipdas.

IV. Halbkaninchen. Cabiais. (Cavia).

Dieses sind Amerikanische Thiere mit dicken Köpfen, plattem Körper, kurzen Füßen, kurzem oder gar keinem Schwanze, und runden Ohren. Sie gleichen in ihrem Anstande dem Klipdas, und haben wie dieser keine Schlüsselbeine, aber wie fast alle Nagethiere in jedem Kiefer nur zwey Schneidezähne. Dieses Geschlecht ist nicht gut bestimmt: es muß folgendermaßen abgetheilt werden:

a) Eigentliche Halbkaninchen: ohne Schwanz; die Backen-

---

*) Schreber hat noch eine Gattung: das syrische Fettthier, welches aber an allen Zehen Nägel und einen längeren Körper hat. W.

zähne gefurcht, als wenn sie aus queren senkrecht stehenden zusammengeschmolzenen Platten gebildet wären: an den hinteren Füßen drey, an den vorderen vier Zehen.

1. Das dicknasige Halbkaninchen. Le cabiai. (Cav. capybara).

Von der Größe des Siamischen Schweines; gelblich braun. Die drey Zehen seiner Hinterfüße sind durch eine Haut verbunden; es bedient sich derselben zum Schwimmen und nährt sich vorzüglich von Wasserpflanzen. Man findet es an den Flüssen im mittäglichen Amerika.

2. Das Meerschweinchen. Le cochon d'Inde. (Cavia cobaya).

Stammt gleichfalls aus Amerika, ist kaum größer als eine Ratte. Es hat keine Schwimmfüße. Uebrigens ist es, was die Gestalt anbetrifft, dem vorigen im kleinen ähnlich. Man erzieht es zum Vergnügen, und weil sein Geruch, wie man sagt, die Ratten vertreiben soll, in den Häusern. Seine Farbe ist weiß, röthlich und braun.

b) Agutis: mit kurzem Schwanze: Backenzähnen mit platten Kronen, welche an den Seiten ausgeschnitten sind. Sie gleichen ihrer Natur nach unseren Hasen und Kaninchen, und ihr Fleisch wird eben so von den Amerikanern gegessen.

3. Das gestreifte Halbkaninchen. Le paca. (Cav. paca).

Von der Größe des Hasen, mit fünf Zehen an jedem Fuße, und braunem weißgefleckten Haare. (Die Flecken stehen in fünf der länge nach laufenden Reihen. W.)

4. Das langnasige Halbkaninchen. L'agouti. (Cav. aguti).

An den Vorderfüßen vier, an den Hinterfüßen drey Zehen; das Haar braun, an den Seiten dunkelgelb; der Schwanz kurz; von der Größe eines jungen Kaninchens.

V. Biber. Castors. (Castor).

Diese unterscheiden sich von allen anderen Nagethieren durch den wagerecht platten Schwanz, welcher eyrund und mit Schuppen bedeckt ist.

1. Der Biber. Le castor ou bièvre. (Castor fiber).

Von allen Thieren wendet der Biber die meiste Sorgfalt auf die Errichtung seines Baues, woran mehrere gemeinschaftlich arbeiten. Der Bau steht immer im Wasser. Wenn das Wasser fließend ist, so erhalten die Thiere den Bau vermittelst eines Dammes in einer bleibenden Höhe, welcher oft hundert Fuß lang und unten zwölf Fuß dick ist und aus Pfählen besteht, die diese Thiere mit ihren Zähnen abschneiden, senkrecht aufrichten und vermittelst ihres zu diesem Geschäfte durch seine Gestalt sehr tauglichen Schwanzes mit Erde ausfüllen. Die abhängige Seite dieses Dammes ist gegen den Strom gerichtet und enthält mehrere Wohnungen, welche von eben den Materialien mit gleicher Festigkeit gebauet sind, und deren jede zwey Ausgänge hat, einen, um auf das Land zu gehen, und einen anderen, welcher unter das Wasser führt. Durch diesen letzteren entfliehen die Biber, indem sie sich untertauchen, wenn man ihre Gebäude angreift. Jede Wohnung nimmt mehrere Paare dieser Thiere auf, und hat zuweilen zwey bis drey Stockwerke. In dem unter Wasser stehenden Theile sind die Wintervorräthe enthalten, welche in Rinden bestehen.

Nur im nördlichen Amerika und Asien findet man die Biber in Gesellschaft beysammen wohnend und solche Wohnungen bauend. Diejenigen welche in Deutschland und auf den Inseln der Rhone wohnen, begnügen sich mit unterirdischen Höhlen an den Ufern der Gewässer.

Der Biber ist zwey bis drey Fuß lang, gleichförmig röthlichgrau von Farbe, und hat fünf Zehen an jeder Pfote. Die an den Hinterpfoten sind durch eine Schwimmhaut verbunden; die zweyte Zehe hat einen doppelten schiefstehenden Nagel. Der Schwanz, welcher statt einer Mauerkelle dient, ist ganz platt und wie ein Fisch mit Schuppen bedeckt. Man sagt sogar, daß der Schwanz auch in Ansehung des Geschmackes seines Fleisches den Fischen ähnlich sey. Die Ohren sind kurz und rund, die Schneidezähne sehr stark, dunkelgelb; die Backenzähne haben platte Kronen.

VI. Eichhörnchen. Ecureuils. (Sciurus).

Der unterscheidende Charakter dieser Thiere besteht in den von den Seiten zusammengedrückten Schneidezähnen. Es sind leichte Thiere, welche auf den Bäumen leben, hier ihre Nester für die Jungen machen, und sich von Früchten nähren; sie haben an den Hinterfüßen fünf, an den Vorderfüßen vier Zehen, einen langen mit dicken langen Haaren besetzten Schwanz, die Haare daran stehen nach beyden Seiten hin, wie der Bart einer Feder; ihre Augen sind lebhaft, die Ohren gerade aufstehend. Man kann sie abtheilen in:

a) Polatuschen oder fliegende Eichhörnchen: bey welchen die äußere Haut sich an den Seiten zwischen den vorderen und hinteren Gliedmaßen ausbreitet, und ihnen die Fähigkeit giebt zu fliegen, oder vielmehr, nur sehr weit zu springen.

1. Das Russische fliegende Eichhorn. La polatouche de Russie. (Sciurus volans).

Bewohnt das nördliche Europa, ist oben gräulichbraun, unten weißlich, kaum so groß als eine Ratte.

2. Das Indianische fliegende Eichhorn. Le taguan. (Sciurus petaurista).

Röthlichbraun, fast von der Größe der Katzen. Bewohnt die moluckischen Inseln.

b) Eigentliche Eichhörnchen, welche keine an den Seiten ausgebreitete Haut haben.

3. Das gemeine Eichhorn. L'écureuil commun. (Sciur. vulgaris).

Hoch röthlichbraun; an der Spitze der Ohren ein Haarpinsel. Die in den nördlichen Gegenden werden im Winter aschgrau und geben das unter dem Nahmen petit gris bekannte Pelzwerk. Es giebt auch braune und schwarze Abänderungen davon.

4. Das Palmeichhorn. L'écureuil (palmiste. Sciur. palmarum).

lebt in Asien und Afrika auf den Kokospalmen. Ist grau und weiß gestreift.

c) Es würde gut seyn, folgendes Thier von diesem Geschlechte zu trennen:

5. Das Madagascarische Eichhorn. L'aye-aye. (Sciur. madagascariensis).

Von Madagascar; von der Größe des Kaninchens; von Farbe braun mit gelb gemengt; mit langem dicken Schwanze, welcher aus groben schwarzen Haaren besteht; mit rundem Kopfe und großen nackten Ohren. Seine Schneidezähne sind sonderbar zusammengedrückt, und von vorn nach hinten fast eben so breit, als sie hoch sind. Es hat an allen Füßen fünf Zehen; vier von den Zehen der Vorderfüße sind außerordentlich lang und vorzüglich die mittelste von allen die dünnste. An den Hinterfüßen ist die innerste Zehe, wie bey den Affen getrennt, und kann den übrigen engegengestellt werden; so daß dieß Thier unter den Nagethieren das ist, was die Pedimanen unter den reißenden Thieren sind. Dieses sonderbare Thier ist von Sonnerat entdeckt worden, welcher behauptet, daß es von Würmern lebe, welche es vermittelst seines längsten dünnen Mittelfingers aus den hohlen Bäumen und aus den Spalten der Baumrinden hervorzieht. *)

VII. Ratten= und Mäusearten. Rats. (Mus).

Linné und Pallas scheinen alle die Nagethiere, welche unter keines der vorhergehenden Geschlechter geordnet werden können, unter dem Nahmen Mus zusammen in eine einzige Abtheilung gebracht zu haben. Daher kommt es, daß man denselben keine gemeinschaftliche Kennzeichen beylegen kann: wir theilen sie also folgendermaßen ein:

a) Murmelthiere (Arctomys Gmel.) mit fünf Backenzähnen im Oberkiefer und vieren im Unterkie-

*) Es giebt noch ungleich mehr Gattungen von Eichhörnchen; hier sind nur die vorzüglichsten aufgeführt. W.

fer, sämmtlich mit spitzigen Erhöhungen. Sie sind an dem vorzüglich platten Kopfe, dem gedrungenen Körper und dem meist kurzen Schwanze zu erkennen. Sie leben von Kräutern, und ziehen sich im Winter in unterirdische Höhlen zurück, welche sie mit Heu anfüllen, obgleich sie während des härtesten Frostes in eine tiefe Schlafsucht verfallen.

1. Das Alpen-Murmelthier. La marmotte des alpes. (Mus marmotta).

Bewohnt die höchsten Alpen unmittelbar unter dem Striche, wo ein immerwährender Schnee liegt. Ist gelblichbraun, oben auf dem Kopfe schwarz.

2. Das Russische Murmelthier. Le bobac. (Mus arctomys).

Hält sich in weniger hohen Gegenden auf und bewohnt dürre nackte Hügel. Uebrigens kommt seine Lebensart fast ganz mit der des Alpen-Murmelthiers überein. Es ist gelblichgrau, und hat auf dem Kopfe etwas röthliches Haar.

3. Das kleine Murmelthier. Der Ziesel. Le soulic ou zizel. (Mus citillus).

Ein artiges kleines, gelbliches, weißgefleck- tes Thierchen, zuweilen auch gleichförmig gelb, mit aschgrauem Nacken. Es findet besonderen Geschmack am Fleische und schont daher selbst seiner eigenen Gattung nicht. Man findet es von Böhmen bis nach Sibirien; es leidet aber in Rücksicht der Größe und Farbe viele Abände- rungen.

4. Das Amerikanische Murmelthier. Le monax. (Mus monax).

Grau, die Schnauze aschgrau, der Schwanz lang und von brauner Farbe.

b) Kampagnols. (Campagnols): die Backenzähne oben und an den Seiten der Krone gereift, als wenn sie aus senkrechten zusammen verschmolzenen Platten beständen. Dieses Kennzeichen an den Zähnen, welches wir schon bey den Hasen und Halbkaninchen gesehen haben, und bey den Elephanten wiederfinden werden, unterscheidet die Kampagnols von allen anderen Mäusearten. Sie haben einen kurzen oder mittelmäßigen mit kurzen Haaren besetzten Schwanz, und kurze Ohren.

5. Die kleine Feldmaus. Le campagnol. (Mus arvalis).

Von der Größe der Hausmaus, röthlichgrau, der Schwanz etwas kürzer als der Körper. lebt in den Feldern, und verwüstet eine große Menge Korn.

6. Die Wasserratte. Le rat d'eau. (Mus amphibius).

Schwärzlichgrau, der Schwanz von der Länge des Körpers. Hält sich an den Ufern der Gewässer auf, schwimmt und taucht sehr gut, nährt sich von den Wurzeln der Wasserpflanzen.

7. Die Norwegische Maus. Le lemming. (Mus lemmus).

Dieß Thier kommt aus Norden, ist von der Größe einer Ratte, hat einen sehr kurzen Schwanz, lange Klauen, das Haar ist groß, gelb und schwarz gefleckt, zuweilen aber ganz einförmig grau. Dieß Thier ist wegen der Wanderungen sehr berühmt, welche es von Zeit zu Zeit ohne bestimmte Perioden und in unzählbaren Heerden unternimmt. Man sagt: daß dieselben alsdann in gerader Linie ziehen, ohne sich durch Flüsse, Berge, oder andere Hindernisse abhalten zu lassen; und daß sie auf ihrem Wege alles verwüsten. Der gewöhnliche Aufenthalt des Lemmings scheint, am Gestade des Eismeeres zu seyn.

8. Die Scharrmaus. Le zocor. (Mus aspalax).

Findet sich in Sibirien; lebt wie der Maulwurf unter der Erde, nährt sich aber nur von Wurzeln; ihre Gliedmaßen sind kurz, der Schwanz ist kaum zu bemerken; sie hat lange und starke Klauen und außerordentlich kleine Augen; ihr Haar ist röthlichgrau.

c) Eigentliche Mäuse: oben und unten drey leicht ausgeschnittene Backenzähne; die unteren Schneidezähne spitzig; der Schwanz lang und schuppig. Diese Thiere sind sehr gefräßig, mehrere Gattungen derselben haben sich in unsere Häuser eingeschlichen, und thun hier vielen Schaden. Sie fressen alles und schonen in der Noth selbst ihrer eigenen Gattung nicht.

9. Die gemeine Ratte. Le rat ordinaire. (Mus rattus).

Von schwärzlicher Farbe; stammt aus Indien, war den Alten unbekannt, und ist erst in späteren Zeiten mit unseren Schiffen nach Amerika gebracht, wo sie sich sehr vermehrt hat. Dieß schädliche Thier ist aller Welt bekannt.

10. Die Wanderratte. Le surmulot. (Mus decumanus).

Eben so groß, aber bösartiger als die gemeine Ratte, von röthlicher Farbe; ist nur erst seit wenigen Jahren in unsere länder gekommen und hat die gemeine Ratte fast ganz vertrieben. Stammt aus Persien her.

11. Die große Maus oder Ratte. Le Caraco. (Mus caraco).

Noch eine große Rattenart, welche in China zu Hause, von Farbe röthlichgrau ist, und einen kürzeren Schwanz und spitzeren Rüssel hat als die vorige.

12. Die gemeine Hausmaus. La souris. (Mus musculus).

Klein, grau und mit einem langen Schwanze versehen.

13. Die Waldmaus. Le mulot. (M. sylvaticus).

Von der Größe der Hausmaus, röthlichbraun, mit langem Schwanze; wohnt in Holzungen und thut vielen Schaden, indem sie Eicheln und Bucheckern fortschleppt und in ihren Höhlen verbirgt um Vorrath für den Winter zu haben.

d) Hamster: sie gleichen den Zähnen und dem ganzen Knochenbaue nach den Mäusearten; aber außer dem kurzen behaarten Schwanze haben sie noch an beyden Seiten des Maules Taschen (Backentaschen), in welchen sie Getreide und andere Dinge fortbringen, die sie in ihren Löchern aufhäufen, obgleich sie einen großen Theil des Winters schlafen.

14. Der Hamster. Le hamster ordinaire. (Mus cricetus).

Braun mit drey weißen Flecken an den Seiten des Halses und der Brust. Es giebt eine ganz schwarze Abänderung davon. Im nördlichen Deutschland, in Polen und Rußland ist er sehr gemein, und thut großen Schaden, weil er eine Menge Getreide zusammenträgt, um sein Loch anzufüllen, welches zuweilen bis auf sieben Fuß Tiefe hat. An mehreren Orten ist daher auch ein Preis auf seinen Kopf gesetzt.

e) Maulwurfsmäuse. (Rats-taupes): sind den Mäusen in ihren Backenzähnen ähnlich; dahingegen ihre Schneidezähne viel länger, stärker und winkelig, nicht spitzig geendiget sind. Augen und Ohren sind kaum merklich, die Gliedmaßen sehr kurz, die Zehen dünn, mit sehr kleinen Nägeln versehen, der Schwanz sehr kurz, oder gar nicht vorhanden. Diese Thiere leben wie die Maulwürfe gänzlich unter der Erde, nähren sich aber nur von Wurzeln.

15. Die Blindmaus. Slepez. Le zemni. (M. typhlus).

Ein Thier aus Polen, mit großem Kopfe, aschgrauen Haaren; ohne Schwanz und äußere Ohren. Dieß ist das einzige völlig blinde Thier, denn die äußere Haut ist an der Stelle, wo sich die Augen gewöhnlich finden, nicht einmal durchbohrt. *)

f) Springmäuse (Springhasen). (Gerboises. (Dipus Gmel.): haben Zähne wie die Mäuse, aber ihre sehr vorspringenden Wangenbeine geben ihrem Kopfe eine besonders breite und vorn platte Gestalt. Ihre Füße sind eben so unverhältnißmäßig, als bey den Kängurus, das heißt: die hinteren sind vier bis fünfmahl länger, woher sie auch von den Alten zweybeinige Mäuse genannt wurden. Der Schwanz ist lang und dick behaart; sie

---

*) Völlige Blindheit folgt daraus noch nicht, wir sehen den Unterschied von Licht und Finsterniß auch selbst bey geschlossenen Augenliedern, und der Augapfel soll bey diesen Thieren deutlich zu finden seyn. W.

bewohnen die heißen, trockenen Länder und schlafen während des Winters in unterirdischen Löchern, welche zwey entgegengesetzte Ausgänge haben. Es sind nur drey Gattungen bekannt.

16. Der Spring- oder Erdhase. Pfeilspringer. Le jerboa. (Mus sagitta).

Bewohnt das nördliche Afrika und die mittleren Gegenden von Asien; ist hellbräunlich gelb mit schwarzer Schwanzspitze, hat an den Hinterfüßen nur drey Zehen.

17. Der Sibirische Springer. L'alactaga. (M. jaculus).

Findet sich in der Tatarey und den benachbarten Gegenden; hat fünf Zehen an den Hinterfüßen, gleicht übrigens dem vorigen.

18. Der Capsche Springhase. La gerboise du Cap. (Mus caffer).

Von der Größe eines Hasen, woher auch der Name Springhase entstanden ist; die Farbe ist wie bey den vorigen Gattungen; hat an an den Füßen vier fast gleich lange Zehen. Kommt aus dem mittäglichen Afrika. *)

g) Schlafratten oder Schläfer. Loirs. (Myoxus Gmel.): haben den langen behaarten Schwanz der Springhasen und bringen, wie diese, den Winter schlafend zu; ihr Kopf hat aber die gewöhnliche Gestalt, und ihre Beine sind bey weitem nicht von so ungleicher Länge.

19. Der Siebenschläfer. Le loir ordinaire. (Mus glis).

Braungelb, mit einem stark behaartem Schwanze; von der Größe des Eichhörnchens. Die Alten zogen diese Thiere auf und schätzten sie sehr wegen ihres häufigen wohlschmeckenden Fettes.

---

*) In Canada ist kürzlich eine neue Gattung von der Größe einer kleinen Maus entdeckt worden. W.

20. Der Gartenschläfer. Le lerot. (M. quercinus).

Gelblich grau, mit einem schwarzen Streifen quer über die Augen. Seine Größe hält das Mittel zwischen der Ratte und Maus. Dieß Thier thut den Obstbäumen großen Schaden.

21. Der Haselschläfer. Die Haselmaus. Le muscardin. (M. avellanarius).

Von der Größe der Hausmaus, hoch bräunlich gelb. Lebt in Hölzern und nährt sich von Haselnüssen.

22. Der ringelschwänzige Schläfer. Le loir des tamarix. (M. tamaricinus)

und 23. Der dünnschwänzige Schläfer. Le loir à longs pieds. (M. longipes).

Stammen beyde aus Asien; ihre Hinterfüße sind so lang, daß verschiedene sie deswegen zu den Springern gezählt haben; aber die Gestalt des Kopfes stimmt ganz mit der bey den Schläfern überein.

Endlich h) Die Zibethmaus. L'ondatra. (Mus zibethicus).

Ist völlig wie die Kampagnols gebaut, und hat auch dieselbe Bildung der Zähne: der Schwanz ist aber lang, schuppig und an den Seiten platt gedrückt. Sie ist röthlich, von der Größe des Meerschweinchens; lebt in Canada, wo sie sich an stillen Ufern kleine Wohnungen baut, ungefähr wie die Biber, aber einfacher. Von einigen ist sie auch für eine Bibergattung angesehen worden. Sie verbreitet einen starken Moschusgeruch.

Fünftes Kapitel.

Von den Säugethieren ohne Schneidezähne oder den zahnlosen (edentés.) *)

Nach den pflanzenfressenden Vierhändern, den zahlreichen reißenden Thieren und den Nagern folgen nun solche Säugethiere, welche von jenen durch den völligen Mangel der Schneidezähne gänzlich verschieden sind, obgleich sie in dem Baue der Zehen und der Gestalt der Klauen ihnen fast gleich kommen. Sie bilden zwey Familien: die erste hat einen länglichen Kopf,

*) Die Benennung Zahnlose (edentés) ist doch nicht zweckmäßig, denn es fehlen nur einigen Geschlechtern die Zähne gänzlich, den übrigen nur die Schneidezähne. W.

der in seiner Gestalt etwas maulwurfähnliches zu haben scheint; nur ein Theil der Geschlechter dieser ersten Familien hat Backenzähne, keines aber besitzt Schneide- und Eckzähne; hieher gehören:

I. Ameisenfresser. Fourmilliers. (Myrmecophaga.)

Diese haben gar keine Zähne, und nähren sich nur von Ameisen, welche an ihrer klebrigen Zunge hängen bleiben, wenn sie dieselbe wie eine Schnur über einen Ameisenhaufen verlängern; sie werden abgetheilt in:

a) Eigentliche Ameisenfresser, mit behaartem Körper, scharfen, hakenförmig-gekrümmten Klauen und mit einem Wickelschwanze.

Sie finden sich nur in Amerika. Es sind drey Gattungen davon bekannt, nähmlich:

1. Der langhaarige oder große Ameisenfresser. Le tamanoir. (Myrm. jubata.)

Von der Größe eines Schaafes, mit groben braunen Haaren, an jeder Seite ein schwarz und grauer Streifen, wie eine Schärpe. Er hat einen langen Rüssel; die Rückenhaare bilden eine Mähne. Der Schwanz ist sehr langhaarig. Obgleich er ohne Zähne ist, so dienen ihm doch seine großen hakenförmigen Klauen zu einer vortheilhaften Vertheidigung gegen wilde Thiere. An jedem Fuße sind vier Zehen.

2. Der kahle oder mittlere Ameisenfresser. Le tamandua. (M. tamandua.)

Gelblich, mit kurzen Haaren und langem am Ende nackten Schwanze. An jedem Fuße sind vier Zehen (daher auch der linneische Gattungsname tetradactyla, welcher freilich auch auf die vorhergehende Gattung paßt, W.); er ist nur halb so groß, als der vorhergehende.

3. Der kleine oder zweyzehige Ameisenfresser. Le fourmillier. (M. didactyla.)

Von der Größe der gemeinen Ratte; mit wolligem Haare, von gelblicher Farbe, und einem nackten Wickelschwanze; an den Vorderfüßen nur zwey sichtbare Zehen.

b) Stachelige Ameisenfresser (Echidna), deren Körper mit Stacheln bedeckt ist.

Man kennt nur eine Gattung, welche auf Neu-Holland vorkommt, und einen außerordentlich kurzen Schwanz und kurze Füße hat.

c) Pangolins oder schuppige Ameisenfresser, Schuppenthiere (manis), deren Körper mit großen, harten, scharfen Schuppen bedeckt ist, welche dachziegelförmig über einander liegen.

Es sind zwey Gattungen davon bekannt; eine größere mit mittelmäßig langem Schwanze, das fünfzehige Schuppenthier (le pangolin (Man. pentadactyla), und eine kleinere, deren Schwanz länger als der Körper ist, das vierzehige oder langschwänzige Schuppenthier. Le phatagin. (M. tetradactyla.)

Beyde leben in Afrika und nähren sich bloß von Ameisen. Wenn sie angegriffen werden, so rollen sie sich kugelförmig zusammen und zeigen von allen Seiten die Schneiden ihrer Schuppen. Beyde haben fünf Zehen.

II. Orykteropen. (Orycteropus Geoffr.)

Es ist nur eine Gattung bekannt, welche den eigentlichen Ameisenfressern der Gestalt, dem Haare und der Länge des Rüssels und der Zunge nach gleicht, von denselben aber durch Backenzähne und platte Nägel sich unterscheidet. Dieß Thier wohnt in Afrika und nährt sich von Ameisen und Wurzeln (Es ist Gmelins myrmecophaga capensis.)

III. Gürtelthiere. Tatous. (Dasypus.)

Diese haben wie der Orykterope nur Backenzähne, der Körper ist aber mit schuppenartigen Schildern bedeckt, welche denselben wie ein Harnisch schützen. Ein solcher harnischartiger Theil ist vorn für die Schultern, ein anderer hinten für das Kreuz da. Der Mitteltheil des Körpers ist mit einer bestimmten Anzahl von Bändern oder Halbgürteln versehen. Auch Kopf und Schwanz sind mit Schuppen bedeckt. Diese Thiere leben in Amerika und nähren sich von Früchten und Wurzeln. Es giebt verschiedene Gattungen derselben, welche durch die Anzahl der Rückengürtel unterschieden werden, nahmentlich: drey-, vier-, acht-, zwölfgürtelige Gürtelthiere u. s. w.

Die andere Familie der zahnlosen Säugethiere hat nicht den spitzigen Rüssel der ersteren; der Kopf ist kurz, die Schnauze zugerundet; sie begreift nur:

IV. Faulthiere. Paresseux. (Bradypus.)

Diese haben Backen- und Eckzähne; ihre vorderen Gliedmaßen sind länger als die hinteren; welches sonst bey den vierfüßigen Thieren nicht der Fall ist; denn der Orang Utang und der Langarm oder Gibbon gehen meist nur auf zwey Beinen. Dieser Bau giebt den Beutelthieren eine Langsamkeit und Schwierigkeit sich zu bewegen, welche dieselben wirklich zu sehr elenden Geschöpfen zu machen scheint. Dazu kommt noch, daß ihre Zehen bis an die Klauen mit einander verwachsen sind, woher dieselben fast ganz unbrauchbar werden; man sagt daher auch, daß sie sich, wenn sie alle Blätter eines Baumes abgefressen haben, plump zur Erde niederwerfen, um dann zu einem anderen fortzukriechen, und daß, wenn dieser nur irgend ein wenig entfernt ist, sie mehrere Tage zur Ueberkunft brauchen, und während der Zeit beträchtlich abmagern.

Ihr Magen ist wie bey den wiederkäuenden Thieren mehrmahls abgetheilt, und die Säugewarzen sitzen wie bey den Vierhändern und Fledermäusen auf der Brust.

1. Das zweyzehige Faulthier. L'unau. (Bradypus didactylus.)

Von der Größe des Schaafes, ganz ohne Schwanz, vorne zwey, hinten drey Klauen.

2. Das dreyzehige Faulthier. L'aï. (Brad. tridactylus.)

Viel kleiner als das vorige; an allen Füßen drey Klauen.

Anmerk. Man hat in Paraguay das Knochengerüste eines Vierfüßers ausgegraben, dessen ganze Gattung wahrscheinlich verloren gegangen ist, welches in der Gestalt seines

Schädels und in den Verhältnissen seiner Gliedmaßen viele Aehnlichkeit mit den Faulthieren hat, aber zwölf Fuß lang und nur mit Backenzähnen versehen ist; Eck- und Schneidezähne fehlen gänzlich. Man hat es megatherium genannt. (S. die Abbildung und Beschreibung des Schädels im ersten Stücke meines Archivs für Zootomie. Berlin, in der Voßischen Buchhandlung. In eben diesem Stücke ist auch ein neu entdecktes Thier von Neu-Holland beschrieben und abgebildet, welches gleichfalls in diese Ordnung gehört und äußerst merkwürdig ist. W.)

Sechstes Kapitel.

Von den Elephanten oder den Säugethieren ohne untere Schneide- und Eckzähne und deren obere Schneidezähne*) lange Hauer bilden.

Das Elephantengeschlecht, welches eben so merkwürdig durch seinen Bau, als durch seine Sitten ist, kann nicht füglich unter irgend eine Ordnung der übrigen Vierfüßer gebracht wer-

*) Ich kann mit Cüvier nicht übereinstimmen, wenn er diese Fangzähne oder Hauer zu den Schneidezähnen rechnet, da sie ganz mit den Hauern im Oberkiefer anderer Thiere z. B. des Ebers, des Babirussa u. s. w. übereinzukommen scheinen; daß sie in den Zwischenkieferbeinen sitzen, ist meiner Meynung nach, kein hinreichender Grund, sie für Schneidezähne zu halten. W.

den, und muß daher eine besondere Ordnung für sich ausmachen. Die Zehen derselben, welche fünf an der Zahl am Skelette sehr vollkommen erscheinen, sind so in der schwieligen Haut eingeschlossen, die den Fuß umgiebt, daß sie von außen nur durch die Nägel bemerkbar werden, welche am Rande dieses hufartigen Theiles angebracht sind. Während einer langen Zeit ihres Lebens haben diese Thiere an jeder Seite nur einen einzigen Backenzahn mit platter Krone, aus zusammen verschmolzenen Querplatten bestehend, welche aber schon bey dem Keime des Zahnes deutlich zu unterscheiden waren. Die Eckzähne und eigentlichen Schneidezähne fehlen gänzlich; aber in den Zwischenkieferbeinen sind diese beyden ungeheuren Hauer oder Backenzähne angebracht, deren Substanz das aller Welt bekannte sogenannte Elfenbein liefert. Wegen der für die Zahnhöhlen dieser Fangzähne erforderlichen Größe mußte der Oberkiefer so hoch und die Nasenbeine so abgekürzt werden, daß die Nasenlöcher sich am Schedel oben auf dem Gesichte befinden; bey dem lebenden Thiere verlängern sich aber dieselben zu einem walzenförmigen, fleischigen, nach allen Richtungen beweglichen, mit einem außerordentlich zartem Gefühle begabten und in einen fingerförmigen Anhang geendigten Rüssel, welcher dem Elephanten eben so viele Geschicklichkeit giebt, als nur die Vollkommenheit der Affenhand diesen Thieren verschaffen kann. Der Elephant bedient sich dieses Rüssels, um alles das zu ergreifen, was er zum Maule bringen will, und um sein Getränk hineinzupumpen, welches er dann in den Schlund treibt, indem er das vordere Ende des Rüssels zum Maule hinkrümmt. Auf diese Art dient der Rüssel zum Ersatze eines langen Halses, welcher diesen dicken Kopf mit seinen schweren Fangzähnen nicht würde haben tragen können. Ueberdieß befinden sich in den Wänden des Schedels große leere Zwischenräume, welche den Kopf noch leichter machen. Der Elephant ist nur in der Jugend behaart. Die Säugewarzen desselben liegen unter der Brust. Das Junge saugt mit dem Maule und nicht mit dem Rüssel. Diese Thiere haben kleine, aber lebhafte Augen, große hängende Ohren und einen mittelmäßig langen Schwanz. Alle Verhältnisse des Körpers sind von ausnehmender Dicke. Die Farbe ist schwärzlichbraun; es giebt aber auch weiße und röthliche.

Der Elephant lebt von Kräutern und Baumblättern, er liebt das Ufer der Gewässer und verwüstet oft die angebaueten Ländereyen. Die Indianer verstehen ihn zu fangen, zu zähmen und zu manchen Arbeiten zu gebrauchen. Er frißt viel, ist aber zum Lasttragen sehr nützlich. In der Gefangenschaft begattet er sich nicht. Jedermann weiß, wie viel Gelehrigkeit, Sanftmuth und Verstand, ja man könnte beynahe sagen, Einsicht und Vernunft der Elephant zeigt. Seine Erkenntlichkeit gegen Wohlthaten, seine Zuneigung gegen seinen Herrn, seine Unterscheidungsfähigkeit der Sachen und Personen, seine Geistesgegenwart in Verlegenheiten, die Stärke seines Gedächtnisses, die Fortdauer seines Hasses und die Beständigkeit, mit welcher er seine Rache verfolgt, haben die Menschen immer in Erstaunen gesetzt.

Es sind wenigstens zwey Elephantengattungen bekannt:

1. Der Indianische Elephant. L'elephant des Indes. (Elephas Indicus.)

Dieser hat einen verlängerten Schädel, eine concave Stirn und Backenzähne, welche an ihren Kronen mit wellenförmigen Quer-banden bezeichnet sind. Es scheint, als ob er größer werde und gelehriger sey, als der afrikanische. Seine Fangzähne kommen nicht so schnell hervor und werden nicht so groß. Seine Ohren sind viel kleiner. Es könnte wohl seyn, daß die Elephanten der östlichen Küste von Afrika zu eben dieser Gattung gehörten.

2. Der Capsche Elephant. L'elephant du Cap. (Elephas capensis.)

Hat einen kürzeren, höheren Kopf, eine convexe Stirn und die Kronen der Backenzähne mit Querrauten besetzt. Seine Ohren sind außerordentlich groß, so daß sie die ganze Schulter bedecken. Seine Fangzähne wachsen schnell und erreichen eine ungeheure Größe; von Afrika kommt daher auch das meiste Elfenbein. Die Elephanten von Guinea und Congo sind von eben der Gattung wie die Capschen.

Anmerk. Der Mammouth, dessen Knochen in Siberien, Deutschland und an anderen Orten ausgegraben werden, und dessen Fangzähne ein noch brauchbares Elfenbein liefern,

liefern, scheint eine verloren gegangene Elephantergattung zu seyn. Der Winkel seines Oberkiefers ist offener oder stumpfer, und seine Backerzähne sind an den Kronen mit zahlreicheren schmäleren und weniger wellenförmigen Streifen bezeichnet, als bey dem Indianischen Elephanten.

In Canada findet man die Knochen einer vierten Gattung, deren Fangzähne denen der Elephanten ähnlich sind; deren Knochen aber sämmtlich in ihren Verhältnißen dicker und deren Backenzähne vorzüglich in ihrer Gestalt sehr abweichend sind; denn die Kronen derselben haben mehrere gleichlaufende Reihen von dicken, konischen Spitzen. Einige Naturforscher behaupten, daß diese Gattung sich noch jetzt im Innern von Nord-Amerika finde. Dieß ist Pennants Elephas americanus. Die Wilden nennen ihn den Stammvater der Ochsen.

Siebentes Kapitel.

Von den Pachydermen oder solchen Säugethieren mit Hufen, welche deren mehr, als zwey haben.

Nach der Betrachtung derjenigen Säugethiere, deren Zehen mit Nägeln oder Klauen bewaffnet sind, und des Elephanten, welcher, wie man sagen könnte, Nägel ohne Zehen besitzt, kommen wir nun zu den Thieren, bey welchen das ganze Ende der Zehen, welches die Erde berührt, mit einem hornartigen Hufe umgeben ist. Gleich zuerst wollen wir diejenigen betrachten, welche mehr als zwey solche Hufe haben, und in aller anderen Rücksicht eine ganz natürliche Familie bilden. Dieses sind:

I. Schweine. Cochons. (Sus.)

Sie haben vier Zehen an jedem Fuße, wovon nur die beyden mittleren die Erde berühren; ferner eine in einen Rüssel geendigte Schnauze, welche zum Wühlen dient; grobes steifes Haar, dem man den Namen der Borsten giebt. Bey fast allen Gattungen stehen die Eckzähne aus dem Maule hervor und krümmen sich nach oben, um als Waffen der Vertheidigung (Fangzähne oder Hauer) zu dienen. Die unteren Schneidezähne liegen stark nach vorn, die oberen hingegen stehen gerade; beyde sind der Anzahl nach verschieden.

Die Schweine sind dumme Thiere, mit grunzender Stimme und starkem gedrungenen Körper; sie leben vorzüglich von Wurzelwerke und lieben das Wasser und den Koth. Sie haben zwischen der Haut und dem Fleische ein Fett von besonderer Art, welches Speck genannt wird und sie fast unempfindlich macht.

Die vorzüglichsten Gattungen sind:

1. Das wilde Schwein. Le sanglier. (Sus scrofa.)

Bey uns in den Häusern gezogen, ist daraus das zahme Hausschwein entstanden. Das wilde

Schwein ist schwärzlich, hat viel längere Hauer, einen mehr gedrungenen Körper, größeren Kopf und aufrecht stehende Ohren. Seine Jungen oder sogenannten Ferkel (marcassins) sind weiß und schwarz gestreift. Diese Thiere thun den angebaueten Feldern, welche in der Nachbarschaft ihrer Wälder liegen, großen Schaden, indem sie dieselben umwühlen, um nach Wurzeln, vorzüglich nach Erdäpfeln zu suchen. Das zahme Schwein ist ein sehr nützliches Thier, da es sehr leicht zu unterhalten ist, ein sehr wohlschmeckendes Fleisch hat, welches die Eigenschaft besitzt, sich durch Einsalzen lange zu halten, und in Rücksicht seiner Fruchtbarkeit die übrigen Thiere von seiner Größe bey weitem übertrifft, da die Sau zuweilen an vierzehn Junge auf einmahl wirft. Die Schweine sind von den Europäern auch nach Amerika übergebracht worden: ein Theil derselben ist hier wieder wild geworden, und hat die Benennung cochons-marrons erhalten. Wir haben von Asien eine kleinere Art bekommen, welche eine schwarze Farbe, kurze Beine und einen Hängebauch hat: man nennt sie Siamische Schweine.

2. Das Bisamschwein. Le pecari ou tajassu. (Sus tajassu.)

Aus Süd-Amerika; ohne Schwanz; auf dem Rücken hat es eine Oeffnung, aus welcher ein öhliger, von einer beträchtlichen Drüse abgesonderter Saft schwitzt. Seine Hauer stehen nicht aus dem Maule hervor; sein Magen ist in mehrere Säcke abgetheilt.

3. Das Hirschschwein. Le babiroussa ou cochon-cerf. (Sus babirussa.)

Lebt in Ost-Indien; es hat längere Beine, als die übrigen Gattungen; seine Haare sind dünn und lang, und krümmen sich gegen die Stirn zurück oder machen selbst eine spiralförmige Windung.

4. Das Aethiopische Schwein. Le sanglier d'Ethiopie. (Sus aethiopicus.)

Kommt aus dem Inneren von Afrika. Ungeheure Fangzähne gehen an den Seiten heraus und krümmen sich gegen den Rüssel hin; diese in Verbindung mit zwey dicken Anhängen unter den Augen geben dem Thiere ein äußerst scheußliches Ansehen. Es hat im Oberkiefer nur zwey, im Unterkiefer hingegen sechs Schneidezähne, und ist ein sehr wildes Thier.

II. Tapirs. Tapir. (Tapirus).

Dieses sind Thiere aus Süd-Amerika, und zwar von allen, welche die Europäer bey der Entdeckung dieses Landes fanden, die größ-sten. Doch sind sie nicht größer als unsere Esel. Sie haben ein schweineartiges Ansehen, aber ihr Rüssel ist ungleich mehr verlängert, so daß er einem sehr kurzen Elephantenrüssel gleicht, und auch wie dieser beweglich ist. An den Vorderfüßen finden sich vier gleich lange Zehen, an den Hinterfüßen nur drey; alle sind mit Hufen bekleidet. In jedem Kiefer finden sich sechs Schneidezähne und zwey Eckzähne, welche nicht länger sind, als die Schneidezähne. Die Haut ist schwärzlich und fast gänzlich von Haaren entblößt. Es sind stille Thiere, welche die Ufer der Gewässer lieben. Man zieht sie auch in den Häusern auf und genießt ihr Fleisch, welches dem Kalbfleische gleich kommt. Sie thun den Zuckerpflanzungen Schaden, denn sie lieben das Zuckerrohr sehr.

III. Nasehörner. Rhinoceros.

Diese haben ihren Nahmen erhalten, weil sie ein oder zwey dicke Hörner tragen, welche nur an der Haut befestiget sind, und deren Hervorragung nur aus vereinigten und gleichsam zusammen verschmolzenen Haaren zu bestehen scheint. Es sind dumme unbändige Thiere, welche in ihrer Natur sehr den Schweinen gleichen und wie diese eine grunzende Stimme haben. Sie und die Nilpferde sind nach dem Elephanten die größesten Vierfüßer. Sie haben kurze Beine und außerordentlich dickes Leder. An allen Füßen finden sich drey Zehen und drey große Hufe. Sie ziehen einen wasserreichen und sumpfigen Aufenthalt jedem anderen vor. Es sind wenigstens zwey Gattungen bekannt:

1. Das einhörnige oder Asiatische Nashorn. Le rhinocéros d'Asie. (Rhin. unicornis).

Hat gewöhnlich nur ein auf dem Ende der Nase befestigtes Horn. Doch scheint es, als ob einige Individuen zwey haben. Seine Haut bildet tiefe, regelmäßige Falten, welches ihm das Ansehen giebt, als ob es geharnischt wäre. Es hat an jeder Seite sieben Backenzähne in beyden Kiefern und überdieß noch vier dicke stumpfe Zähne im Vordertheile der Kiefer, welche von den Backenzähnen durch einen leeren Zwischenraum getrennt sind. Es lebt in Indien.

2. Das zweyhörnige oder Afrikanische Nashorn. Le rhin. d'Afrique. (Rhin. bicornis).

Hat zwey bewegliche Hörner, wovon das eine auf der Spitze, das andere auf der Wurzel der Nase sitzt. Dieß letztere ist immer das kürzeste. Dieß Thier hat keine solche faltige Haut, wie das vorhergehende. Es hat zwar eben so viele Backenzähne; diese gehen aber ununterbrochen bis zum vorderen Ende der Kiefer fort, wo nur ein kleiner leerer Raum ist, ohne Eck- oder Schneidezähne. Dieses Nashorn bewohnt das innere Afrika.

In Sibirien findet man unter der Erde die Knochen einer dritten Gattung, welche sich vorzüglich durch die verlängerte Form des Schädels und durch eine knöcherne Scheidewand unterscheidet, welche zwischen beyde Nasenlöcher hinabtritt. Es scheint als ob diese Gattung zwey Hörner getragen habe. Man entdeckte im Jahre 1772 ein ganzes Exemplar davon, dessen Fleisch und Haut noch nicht einmahl gänzlich verweset war.

IV. Nilpferd oder Flußpferd. L'hippopotame. vulg. cheval marin. (Hippopotamus).

Ist nach dem Elephanten das größeste vierfüßige Thier. Der Kopf endiget sich nicht spitzig, wie bey dem Schweine, sondern seine Schnauze ist im Gegentheile sehr aufgetrieben. Die Beine sind so kurz, daß der Bauch auf der Erde herschleppt. Dieß Thier findet sich nur in den großen Flüssen von Afrika; es schwimmt und taucht sehr gut, und nährt sich bloß von Wasserpflanzen; indessen greift es doch alle Wesen an, welche es beunruhigen, und bringt dieselben um. Seine Haut ist dick, braun von Farbe, fast ganz unbehaart; Augen und Ohren sind sehr klein, alle Füße in vier Zehen getheilt, welche mit kleinen Hufen versehen sind. Es hat im Unterkiefer vier sehr große, spitzige, vorwärts liegende, und im Oberkiefer vier nach unten zurückgebogene Schneidezähne. Die Eckzähne sind sehr stark, vorzüglich die im Unterkiefer. Indessen sind doch alle diese Zähne von den Lippen bedeckt. Ihre Substanz ist härter und weniger der Veränderung unterworfen, als das Elfenbein; deswegen bedient man sich derselben vorzugsweise, um künstliche Zähne daraus zu machen.

Alle Pachydermen haben, wie man sieht, eine sehr dicke Haut, welche beständig angefeuchtet zu werden bedarf. Daher kommt auch die Vorliebe dieser Thiere zum Wasser und das Vergnügen, welches sie daran finden, sich im Moraste zu wälzen. Ihre Sinne sind sehr stumpf, ausgenommen der Geruch, welcher bey diesen Thieren sehr scharf ist. Sie leben von Gewächsen; haben einen sehr langen Darmcanal, einen sehr weiten Magen und Blinddarm; der erstere ist durch Zusammenziehungen in mehrere oder wenigere Abtheilungen geschieden, welche bey einigen Gattungen, als dem Tapir und Bisamschweine, das Ansehen von eben so vielen besonderen Mägen haben: in dieser Rücksicht haben sie Aehnlichkeit mit den wiederkäuenden Thieren.

Achtes Kapitel.

Von den Wiederkauern, oder den Säugethieren mit zwey Hufen, vier Mägen und fehlenden oberen Schneidezähnen.

Die wiederkäuenden Thiere sind von allen Säugethieren für den Menschen die merkwürdigsten: von ihnen erhält derselbe vorzüglich das Fleisch zu seiner Nahrung; mehrere derselben dienen ihm als lastthiere; andere werden ihm durch ihr Fett, ihr leder, ihre Hörner, oder andere Erzeugnisse nützlich.

Fast alle haben im Unterkiefer acht Schneidezähne: die oberen Schneidezähne werden durch einen schwieligen Rand ersetzt, welchen das Zahnfleisch bildet. Nur unter diesen Thieren findet man solche, die an der Stirne gehörnt sind,

Nur die Gattungen ohne Hörner haben Eckzähne im Oberkiefer. Außer ihren beyden Husen haben sie oft noch zwey kleine unvollkommene Spitzen, (ergots) Afterklauen, welche die Erde nicht berühren.

Alle Wiederkauer sind kräuterfressende Thiere: sie haben vier Mägen: nähmlich den Panzen, einen großen einfachen Sack, dessen innere Wände mit kleinen Wärzchen besetzt sind; die Haube, welche klein, rund, und an den inneren Wänden mit wenig erhabenen Platten oder Falten versehen ist, welche netzförmig oder bienenzellig liegen; den Psalter, welcher länglich und an seinen inneren Wänden mit breiten vorspringenden der Länge nach laufenden Platten besetzt ist, die einige Aehnlichkeit mit den Blättern eines Buches haben; und den Labmagen, den letzten von allen, welcher dicke runzelige Wände hat.

Das Wiederkauen besteht darin, daß die Nahrungsmittel, nachdem sie gröblich gekauet und dann im Panzen angefeuchtet sind, theilweise in die Haube gehen, wo sie zusammengedrückt, in die Gestalt einer Kugel gebracht und mit einer wässerigen Feuchtigkeit getränkt werden; von hier steigt der Ball nun wieder in das Maul hinauf, wo das Thier ihn von neuem durchkauet. Bey dem zweyten Hinabschlingen gehen die Speisen dann gerade in den Blättermagen oder Psalter, und von da in den Labmagen.

So lange als das Thier die Muttermilch saugt, tragen die drey ersten Mägen nichts zur Verdauung bey und sind nur klein. Die Milch geht nähmlich gerade in den Labmagen, welcher deswegen so heißt, weil die Milch darin vor der Verdauung gerinnt. (gelabte Milch). *)

Das Fett der Wiederkauer verhärtet beym Erkalten stärker, als das der übrigen Thiere; so daß es selbst brüchig oder spröde wird: man nennt es Talg. Die Säugewarzen liegen bey diesen Thieren zwischen den Oberschenkeln. Die Geschlechter der Wiederkauer sind:

---

*) Der Labmagen der Kälber giebt getrocknet das Lab, (présure), welches man anwendet, um die Milch, woraus man Käse bereiten will, schnell gerinnen zu machen.

I. Kameele. Chameaux. (Camelus).

Diese haben keine Hörner. Ihre Hufe umhüllen nur oben die Spitze jeder Zehe. Sie haben nur sechs Schneidezähne im Unterkiefer, aber in jedem Kiefer zwey oder drey Eckzähne. Die Oberlippe ist gespalten, der Hals sehr lang und ihr Ansehen sehr ungestaltet.

a) Die Eigentlichen Kameele haben Höcker von Fett auf dem Rükken und Knollen an den Knieen und auf der Brust, welche von der Gewohnheit zu entstehen scheinen, die man ihnen beybringt, sich nähmlich auf die Kniee zu werfen, um ihre Last aufzunehmen; denn diese Thiere sind jetzt alle gezähmt und man kennt keine wilde mehr. Es sind große Thiere, berühmt durch ihre Mäßigkeit und Stärke. Ein Kameel trägt bis zehn Zentner, legt in einem Tage acht bis zehn deutsche Meilen (20 lieues) zurück, frißt nur harte Kräuter und stacheliges Strauchwerk, kann sehr lange Zeit ohne Saufen zubringen, weil sein Haubenmagen eine große Menge

Wasser enthält, welches das Thier wieder ins Maul zurückbringen kann, um seinen Durst zu stillen: auch würde es ohne diese Thiere unmöglich seyn, durch die Wüsten zu reisen. Es sind zwey Gattungen davon bekannt:

1. Das einhöckerige Kameel. Le dromedaire. (Camelus dromedarius).

Röthlichgrau, mit einem einzigen Höcker: in Arabien, Aegypten u. s. w.

2. Das zweyhöckerige Kameel. Le chameau. (Camelus bactrianus).

Schwärzlichbraun, mit zwey Höckern: in Persien, Thibet u. s. w.

b) Lama's sind in Amerika das, was die Kameele für die alte Welt sind; aber sie sind bey weitem kleiner und haben keinen Höcker auf dem Rücken. Uebrigens gleichen sie den Kameelen in der Stellung und in der Länge des Halses. Man sagt sie haben nur vier Schneidezähne.

3. Das Ziegen-Kameel. Le lama. (Cam. lacma).

Dieß war das einzige Hausthier in Peru, als man dieses Land eroberte. Noch jetzt verpflegen es diese Völker mit besonderer Zuneigung. Es ist mit einer braunen Wolle bedeckt und trägt an hundert und funfzig Pfund, macht aber nur kurze Tagereisen.

4. Das Vigogne-Kameel. La vigogne. (Camelus vicunna).

Seine sehr feine, röthlichbraune Wolle macht, daß es auf der Jagd sehr gesucht und selbst in Feldern gehegt wird; es dient aber nicht, wie das Ziegen-Kameel, zum Lastthiere.

II. Bisam- oder Moschusthiere. Chevrotins. (Moschus).

Diese Thiere haben ungefähr die Gestalt des Rehes, aber keine Hörner, und lange Eckzähne im Oberkiefer, welche aus dem Maule hervorstehen.

1. Das tatarische Bisamthier. Le musc. (Moschus moschiferus).

Ein Thier, welches durch die stark riechende Substanz berühmt ist, die es in einem Beutel am Nabel trägt, und die ehemahls mehr als jetzt gebräuchlich war. *) Es lebt in Thibet und der großen Tatarey; hat die Größe eines sechsmonathlichen Rehes, ist braun und weiß oder gelblich gefleckt. Die übrigen Bisamthiere haben diesen starken Geruch nicht.

2. Das Zeilonische Bisamthier. Le memina. (M. memina).

Ist das kleinste von allen wiederkäuenden Thieren; nur einen halben Fuß hoch. Seine Farbe ist braun und weiß gefleckt; es lebt in Indien.

---

*) Ehemals war der Moschus vielleicht mehr als Wohlgeruch im Gebrauche; dahingegen wird derselbe jetzt mehr zur Arzeney gebraucht. W.

III. Hirsche. Cerfs. (Cervus).

Man erkennet sie an dem Geweihe, welches den Kopf der Männchen ziert und sich auch in einigen Gattungen sogar bey den Weibchen findet. Dieses Geweihe ist ganz von knochenartiger Natur: ein natürlicher Knochenauswuchs des Schädels, welcher alle Jahre abfällt, um noch größer wieder zu wachsen. Während das Geweih hervorkommt, ist es weich, mit einer behaarten Haut bedeckt, die mit zahlreichen Blutgefäßen versehen ist, welche in die Substanz des Geweihes dringen: nach und nach verhärtet es aber und verliert seine Haut (das Bast wird abgefegt: in der Jägersprache), wo es dann in den dichten festen Zustand übergeht, in welchem es allgemein bekannt ist. Alle Hirsche haben ein kurzes dichtes Haar, einen kurzen Schwanz, dünne und lange Beine, so daß sie schnell und leicht laufen, und vor jedem Auge eine Vertiefung, welche die Thränengrube (le larmier) genannt wird. Sie haben acht Schneidezähne im Unterkiefer; im Oberkiefer gar keine, auch keine Eckzähne und keine Gallenblase.

1. Der gemeine Hirsch. Le cerf commun. (Cervus elaphus).

Dieses schöne Thier, dessen Jagd von jeher eine Uebung der Krieger und eine Belustigung der Großen gewesen und selbst bis auf den Punct gediehen ist, eine sehr ausgebreitete Kunst zu bilden, welche den Hauptgegenstand der Jagdwissenschaft oder Jägerey ausmacht, ist von brauner oder gelblichbrauner Farbe, hat runde Geweihe mit mehreren kegelförmigen Enden (andouillers), deren Anzahl nach dem Alter verschieden ist. Der Hirsch ist furchtsam, wird aber wüthend in der Brunstzeit (temps du rut). Das Weibchen hat keine Geweihe und wird Hirschkuh, Thier oder Hindinn (biche) genannt. Die Jungen sind weißgefleckt und heißen Hirschkälber (die weiblichen Hinde- oder Wildkälber) (faons); im zweyten Jahre haben die Geweihe noch keine Enden, und dann heißt das Thier ein Spießer (daguet).

Der Ardenner Hirsch ist eine Abänderung mit schwärzlichen Haaren und stärkerem Halshaare; der Canadische Hirsch ist größer, hat ungeheure Geweihe ohne Krone (empaumure), das heißt: welche nicht am Ende drey: oder vier dicht beysammenstehende Enden haben.

2. Das Reh. Le chevreuil. (C. capreolus).

Ungleich kleiner als der Hirsch; von brauner Farbe, mit weißem Hintertheile; mit kleinen gabelförmigen Geweihen. lebt immer paarweise: ein Männchen und Weibchen beysammen. Das Männchen heißt Rehbock; das Weibchen Ricke, (chevrette).

3. Der Damhirsch. Le daim. (C. platyceros).

Etwas kleiner als der Hirsch, braun, weiß gefleckt; mit großen Geweihen, welche flache zackige Kronen haben. Diese drey Gattungen kommen in unseren Ländern vor.

4. Das Rennthier. Le renne. (C. tarandus).

Dieß ist das Hausthier der Lappländer und Samojeden, welches dieselben im Schlitten zieht, mit seinem Fleische und seiner Milch nährt, mit seinem Felle kleidet und beynahe ihr einziges Eigenthum ausmacht. Es lebt nur in den kältesten Himmelsstrichen. Es wühlt den Schnee auf, um darunter eine Flechtenart (Lichen rangiferinus W.) aufzusuchen, welche die Hauptnahrung desselben ist. Das Rennthier ist gräulichbraun von Farbe; die Haare an der Kehle sind länger; die Geweihe haben lauter plattgeendigte (fast schaufelförmige) Aeste. Das Weibchen hat eben so gut wie das Männchen Geweihe.

5. Das Elennthier. L'élan. (C. alces).

Die größeste von allen Hirschgattungen. Lebt auch in den nördlichen Ländern, aber weniger hoch hinauf, als das Rennthier. Sein Geweihe bildet zwey große flache Platten, welche länglichrund und an dem äußeren Rande gezahnt oder zackig sind; es giebt ungeheure Geweihe davon. Es hat die Größe eines Pferdes; sein Haar ist grau; es trägt sich nicht edel, denn sein Hals ist kurz, sein Kopf groß und die Beine sind lang.

IV. Giraffe. Girafe. (Camelopardalis).

Ist ein Thier aus dem Inneren von Afrika, welches bis auf achtzehn Fuß hoch wird. Hals und Beine sind sehr lang, vorzüglich die vorderen; dieß giebt dem Thiere ein unverhältnißmäßiges Ansehen, weil der vordere Theil des Rückens oder der Widerrüst (garrot) höher ist, als das Kreuz. Seine Hörner bestehen in kegelförmigen Erhöhungen am Schedel, welche nicht abgeworfen werden und immer mit der Haut bedeckt bleiben, welche hier sogar langhaariger ist, als am übrigen Körper. Die Giraffe ist weißlich von Farbe; der ganze Körper ist mit braungelben Flecken besetzt. Das Thier nährt sich von Baumblättern, und ist von sehr sanfter Natur.

Es ist nur noch übrig, von den Wiederkauern mit hohlen Hörnern zu sprechen, das heißt: deren Knochenerhöhung des Schedels mit einer besonderen, bleibenden, harten, elastischen, aus zusammen verschmolzenen Fasern gebildeten Substanz umgeben ist, welcher wir vorzugsweise den Namen des Horns geben. Diese Hörner kommen mit den Nägeln und Klauen überein, und wachsen wie diese von der Wurzel her, wodurch die Querringe bewirkt werden, welche man daran sieht. Es hält schwer, den Geschlechtern der Wiederkauer mit hohlen Hörnern scharf bestimmte Kennzeichen beyzulegen, weil sie einander zu sehr ähnlich sind. Da indessen die Gattungen derselben sehr zahlreich sind, so theilen wir sie folgendermaßen ab:

V. Antilopen oder Gemsen. Antilopes. (Antilope)

Das Kennzeichen derselben besteht in den Hörnern, welche rund sind und gleich von der Stirn gerade in die Höhe steigen; nachher nehmen sie bey den verschiedenen Gattungen verschiedene Biegungen an. Die meisten Antilopen haben Thränengruben, wie die Hirsche, welchen sie auch in ihrem schlanken, eleganten Körperbaue und in dem kurzen dichten Haare gleichen. Sie werden nach der Bildung ihrer Hörner unterabgetheilt.

a) Mit vorwärts umgebogenen Hörnern.

1. Die weißfüßige Gemse. Le nylghau. (Antilope picta.)

Von der Größe des Hirsches und darüber, von Farbe graulich, die Füße mit weißen und schwarzen Ringen gezeichnet, mit einem Barte an der Brust. Aus Indien. Das Weibchen hat keine Hörner.

b) Mit zurückgebogenen Hörnern.

2. Die Gemse. Le chamois. (A. rupricapra.)

Bewohnt in Europa die steilsten Alpengipfel, wohin sich doch die Jäger wagen, um diese Thiere zu verfolgen, weil das Fell derselben sehr nützlich zur Bekleidung ist. Sie haben bräunlichgraues Haar; schwarze, gerade, nur an der Spitze zurückgebogene Hörner. Auch auf den Pyrenäen finden sich Gemsen, welche hier isards genannt werden.

c) Mit geraden Hörnern.

3. Die Pasangemse. Le pasan. (A. oryx.)

Von der Größe eines Hirsches: grau von Farbe; mit dünnen, geraden, oft zwey bis drey Fuß langen, und unten mit Ringen umfurchten Hörnern, welche wie gedrechselt aussehen. Findet sich in Indien und Afrika.

d) Mit doppelt gekrümmten Hörnern, wie die Arme einer Leyer.

4. Die Gazelle. La gazelle. (A. dorcas.)

Braun, mit weißem Bauche und einem schwarzen Streifen an den Seiten. Ein schlankes Thier, von so sanftem Ansehen, daß die Araber schöne Weiberaugen mit den Augen der Gazelle vergleichen.

5. Die Steppengemse. Le saïga. (A. saïga.)

Findet sich in Ungarn, Rußland und einem großen Theile von Asien; ist grau von Farbe; hat einen großen Kopf und geringelte blaßbraune Hörner.

e) Mit dreymahl gekrümmten und spiralförmig gewundenen Hörnern.

6. Die Hirschgemse. L'antilope. (A. cervicapra.)

Der Gazelle ähnlich, aber mit anders gekrümmten Hörnern. Bewohnt Indien und die Barbarey.

7. Die quergestreifte Gemse. Le condoma. (A. strepsiceros.)

Vom Vorgebirge der guten Hoffnung; ist sehr groß, hat am Halse sehr langes Haar, von brauner Farbe, mit einigen weißen großen Streifen bezeichnet. Die Hörner sind sehr groß, glatt und wie schlangenweise gedreht.

Diese kleine Anzahl der hier erwähnten Gattungen mag hinlänglich seyn, einen Begriff von der großen Verschiedenheit zu geben, welche bey diesem Geschlechte Statt findet.

VI. Ziegen. Chèvres. (Capra.)

Ihr Unterscheidungskennzeichen besteht in den zusammengedrückten quergefurchten Hörnern. Sie haben keine Thränengruben, wie die Antilopen; ihr Kinn ist mit einem zugespitzten Barte versehen. Es sind eigensinnige, umherschweifende, starke Thiere, welche wilde, trockne Gegenden lieben, und sich von Strauchwerke oder groben Kräutern nähren.

1. Die gemeine Hausziege. Le bouc et la chèvre domeſtique. (Capra hircus.)

Ihre Geſtalt iſt aller Welt bekannt. Es giebt davon ſehr verſchiedene Abänderungen, als:

a) Die Judaziege. Le bouc de Juida. mit kurzen Beinen und auf dem Halſe niederliegenden Hörnern.

b) Die Angoraziege: mit großen ſpiralgewundenen Hörnern und ſehr langen, weißen, ſeidenartigen Haaren, welche in der Levante zur Bereitung ſehr ſchöner Zeuge angewandt werden, und das unter dem Namen Kameelgarn (beſſer Kämelgarn) bekannte Garn liefern.

Alle dieſe Arten ſcheinen urſprünglich von einer Stammgattung zu kommen, welche röthliches Haar, einen kurzen ſchwarzen Schwanz und ſehr große kantige Hörner hat und die Aſiatiſchen Gebirge bewohnt (capra aegagrus L.). In den Gedärmen dieſer Stammgattung findet ſich das orientaliſche Bezoar, eine

Art von steiniger Verhärtung, deren Arzney-kräfte ehemahls sehr gerühmt wurden.

2. Der Steinbock. Le bouquetin. (Capra ibex.)

Bewohnt mit den Gemsen die steilsten Gipfel der Alpen. Er hat noch größere Hörner, und ist am ganzen Körper leichter gebauet, als die wilde Ziege. Von Farbe ist er braun oder grau. Man rühmte ehemahls die Arzney-kräfte des Blutes vom Steinbocke.

VII. Schafe. Brebis. (Ovis.)

Sie unterscheiden sich durch eckige, gefurchte Hörner, welche von der Wurzel an, gleich rück- und abwärts gehen, um sich spiralförmig wieder vorwärts zu krümmen. Sie haben weder Bart noch Thränengrube. Es ist zu bemerken, daß sowohl bey den Ziegen- als Schafgattungen verschiedene Arten ohne Hörner sind.

Das gemeine Schaf. Le brebis ordinaire, le belier et le mouton. (Ovis aries*).

Dieß sind Hausthiere, welche durch den Menschen auf den ganzen Erdboden verbreitet sind, und deren Wolle, Milch und Fleisch ihm sehr großen Nutzen bringen. Außer der gewöhnlichen Art, welche selbst nach den verschiedenen Provinzen der länder verschieden ist, bemerkt man noch als die interessantesten Arten:

a) Das Spanische Schaf: mit sehr feiner krauser Wolle und gewundenen Hörnern. Man fängt an, es in Frankreich ziemlich allgemein einzuführen.

b) Das Englische Schaf: ohne Hörner, mit feiner, langer und schlichter Wolle.

c) Das fettschwänzige Schaf (Ov. ar. laticaudata) mouton de Barbarie

*) Das männliche Thier heißt der Widder, das wirkliche vorzugsweise Schaf; Hammel nennt man ein verschnittenes weibliches oder männliches Thier. W.

et d'Arabie. Aus der Barbarey und Arabien: mit fettem außerordentlich dickem Schwanze.

d) Die verschiedenen Afrikanischen und Indianischen Schafe: mit kurzem Haare, hängenden Ohren u. s. w.

Alle diese Arten scheinen durch die Häuslichkeit dieser Thiere erzeugt zu seyn, und das wilde Steinschaf, oder den Argali (mouflon) (ovis ammon) zum gemeinschaftlichen Stammvater zu haben: dieß ist ein röthliches Thier mit großen, zirkelförmig zurückgewundenen Hörnern, welches sich auf den Asiatischen, Kretischen und selbst auf den Sardinischen Gebirgen findet.

VIII. Ochsen. Boeufs. (Bos.)

Die Ochsen unterscheiden sich von den übrigen Wiederkauern durch einen kurzen, gedrungenen Körperbau, dicke, starke Gliedmaßen, und durch die in Gestalt eines Lappens, der Wamme (fanon) herabhängende Haut des Halses; vorzüglich aber durch ihre seitwärts und abwärts gerichteten und in einem halben Kreisbogen wieder aufsteigenden Hörner. Die verschiedenen Gattungen sind ziemlich schwer zu bestimmen: folgende sind die vorzüglichsten:

1. Der gemeine Ochse, Stier, Kuh, Rind, Kalb. Le boeuf ordinaire, le taureau, la vache, le veau, la genisse. (Bos taurus)

Die Hörner sind glatt und weniger abwärts stehend, als bey den folgenden Gattungen. Der mannigfaltige Nutzen dieser Thiere für den Menschen ist hinlänglich bekannt. Sie sind überall verbreitet und ihre Abarten weniger beträchtlich, als die der übrigen Hausthiere, da sie sich vorzüglich nur auf Größe und Farbe beziehen; doch sind zu bemerken:

Die großen Schweizer und Irrländischen Ochsen.

Die kleinen Schottischen Ochsen, welche zuweilen keine Hörner haben.

Die sehr kleinen Indianischen Ochsen oder Zebus, welche einen Fetthöcker auf den Schultern haben.

Die Arten der Ochsen stammen von dem Aurochsen ab, einer wilden Gattung, welche sich in den Wäldern von Pohlen und weiter hinauf nach Norden findet, und sich von unseren Ochsen nur dadurch unterscheidet, daß Hals und Schultern mit langem Haare oder Wolle bedeckt sind. Der Nord-Amerikanische Buckelochse (bos bison), welcher einen Höcker auf den Schultern und den ganzen Vordertheil des Körpers mit einer sehr langen Wolle bedeckt hat, möchte vielleicht auch nur eine vom Klima bewirkte Abänderung des Aurochsen seyn.

2. Der Büffelochse. (Le bufle. (Bos bubalus.)

Ist stärker und bösartiger als der gemeine Ochse; demungeachtet ist er in Italien und Griechenland zum Hausthiere geworden; er scheint von Indien dorthin gebracht zu seyn, denn den Alten war er nicht bekannt. Er wird vermittelst eines eisernen Ringes geführt, welchen man ihm durch die Scheidewand der Nase zieht. Seine Hörner gehen seitwärts und abwärts und haben vorn eine scharfe Kante; an der Oberfläche sind sie quergefurcht. Der Büffelochs ist schwärzlichbraun; er liebt sumpfige Oerter.

3. Der

3. Der Capsche Büffel. Le bufle du Cap. (Bos caffer.)

Seine Hörner sind an der Wurzel sehr breit, so daß sie sich einander berühren; sie erreichen eine ungeheure Größe. Sein Kopf ist im Gegentheile kleiner, als der des gemeinen Büffels. Es ist ein sehr wildes Thier und wird den Reisenden in den Wäldern des Kafferlandes sehr gefährlich. Indessen haben die Kaffern und Hottentotten ihn doch gezähmt und besitzen zahlreiche Herden davon.

4. Der Ziegenochse. Le bufle à queue de cheval, ou vache grognante de Tartarie. (Bos grunniens.)

lebt auf den Gebirgen von Thibet und ist in der Tartarey, in Indien und Persien zum Hausthiere geworden. Er hat langes herabhängendes Haar, und einen Schwanz, welcher ganz aus langen Schweifhaaren besteht, wie bey dem Pferde. Dieser ist meist von einer schönen weißen Farbe und wird dann ein Gegenstand des Handels bey diesen Völkern.

Neuntes Kapitel.

Von den Solipeden oder einhufigen Thieren.

Diese Thiere sind einander so ähnlich, daß sie nur ein einziges Geschlecht bilden, welchem man den Nahmen des Pferdegeschlechtes (equus) gegeben hat. Sie haben nur eine Zehe an jedem Fuße, welche mit einem breiten Hufe umgeben ist. Die Zahl der Schneidezähne ist sechs in jedem Kiefer; die der Eckzähne zwey. Die Backenzähne haben platte Kronen, wie bey allen kräuterfressenden Thieren. Der Magen ist klein und hat an der oberen Mündung (cardia) eine Klappe, welche das Erbrechen gänzlich verhindert; die Gedärme und vorzüglich der Blinddarm sind sehr weit. Sie haben keine Gallenblase. Die Gattungen sind:

1. Das Pferd. Le cheval. (Equus caballus.)

Dieser edle Gefährte des Menschen im Kriege, auf der Jagd und bey den Geschäften des Ackerbaues und Handels, ist von allen Hausthieren das kostbarste, und das, welches am meisten verpflegt wird. So wichtig auch die Abstufungen seyn mögen, welche die verschiedenen Abarten desselben unterscheiden, so sind sie doch für den Naturforscher nicht sehr bemerkbar. Folgende werden für die vorzüglichsten gehalten:

a) Das Arabische, das Barbarische und das Andalusische, das Englische, welches von den beyden ersteren abstammt u. s. w. feingebaute Pferde, welche vorzüglich zum Wettrennen tauglich sind.

b) Die Friesischen Pferde; mit starken Beinen, gut zu schweren Arbeiten.

c) Die Normannischen, Limousinischen, Holsteinischen, Neapolitanischen u. a. Pferde, welche zwischen jenen beyden das Mittel halten.

d) Die Schwedischen und Norwegischen Pferde, welche wegen ihrer Kleinheit merkwürdig sind.

In der Tatarey findet man wieder wild gewordene Pferde. Diese leben daselbst in großen Heerden unter Anführung einiger der stärksten Hengste: sie sind sehr schwer zu bändigen, selbst wenn sie jung eingefangen werden. Die Pferde sind von den Europäern auch nach Amerika übergeführt worden, wo sie sich sehr vermehrt haben. Das ausschließliche Kennzeichen dieser Gattung ist, daß sie den Schwanz durchaus mit langen Haaren besetzt haben.

2. Der Esel. L'ane. (Equus asinus.)

Kleiner, schwächer und auch leichter zu erhalten und wenigeren Krankheiten unterworfen, als das Pferd. Er unterscheidet sich durch seine langen Ohren, durch den nur gegen das Ende mit langen Haaren besetzten Schwanz und durch das schwarze Kreuz, welches er auf dem Rücken hat. Die wilden Esel bewohnen die oberen Theile der Tatarey. Der Grund ihrer Haarfarbe ist röthlich. Die Nachkommenschaft, welche aus der Begattung des Esels mit der Stute entsteht, wird Maulthier (mulet) und die des Hengstes mit der Eselinn Maulesel (bardeau) genannt. Das Maulthier wird vorzüglich geschätzt, denn es vereiniget die guten Eigenschaften der beyden Gattungen, von welchen es erzeugt ist. Diese vermischten Raßen sind gewöhnlich unfruchtbar. (Die Maulthiere sollen doch in wärmeren Ländern ziemlich fruchtbar seyn. W.)

3. Das Zebra. Le zébre. (Equus zebra).

Ist ein Afrikanisches Thier, welches eine pferdeähnliche Gestalt, und die Größe und den Schwanz des Esels hat. Sein Fell ist weiß und schwarz quergestreift.

4. Das Quaggapferd. Le couagga. (Eq. quagga).

Ist dem Zebra ähnlich; hat aber eine braune Grundfarbe und ist nur am Halse und am Vordertheile des Körpers gestreift. Kommt auch aus Afrika.

Zehntes Kapitel.

Von den säugenden Amphibien.

Nach der Betrachtung der verschiedenen Geschlechter der auf dem Lande lebenden Säugethiere oder der wahren und eigentlichen Vierfüßer, werden wir einige Säugethiere kennen lernen, deren Füße zu sehr verkürzt sind, als daß sie bequem gehen könnten; welche aber einen verlängerten, spitzig geendigten Körper haben, und deren Zehen so durch Häute verbunden sind, daß sie fast mit eben der Leichtigkeit schwimmen, als die Fische. Sie können auch sehr lange untertauchen, und bringen den größesten Theil ihres Lebens im Meere zu; wenn sie auch auf das Land kriechen, so entfernen sie sich doch nicht vom Ufer.

I. Robben. Phoques. (Phoca).

In dem natürlichen Systeme würden sie neben den reißenden Thieren ihre Stelle erhalten; denn mit diesen kommen sie in Rücksicht ihrer Zähne, ihres Kopfes überhaupt, und ihrer Gedärme überein; sie nähren sich gleichfalls vom Fleische. Es giebt sogar eine Gattung derselben, welche sich dem Ottergeschlechte so nähert, daß sie von verschiedenen zu diesem letzteren gerechnet worden ist. Die Füße der Robben sind verkürzt und ihre Zehen flossenähnlich vereiniget. Ihre Hüften sind so schmal, daß der Bauch sich spitzig endiget. Die Hinterfüße sind in eben der Richtung ausgestreckt, und stellen eine Art von wagerechter, gespaltener Flosse vor, in deren Mitte sich der Schwanz befindet. Diese Thiere haben sechs Schneidezähne im Oberkiefer, vier im Unterkiefer; lange spitzige Eckzähne und die wahren Backenzähne der reißenden Thiere. Man findet Robben in allen Meeren. Die vorzüglichsten Gattungen derselben sind:

1. Der zottige Löwenrobbe. Le phoque à crinière, ou lion marin. (Phoca jubata).

Der Hals desselben ist mit einer ziemlich langen Mähne bekleidet, er findet sich im Norden des stillen Oceans.

2. Der glatte Löwenrobbe. Wolfsrobbe. Le phoque à crète. (Phoca leonina).

Das Männchen hat auf der Oberlippe einen kammförmigen Fleischlappen. Er findet sich an den westlichen Küsten von Amerika, vorzüglich in der Gegend der Juan-Fernandez-Insel.

3. Der Hundsrobbe, gemeine Seehund. Le phoque commun. vulg. veau marin. (Phoca vitulina).

Braun ohne äußere Ohren und Mähne; dieß ist die am weitesten verbreitete Gattung. Man findet dieselbe in allen Meeren. Sie läßt sich zähmen.

II. Wallrosse. Morses. (Trichecus).

Dieses Thier ist bey den Matrosen unter dem Nahmen der Seekuh (vache marine ou bête à la grande dent) oder des großzahnigen Thieres bekannt; im Aeußeren gleicht es den Robben; aber es gehen ihm vom Oberkiefer zwey ungeheure Eckzähne zum Maule hinaus, deren jeder oft bis auf dreyßig Pfund wiegt und über einen Fuß lang ist. Diese Zähne sind abwärts gerichtet. Die nöthige Größe der Zahnhöhlen, in welchen dieselben feststecken, macht, daß die Nasenlöcher sehr hoch über dem Maule liegen. Zwischen diesen beyden Eckzähnen oder Hauern sind zwey kleine Schneidezähne; in dem Unterkiefer fehlen aber sowohl die Eck- als Schneidezähne gänzlich.

1. Das gemeine Wallroß. Le morse. (Trichecus rosmarus).

Lebt in dem Nordmeere. Man sagt, daß es sich nur von Seepflanzen und Muscheln nähre. Man gebraucht sein Fell, um Trag- oder Hängeriemen für Kutschen daraus zu bereiten.

2. Das Dugong-Wallroß. Le dugong. (Trichecus dugong).

Ist ein nicht sehr bekanntes Thier des Indischen Oceans, welches vielleicht ein besonderes Geschlecht ausmachen sollte; es hat auch zwey aus dem Maule hervorragende Hauer, welche aber kurz und gerade sind. Die Zahnhöhlen sind noch länger, so daß die Nasellöcher gänzlich aufwärts gerichtet sind; es hat im Oberkiefer vier Backenzähne, unten drey, (wahrscheinlich an jeder Seite W.), die Schneidezähne fehlen gänzlich. Man sagt, sein Fleisch komme im Geschmacke dem Rindfleische gleich.

Von diesem Geschlechte muß ohne Zweifel getrennt werden:

3. Der Manati. Le lamantin. (Tr. manatus).

Dieß Thier hat weder Schneide- noch Eckzähne, sondern nur eine lange Reihe von Backenzähnen, welche denen der Wiederkauer gleich sind. Seine beyden Kiefer sind wagerecht platt gedrückt, und seine Naselöcher stehen ganz nach oben. Seine Hinterfüße sind mit dem Schwanze unter der Haut zu einer einzigen Flosse vereiniget, und man erkennt das Daseyn derselben nur am Knochengerüste. Sein Magen ist mehrmahls abgetheilt. Es nährt sich nur von Pflanzen und kommt oft an das Ufer, um zu weiden. Man erzählt sogar, daß die Amerikaner es zahm machen, und daß es an den Tönen musikalischer Instrumente Vergnügen finde, so daß man wahrscheinlicherweise auf dieses Thier deuten muß, was die Alten von der Zuneigung des Delphins zum Menschen und von seiner Liebe zur Musik gesagt haben.

Der Manati der heißen Zone scheint von dem nördlichen verschieden, denn dieser ist unbehaart und hat weder deutliche Zehen noch Klauen daran; jener hingegen ist behaart und hat vier Zehen mit Klauen versehen.

Eilftes Kapitel.

Von den Wallfischarten. (Cetacea).

Bey dem Manati sind die Hinterfüße mit dem Schwanze zu einer einzigen Flosse verwachsen; bey den Wallfischarten hingegen finden sich nicht einmahl diese Füße; auch haben diese nur eine leichte Spur von einem Becken, welche in zwey kleinen am Anfange des Schwanzes im Fleische steckenden Knochen besteht. Ihre Bauch- oder Lendenwirbel bilden eine ununterbrochene Reihe, welche sich mit einer häutigen wagerechten Flosse endiget; aber ihre Vorderflossen haben dieselben inneren Theile als die vorderen Gliedmaßen der übrigen Säugethiere. Der Kopf der Wallfischarten ist vorn noch mehr plattgedrückt, und die Kiefer sind noch mehr verlängert, als bey dem Manati. Ihre Naselöcher sind nach oben gerichtet und zwar nach

Verhältniß der verschiedenen Gattungen mehr oder weniger gerade aufwärts: sie haben den Nahmen der Spritzlöcher erhalten, weil die Wallfischarten oft das Wasser bis zu einer beträchtlichen Höhe hinaustreiben. Es giebt nur eine Gattung derselben mit Zähnen, welche man wegen ihrer Stellung Schneidezähne nennen kann; die übrigen haben nur Backenzähne, oder haben gar keine. Die Wallfischarten sind unbehaart. Ihre Haut ist unterwärts mit einem öhligen Specke gefüttert. Sie haben kleine Augen, keinen deutlich bestimmten Hals, auch kein äußeres Ohr, sondern nur eine sehr kleine äußere Ohrenöffnung. Außer den beyden vorderen und der Schwanzflosse, haben sie meistens eine senkrechte Rückenflosse.

Die Geschlechter der Wallfischarten sind:

I. Delphine. Dauphins. (Delphinus).

Ihre Kiefer sind verlängert und beyde mit einer Reihe von kegelförmigen Zähnen versehen. Ihre Nase- oder Spritzlöcher gehen senkrecht durch den Oberkiefer und bilden äußerlich nur eine einzige sichelförmige Oeffnung. Die Augen liegen nahe am Maulwinkel.

1. Der stumpfschnäuzige Delphin, Braunfisch. Le marsouin. (Delphinus phocaena).

Mit verlängertem Körper und stumpfer Schnauze. Sieben bis acht Fuß lang. Er lebt in zahlreichen Truppen im nördlichen Ocean.

2. Der gemeine, langschnaüzige Delphin. Le dauphin. (Delphinus delphis).

Mit dickem Körper und zugerundeter Schnauze, welche aber in einen gleichsam angesetzten platten spitzigen Schnabel geendiget ist; mit sehr spitzen Zähnen. Er findet sich in allen Meeren und ist wegen der Schnelligkeit merkwürdig, mit welcher er schwimmt. Seine größeste länge beträgt etwa zehn Fuß. Diese beyden Thiere nähren sich von Fischen.

3. Der Nordkaper, Butzkopf. L'orque. (Delphinus orca).

Mit oben ausgezackter (festonné) Schnauze und stumpfen Zähnen; etwa zwanzig Fuß lang. lebt in beständigem Kriege mit den Robben und greift sogar die Wallfische an.

II. Kachelots oder Pottfische. Cachealots. (Physeter).

Der Kopf dieser Thiere macht allein die Hälfte oder ein Drittheil der ganzen länge des Körpers aus. Der Oberkiefer ist außerordentlich breit und hoch, und hat gewöhnlich nur sehr kleine vom Zahnfleische bedeckte Zähne. Der Unterkiefer im Gegentheile ist lang und schmal, tritt in eine Furche des Oberkiefers und ist mit dicken, kegelförmigen an der Spitze abgestumpften Zähnen besetzt. Die Naslöcher durchbohren den Oberkiefer schräg nach vorwärts, und öffnen sich auf dem Ende der Schnauze. Diese ungeheure Dicke ist nicht ganz von Knochen-Substanz gebildet, sondern oben nur mit Knorpeln bedeckt, und enthält in großen Höhlungen eine sonderbare Substanz, welche beym Erkalten fest wird und sich krystallisirt, und im Handel und bey den Künstlern unter der Benennung des Wallrathes, (blanc de baleine) oder sperma ceti bekannt ist. Der Raum für das Hirn oder die eigentliche Schedelhöhle ist im Verhältnisse zu einem so ungeheuren Kopfe, außerordentlich klein.

1. Der Pottfisch, langköpfige Kachelot. Le cachalot á grosse tête. (Physeter maerocephalus). *)

Hat gerade spitzige Zähne und auf dem Rücken einen großen Höcker an Statt der Rückenflosse. Er ist vierzig bis sechzig Fuß lang. Der Kopf allein nimmt davon über die Hälfte ein. In seinen Därmen findet sich das Ambra in mehr oder weniger dicken Kugeln. Einige behaupten, daß es seine durch Krankheit verhärteten Excremente seyn, andere, daß es sich aus seinem Harne absetze. Er findet sich vorzüglich in den Meeren der heißen Länder.

2. Der große Kachelot. Le trés-grand cachalot (Physeter maximus). **)

Mit gekrümmten stumpfen Zähnen und einer falschen Flosse oder Finne auf dem Rücken. Er ist siebenzig bis achtzig Fuß lang und nach

---

*) Physeter trumpo. Bonnaterre, Encycl. Taf. der Wallfische. Taf. 8. Fig. 1.

**) Derselbe, ebendas. Taf. 7. Fig. 2.

Verhältniß sehr dick. Der Kopf macht etwa nur ein Drittel der ganzen länge aus. Er lebt nur in der Nordsee und nährt sich von Hayen und anderen großen Fischen.

III. Wallfische. Baleines. (Balaena).

Haben keine Zähne, dagegen aber dreyeckige Platten von einer faserigen Substanz, welche die Härte und Elasticität des Hornes besitzt; diese Platten, welche Barten (fanons) genannt werden, stecken senkrecht im Gaumen und sind gleichlaufend an einander gedrängt. An dem freyen Rande derselben sind die Fasern los, und dienen auf diese Art, die kleinen Thierchen aufzufangen und zurückzuhalten, wovon sich die Wallfische nähren. Diese Barten liefern das im Handel vorkommende Fischbein, (la baleine). Die Gestalt der Wallfische ist übrigens der der Kachelots ziemlich ähnlich, vorzüglich in Rücksicht der Größe des Kopfes und der ungeheuren Weite des Rachens. Die Spritzröhren derselben öffnen sich auf der Mitte des Kopfes.

1. Der Grönländische Wallfisch. La baleine franche. (Balaena mysticetus).

Ist das größeste von allen bekannten Thieren. Es wurden ehemals Wallfische von hundert und zwanzig Fuß länge gefangen, heut zu Tage aber sieht man sie höchstens bis achtzig Fuß lang. Der Kopf macht ein Drittel dieser Länge aus. Das Maul enthält fünf bis sechs hundert Barten. Das Thier wiegt über drey mahl hundert tausend Pfund. Die Europäischen Nationen schicken jährlich mehr als dreyhundert Schiffe nach der Nordsee auf den Wallfischfang aus, wobey das Oehl, welches aus dem Specke dieser Thiere erhalten wird, (der sogenannte Thran) den Hauptgegenstand ausmacht. Schon seit dem zwölften Jahrhundert ist man auf den Wallfischfang ausgegangen.

Das Thier hat keine Rückenflosse oder Finne. Die beyden Spritzlöcher sind sehr deutlich.

Dieses ungeheure Thier nährt sich nur von kleinen Seegewürmen, welche in der That in den Meeren, welche es bewohnt, in außerordentlicher Menge vorhanden sind.

2. Der Finn-Wallfisch. Le gibbar. (Balaena physalus).

Ist von gleicher Länge als der Grönländische, aber weniger dick; hat weniger Speck und kürzere knotige Barten. Er hat eine Rückenfinne.

IV. Narwal. Le narval. (Monodon).

Eine Wallfischart, welche an Statt aller Zähne nur zwey ganz gerade Hauer hat, die oft zehn bis zwölf Fuß lang sind und vom Ende des Oberkiefers gerade vorwärts gehen. Diese Zähne sind das, was man gewöhnlich Einhorn nannte (cornes de licorne). Ihre Substanz übertrifft an Härte das Elfenbein; an der Oberfläche sind sie mit spiralförmigen Furchen bezeichnet. Nur bey den jungen Narwalen findet man noch diese Zähne beyde: die Erwachsenen haben fast immer einen derselben verloren. Der Kopf dieses Thieres ist nach Verhältniß weniger dick und groß, als bey den beyden vorigen Geschlechtern. Der Narwal schwimmt außerordentlich geschwind und stößt seine Hauer zuweilen in den Kiel der Schiffe ein. Die Fischer erzählen, daß er der natürliche Feind der Wallfische sey, welche er, sobald er derselben ansichtig wird, angreifen soll.

Der innere Bau der Wallfischarten ist von dem der übrigen Säugethiere ziemlich verschieden. Ihr Kehlkopf erhebt sich pyramidenförmig in die hinteren Naselöcher. Die Spritzlöcher dienen, um das Wasser los zu werden, welches beym jedesmahligen Verschlingen ihrer Beute in den Rachen dringt; sie treiben dieß Wasser in die Naselöcher: es fließt in zwey häutige Säcke, welche nach oben liegen, und wird aus diesen vermöge der Zusammenziehung gewisser Muskeln, stoßweise hinausgetrieben. Dieser Durchgang des Wassers machte die Verrichtung des Geruchswerkzeuges in der Nasenhöhle selbst unmöglich; auch ist die innere Nasenhaut dünn und trocken, und der Geruchsnerve fehlt mehreren Wallfischgattungen. Eben so wenig scheinen die Wallfische eine Stimme zu besitzen. Ihr Magen besteht aus mehreren, der Gestalt und dem inneren Baue nach, verschiedenen Säcken: es giebt Wallfische, welche bis an fünf Säcke des Magens haben. Die Brüste, oder besser Säugewarzen der Weibchen liegen am Anfange des Schwanzes.

Elementarischer Entwurf der Naturgeschichte der Thiere.

Drittes Buch.

Von den Vögeln.

Erstes Kapitel.

Von dem Baue und der systematischen Eintheilung der Vögel.

§. 1.

Die Werkzeuge der Lebensverrichtungen bey den Vögeln haben viele Aehnlichkeit mit denen der Säugthiere. Ihr Herz besteht gleichfalls aus zwey Kammern und zwey Nebenkammern, und sie haben ein Schlagader- und Venensystem für die Lungen, welches demjenigen, das zur Ernährung des ganzen Körpers dient, gleichkommt; so daß also das Blut dieser Thiere gleichfalls einen doppelten Kreislauf macht. Die Lungen sind einfach, ungetheilt fest am Rückgrathe und an den Rippen befestiget, und nicht in eine Brusthaut oder Pleura gehüllt. Im Gegentheile sind dieselben mit Oeffnungen durchbohrt, welche der Luft verstatten, sich in alle Theile des Körpers, bis selbst in die Höhlen der Knochen, vorzüglich aber in die in der Brust und im Unterleibe befindlichen großen Säcke zu verbreiten, vermittelst deren die Vögel sich beträchtlich aufblähen können, wodurch der Flug erleichtert und auch der große Umfang der Stimme hervorgebracht wird, welchen wir an manchen Vögeln bewundern.

Die Ringe der Luftröhre sind vollkommen. Der Kehlkopf hat keinen Kehldeckel und eine knöcherne Stimmritze, welche sich nur erweitern und zusammenziehen kann. Die Ringe der Luftröhrenzweige hingegen sind an ihrer inneren Seite häutig, und die ersten dieser Ringe haben nach Verschiedenheit der Gattungen eine sehr besondere Bildung und verschiedene Muskeln; sie bilden den unteren Kehlkopf, welcher eben so viel, ja noch mehr zur Bildung der Modificationen der Stimme beyträgt, als der obere.

Die Vögel haben keinen Zwerchmuskel die Rippen derselben haben aber ungefähr in der Mitte ein Gelenk, welches durch seine Beugung und Ausstreckung die Brusthöhle erweitert und verenget.

§. 2.

Das ganze Knochengerüste der Vögel ist offenbar zum Fluge geeignet. Die Säule der Rückenwirbel ist unbeweglich; dahingegen ist der Hals sehr biegsam und lang. Der Kopf ist klein und vorn spitzig, um desto besser die Luft spalten zu können. Das Brustbein hat die Gestalt eines großen Schildes; in der Mitte desselben ist eine der Länge nach laufende hohe Leiste oder Platte, welche Aehnlichkeit mit einem Schiffskiele hat und den Flügelmuskeln einen größeren Raum der Ansetzung giebt. Der Flügel besteht aus Knochen, welche mit denen der Vorderfüße der Säugethiere übereinkommen. Zwischen den Schlüsselbeinen aber ist ein besonderer Knochen, welcher die Gestalt eines V hat und das Gabelbein (fourchette) (auch in Deutschland wohl die Brille) genannt wird; vermöge seiner Elasticität hält er die Schultern in der gehörigen Entfernung. Die Hand ist verlängert, und hat nur drey Finger, wenn man den Daumen mitzählt, welcher auch von außen sichtbar ist, und einige Federn trägt, welche unter dem Namen des Afterflügels begriffen sind (aile batarde). Andere viel größere Schwungfedern (pennes) liegen der Länge nach am Vorderarme (Vorderflügel) und der Hand, bis an das Ende des großen Fingers; man nennt die am Vorderflügel die Schwungfedern der zweyten Ordnung (pennes secondaires); sie sind der Anzahl nach verschieden; die übrigen heißen Schwungfedern der ersten Ordnung (p. primaires), es sind deren immer zehn. Der kleine Finger ist nur am Skelette sichtbar. Das Becken der Vögel bildet nach oben ein anderes großes Schild und schließt sich unten nicht *).

*) Bey dem Strauße ist doch eine wahre Schaambeinverbindung. W.

Das Steißbein, welches aus breiten platten Wirbeln besteht, trägt an seinem Ende die Steuer- oder Schwanzfedern, gewöhnlich zwölfe oder vierzehn, zuweilen auch achtzehn an der Zahl; sie dienen vermöge ihrer Ausbreitung den Vogel im Fluge zu stützen. Die Füße der Vögel bestehen in einem Oberschenkel und Unterschenkel oder Schienbeine, an dessen äußerem Rande eine Anlage von einem Wadenbeine ist. Das Fersen- und Sprungbein (überhaupt wohl die ganze Fußwurzel) werden durch einen einzigen langen Knochen ersetzt, welcher Tarsus (Fußwurzel) heißt, und unten in so viele Rollen sich endiget, als Zehen da sind. Diese letzteren sind gewöhnlich vier an der Zahl, drey nach vorn und eine nach hinten, welche der Daumen (die Hinterzehe) heißt. Bey den Thurmschwalben (martinets) sind alle vier Zehen vorwärts gerichtet. Bey den Klettervögeln stehen zwey Zehen nach vorn und zwey nach hinten; bey noch anderen stehen drey nach vorn, und hinten ist gar keine; der Strauß hat gar nur zwey Zehen. Bey den Schwimmvögeln sind diese Zehen durch Häute verbunden, bey anderen zum Theile ganz zusammengeheftet. Immer sind sie mit mehr oder weniger starken Nägeln oder Klauen versehen. Die Zahl ihrer Gelenke nimmt vom Daumen bis zur äußersten Zehe zu, jener hat nähmlich nur zwey, dieser hingegen fünfe.

§. 3.

Die Federn, welche den Körper der Vögel bedecken, bestehen wie die Schwungfedern aus einem am Grunde hohlen Stiele oder Kiele und aus der Fahne (barbe), welche wieder kleinere Fähnchen hat. Sie weichen in der Totalform und in der Stärke oder dem Gewebe der Fahnen sehr von einander ab. Das Gefühl kann an allen solchen Theilen, welche mit Federn bedeckt sind, nur schwach seyn, und da der Schnabel hörnern und unempfindlich ist, und die Zehen oben mit Schuppen, unten aber mit einer schwieligen Haut bedeckt sind, so muß der Sinn des Gefühles bey den Vögeln nur von geringer Wirksamkeit seyn*).

*) Enten- und Gänsearten machen in Rücksicht des Schnabels hierin wohl einen großen Unterschied, da derselbe nur meistens mit einer Haut bedeckt ist, unter welcher sehr starke Nerven liegen. W.

Auch der Geschmack kann bey diesen Thieren nur sehr unvollkommen seyn; denn ihre Zunge, welche inwendig durch einen Knochen gestützt wird, ist meistens mit einer sehr harten Haut bekleidet, und das ganze Maul ist fast schwielig.

Dahingegen sind ihre drey übrigen Sinne sehr scharf. Das Auge ist groß, mit denselben Theilen versehen, als bey den Säugethieren, und hat überdem noch eine Haut, welche vom Eintritte des Sehnerven gegen die Krystallinse hingeht, gefaltet und kammförmig (besser fächerförmig W.), von rautenförmiger Gestalt und dunkelschwarz gefärbt ist; man kennt den Nutzen derselben noch nicht. Der Augapfel ist vorn durch einen Kreis von Knochenstücken verstärkt. Außer den beyden gewöhnlichen Augenliedern haben die Vögel noch ein drittes halbdurchsichtiges (membrana nictitans), das Blinzhäutchen, welches das Auge vor zu stark einfallendem Lichte schützt.

Das Ohr der Vögel hat keine äußere Muschel; statt der mehreren Gehörknächelchen findet sich nur ein einziges, welches eine kleine Scheibe vorstellt, die an einem Stielchen sitzt, und das eyrunde Fenster zuschließt; die Schnecke wird durch ein Werkzeug ersetzt, welches zwey Vertiefungen (loges) hat, bloß kegelförmig ein wenig gebogen, aber nicht spiralförmig ist; die Paukenhöhle steht mit den Zellen in Verbindung, welche sich über den ganzen Schedel erstrecken.

Das Geruchswerkzeug liegt in der Wurzel des Schnabels. Die Nasenlöcher sind bald nackt, bald mit Federn oder mit einer kleinen Schuppe oder mit einem fleischigen Deckel bedeckt.

Das Hirn der Vögel ist nach Verhältniß ihres Körpers groß; es hat aber weder einen Hirnbalken, noch einen Bogen (fornix-voute), noch die Vierhügel.

§. 4.

Die Vögel haben weder Lippen noch Zähne; aber einen mit Horn bedeckten Schnabel, dessen beyde Kiefer beweglich sind, und dessen Gestalt nach der Art der Nahrung unendlich abweicht, welche jede Gattung zu sich nimmt.

Der Magen ist bey den meisten doppelt, nähmlich ein Kropf oder Vormagen (jabot) dessen innere Wände mit einer Menge von Drüsen versehen sind, deren Feuchtigkeit die Speisen anfeuchtet, und ein Muskelmagen (gésier), welcher von außen mit sehr dicken, starken Muskeln bekleidet, innen aber mit einer lederartigen gefurchten Haut besetzt ist; er wirkt auf die Nahrungsmittel mit einer mächtigen mechanischen Kraft. Die Vögel, welche nur von Fleisch oder von Fischen oder Würmern leben, haben nur einen häutigen Sack, welcher mit dem Magen der Säugethiere überein kommt. Die Gedärme sind mehr oder weniger lang. Gewöhnlich finden sich zwey neben einander gegenüberliegende Blinddärme. Die Leber theilt sich nur in zwey Lappen. Die Bauchspeicheldrüse (Pankreas) ist sehr lang und hat mehrere Ausführungsgänge, welche sich an deutlich verschiedenen Puncten in den Darm senken. Die Milz ist kugelförmig, liegt im Mittelpunkte des Gekröses und ist sehr klein. Gekrösedrüsen finden sich nicht. Die Harnleiter gehen gerade zum After, da keine Harnblase vorhanden ist.

§. 5.

Die Hoden der Männchen liegen innerlich über den Nieren; an eben dieser Stelle finden sich bey den Weibchen die Eyerstöcke. Die

Eyer entwickeln sich hier bis auf einen gewissen Punct; dann steigen sie durch einen langen gewundenen Canal, den sogenannten Eingang (oviductus) hinab, in dessen oberem Theile sie mit dem Eyweißen umgeben werden. Die äußere Schale derselben bildet sich erst im unteren Theile dieses Ganges. Nachdem die Eyer gelegt worden sind, müssen sie eine gewisse Zeitlang bebrütet werden. Die sanfte Wärme bey dieser Bebrütung entwickelt den Embryo, welcher durch Aufsaugung des Gelben, vermittelst der venosen Nabelgefäße ernährt wird, und am Ende das Ey vermittelst eines kleinen Höckers an der Spitze des Schnabels zerbricht, welcher wenige Tage nach der Geburt abfällt.

Die Kunst, mit welcher die Vögel ihre Nester bauen, und die Sorgfalt, mit welcher sie ihre Kleinen erziehen, bis sie selbst im Stande sind zu fliegen, ist jedermann bekannt.

§. 6.

Die Vögel sind schwer zu charakterisiren, weil ihr Gefieder nach Verhältniß des Alters und Geschlechtes so große Verschiedenheiten zeigt. Eben so schwierig ist es, dieselben in hinlänglich genau bestimmte Ordnungen und Geschlechter abzutheilen, weil ihre Gestalten durch sehr allmählige Abstufungen in einander übergehen; doch lassen sich wohl gewisse Familien festsetzen, nähmlich:

1) Schwimmvögel: deren Zehen durch Häute vereiniget oder in Gestalt von Rudern ausgebreitet und abgeplattet sind; sie bringen ihre Lebenszeit meist auf dem Wasser zu.

2) Sumpfvögel, welche hohe Tarsen (Fußwurzeln) und unten nackte Beine haben; ihre beyden äußeren Zehen sind an der Wurzel durch eine Haut vereiniget; sie schwimmen nicht, gehen aber in Gewässer und Sümpfe, um zu fischen.

3) Raubvögel, mit hakenförmig gebogenem Schnabel, dessen spitziges scharfes Ende nach unten gewandt ist: sie haben kurze Füße und mit sehr starken Klauen bewaffnete Zehen.

4) Hühnerartige Vögel, welche schwerfällig sind, einen oberhalb convexen Schnabel und einen gleichsam gewölbten Oberkiefer haben. Die Zehen sind nur an der Wurzel durch eine kurze Haut verbunden;

diese Vögel können nur wenig fliegen und leben vorzüglich von Körnern.

5) Klettervögel, deren Füße zwey nach vorn und zwey nach hinten stehende Zehen haben; sie klettern langsam an Baumstämmen hinauf, um entweder die Baumfrüchte oder Insecten aufzusuchen.

6) Nach der Abtheilung dieser fünf Familien sind uns noch viele Vögel übrig, welche drey nach vorn stehende und eine nach hinten gewandte Zehe haben, deren äußere Zehen nur an dem ersten Gliede, zuweilen aber auch der ganzen Länge nach verbunden sind. Obgleich ihre Gestalt, vorzüglich im Schnabel sehr verschieden ist, so lassen sich doch zwischen denselben durchaus keine sehr bestimmte Gränzen festsetzen, woher wir sie denn auch sämmtlich unter einer einzigen Ordnung aufstellen werden; doch sollen sie, so viel als möglich, unter gewisse Unterabtheilungen gebracht werden; dieses sind nahmentlich unsere sperlingsartigen Vögel.

Zweytes Kapitel.

Von den Raubvögeln. (Accipitres Linn.)

Linné theilt dieselben in drey Geschlechter:

I. Geyer. Vultur.

Diese haben einen geraden, nur am Ende gebogenen Schnabel; wenig gekrümmte Klauen; den Kopf und einen Theil des Halses von Federn entblößt; der nackte Theil des Halses zieht sich in eine Art von Kragen zurück, welcher unten am Halse von längeren Federn gebildet wird. Diese Vögel leben von dem stinkendsten Aase, und werden deswegen von den

Bewohnern der heißen Länder sehr geachtet, weil sie die Verderbniß der Luft hindern. Sie halten sich in den steilsten Felsen auf. Man kennt noch nicht alle Gattungen genau genug.

1. Der rothgelbe Geyer. Le vautour fauve. (V. fulvus.)

Oben und unten röthlichgrau; am Halse mit weißlichem Pflaum bekleidet; die Schwungfedern und Steuerfedern braun: Schnabel und Füße bleyfarben. Es ist ein schmutziger, ekelhafter Vogel, welcher sich nur auf unseren höchsten Gebirgen und auch da noch ziemlich selten findet.

2. Der gemeine oder große Geyer. Le vautour brun. (V. cinereus.)

Schwärzlichbraun. Der Kragen steigt schräg wie eine Kappe bis zum Hinterhaupte hinauf. Hinten auf dem Kopfe ist ein kleiner Federbusch.

3. Der Aasgeyer. Le petit vautour. (V. percnopterus.)

Bey dem Männchen ist das ganze Gefieder weiß, die Schwungfedern ausgenommen, welche schwarz sind. Was bey dem Männchen weiß ist, hat das Weibchen braun. Nur der Scheitel, die Backen, die Kehle und ein Fleck auf der Brust ist nackt. Er thut den Aegyptiern die größten Dienste, da er das Aas verzehrt, welches bey dem Zurücktreten des Nils liegen bleibt.

Unter den ausländischen Gattungen bemerken wir noch:

4. Der Geyerkönig. Roi des vautours. (V. papa.)

Er unterscheidet sich durch die Runzeln am nackten Theile seines Kopfes, und durch eine große Beule auf der Wurzel des Schnabels. Die Haut derselben ist hochroth und blau gefärbt. Das Gefieder spielt aus dem fahlgrauen ins schwarze. Er ist nur in Amerika zu Hause, wo er viele Amphibien zerstört.

5. Der Kondor. Le condor. (V. gryphus.)

Diese Geyergattung findet sich vorzüglich in den Gebirgen von Peru, und ist von jeher wegen ihrer ungeheuren Größe berühmt gewesen, da dieser Vogel, wie man sagt, funfzehn bis achtzehn Fuß mit ausgebreiteten Flügeln mißt;

mit leichter Mühe Schafe fortführt und selbst Hirsche und Ochsen angreift; er ist aber noch nicht genau genug beschrieben. Einige sagen, er habe braunes Gefieder, und einen mit Pflaum bedeckten Kopf, andere, ein schwarz und weißes Gefieder und einen fleischigen Kamm auf der Stirn.

Die Griffons. Griffons. (Gypaetos Storr),

welche Linné zu den Geyern und Gmelin zu den Falken zählt, könnten ein von beyden verschiedenes Geschlecht ausmachen. Ihr Kopf ist befiedert, der Schnabel verlängert, gerade, am Ende hakenförmig und aufgetrieben; die Naselöcher sind mit steifen vorwärts gerichteten Haaren besetzt, ein Pinsel von eben solchen Borsten, bildet unter dem Schnabel einen Bart; der Mittelfuß ist sehr kurz und befiedert; Zehen und Klauen von mittelmäßiger Länge. Es ist ein sehr großer Vogel mit weit umfassenden Flügeln.

5. Der Lämmergeyer, Bartgeyer. Vautour des agneaux. (V. barbatus).

Der größte Europäische Raubvogel, welcher selbst den Fischadler oder Beinbrecher und den Steinadler übertrifft. Er hält sich in den höchsten Alpen auf, raubt Schafe, Kinder, und fällt selbst Erwachsene an. Kopf, Hals und Untertheil des Körpers sind röthlich oder gräulichweiß; der Augenkreis und ein Kreis rund um den Kopf schwarz, der Rücken und die Flügel schwärzlich mit einem weißen Streif auf jeder Feder; die Füße blau.

II. Falken. Faucons. (Falco).

Diese Benennung begreift alle Tagraubvögel, deren Kopf befiedert und deren Schnabelwurzel mit der weichen sogenannten Wachshaut bedeckt ist, in welcher sich die Nasenlöcher befinden. Die Zehen sind nackt, mit sehr gebogenen Klauen bewaffnet; die beyden äußeren sind an der Wurzel durch eine kurze Haut verbunden. Der oben platte Kopf, und die großen unter einer vorragenden Augenbraune versteckten Augen geben ihnen ein besonderes Ansehen. Die meisten Gattungen nähren sich von lebendigem Raube, welcher nach Verhältniß ihrer Kräfte mehr oder weniger beträchtlich ist. Die Männchen führen den Nahmen Tiercelets, weil sie um ein Drittel kleiner sind, als die Weibchen. Dieses Geschlecht begreift zwey große Abtheilungen, deren erste mehrere kleine Zünfte enthält.

A. Unedele Raubvögel: das heißt solche, die nicht zur Falknerey gebraucht werden können. Die erste Schwungfeder ist sehr kurz, die vierte ist gewöhnlich die längste von allen, so daß bey ausgestrecktem Flügel die Spitze desselben abgestutzt erscheint; der Schnabel ist an der Seite ohne Zahn.

a) Adler: mit starkem, geraden, nur am Ende gebogenen Schnabel. Diese Unterabtheilung begreift:

I. Die eigentlichen Adler.

Mit sehr langen Flügeln, kurzen dicken Mittelfüßen, welche bis zu den Zehen befiedert sind. Dieß sind die von jeher wegen ihrer Tapferkeit und ihres mächtigen Fluges berühmten Vögel.

1. Der Gold- oder Steinadler. Le grand aigle. (Falco chrysaëtos).

Schwärzlichbraun: oben am Kopfe und Halse lichte fahlgrau. Der Schwanz schwarz, schwärzlich leicht aschgrau gestreift; er ist sieben Fuß mit ausgespannten Flügeln breit. Hält sich in den Alpen auf u. s. w.

2. Der gemeine oder Ringelschwanz-Adler. L'aigle commun. (Falco fulvus).

Braun; oben am Kopfe und Halse lichte fahlgrau; der Schwanz weiß, am unteren Drittel schwarz; die Schwungfedern an der inneren Seite ihrer Wurzel weiß. Sechs Fuß mit ausgebreiteten Flügeln. Er findet sich in der ganzen alten Welt.

II. Die Fischadler.

Mit sehr langen Flügeln, dicken und kurzen Fußwurzeln (Tarses), welche bis auf die Mitte hinab befiedert sind.

3. Der Fischadler, Beinbrecher. L'orfraie, ou grand aigle de mer. (Falco ossifragus).

Hellbraun; mit einem dunkelbraunen Flecke auf jeder Feder; die Schwungfedern schwärzlich; von der Größe des Steinadlers. Hält sich am Meerufer auf und lebt vorzüglich von Fischen.

4. Der Entenstößer, Moosweih. Le balbusard. (Falco haliaetus).

Hals, Kopf und Untertheil des Körpers weißlich; Rücken, Flügel und ein Streif an jeder Seite des Halses dunkelbraun; die Füße bald blau, bald gelb. Er ist viel kleiner als die vorhergehenden und fischt in süßen Wassern. Findet sich an den Ufern der Teiche u. s. w.

5. Der weißschwänzige Adler, Fischadler, aschgraue Adler. Le pygargue, ou aigle à queue blanche. (Falco albicilla).

Das Gefieder braun mit grau gemischt, auf dem Kopfe blasser; der ganze Schwanz hellweiß; Schnabel und Füße blaßgelb. Von der Größe des Beinbrechers. Hält sich in den nördlichen Tannenwaldungen auf; greift Schweine und Schafe an, und raubt dem Entenstößer oft die Fische wieder, welche sich derselbe gefangen hat.

III. Die Kleinadler. (Aiglons).

Mit kurzen Flügeln, und hohen Fußwurzeln, welche bis an die Zehen befiedert sind.

IV. Die Habichtadler. Les aigles-autours).

Mit kurzen Flügeln; hohen und nackten Fußwurzeln. Diese beyden Zünfte bestehen aus lauter ausländischen Gattungen.

b) Habichte und Sperber, (autours et éperviers): Mit gleich von der Wurzel an gekrümmtem Schnabel und hohen Fußwurzeln; die Flügel weit kürzer als der Schwanz.

6. Der Stockfalke. Habicht. L'autour ordinaire. (Falco palumbarius).

Oben schwärzlichbraun, unten weiß, in die Quere braungestreift; Augenbraunen weiß;

Wachshaut braun. In der Jugend sind die Flecken am Bauche länglich. Dieser Vogel ist anderthalb bis zwey Fuß lang. Er thut den Hühner- und Taubenhöfen großen Schaden und wird auch zur Beize gebraucht.

7. Der Sperber, Vogelfalke. L'épervier. (Falco nisus).

Ist dem Taubenfalken in Rücksicht der Farbe ähnlich, aber weit kleiner. In der Jugend hat die Brust an Statt der braunen Streifen röthliche Flecken, auch ist der Rücken mit röthlich gemengt.

c) Weihen (buses): mit dickem von der Wurzel an gekrümmten Schnabel und sehr langen Flügeln. Man theilt sie wieder in:

I. Eigentliche Weihen: mit dicken kurzen Fußwurzeln.

8. Der Bußard. La buse. (Falco buteo).

Oben dunkelbraun, unten weißlich mit braunen querliegenden Flecken; die Brust fast ganz braun; die Schenkel braun und röthlich gestreift. Man findet einige dieser Vögel mehr oder weniger mit weiß gemischt, andere, bey welchen die Fußwurzeln bis an die Zehen mit Federn bedeckt sind. *) Sie halten sich in flachen fruchtbaren Gegenden auf, fallen nur schwache Vögel an und thun unseren Hühnerhöfen vielen Schaden.

II. **Halbweihen** (Busards), mit hohen dünnen Fußwurzeln. Sie halten sich am liebsten an sumpfigen Oertern auf.

9. **Die Halbweihe, kleine Weihe, der Ringelfalke.** La sous buse. (Falco pygargus).

Oben braun, unten der länge nach braun und bräunlich gelb gefleckt; der Steiß weiß mit einem Halsbande von gelben und braunen Flecken.

10. **Der blaue Habicht. Hühnerdieb.** L'oiseau St. Martin. (Falco cyaneus).

Einförmig aschgrau; Bauch, Schenkel und Steiß weiß; Schwungfedern schwarz.

---

*) Sollte hier wohl nicht ein Irrthum Statt finden? W.

11. Der Sumpfbußard, die Rostweihe. Le busard. (Falco aeruginosus).

Braun; Kopf, Backen und Brust gelblich. Er bauet sein Nest in Sümpfe, und ist eben so gierig auf Fische wie auf Wild; er macht grausame Jagd auf die Kaninchen.

d) Milanen (milans): mit wenig verlängertem, gebogenen und sehr dünnen Schnabel; mit kurzen dünnen Beinen. Sie sind wegen ihrer schwachen Waffen die am wenigsten beherzten Raubvögel.

12. Der Gabelgeyer, Gabelweihe. Le milan royal. (Falco milous).

Bräunlichgelb und braun, mit weißem Kopfe und röthlichem gespaltenen Schwanze. Dieß ist ein großer Vogel, welcher wegen der Leichtigkeit seines Fluges und des Vermögens, sich in der Luft auf einer Stelle zu halten, merkwürdig ist. Er greift kaum andere als kriechende Thiere an.

B. Edele Raubvögel, welche zur Beize gebraucht werden, weil sie sehr muthig, sehr gelehrig und schnell im Fluge sind. Die erste Schwungfeder derselben ist beynahe eben so lang als die zweyte, welche die längste von allen ist. Der Schnabel ist von der Wurzel an gekrümmt. Der Oberschnabel hat fast bey allen Gattungen an jeder Seite einen starken Zahn.

13. Der gemeine Falk, Wanderfalk. Le faucon. (Falco communis).

Die gebräuchlichste Gattung, von welchem auch der Nahme der Jagd hergenommen ist, wobey dieser Vogel gebraucht wird, (Falkneren, fauconnerie). Er wohnt in ganz Europa und nistet auf den steilsten Felsen. Seine beständigen Kennzeichen sind: die Größe, ungefähr wie das Huhn; am Schnabel ein starker Zahn, wodurch er sich vom Geyerfalken unterscheidet, und auf den Backen ein großer brauner Fleck. In der frühen Jugend ist er oben braun und röthlich gefleckt, unten weißlich mit länglichen braunen Flecken. Mit zunehmendem Alter wird er oben schwärzlich aschgrau und braungestreift, unten weiß mit braunen Querflecken, welche immer kleiner und seltener werden. Die Füße sind gelb oder grün: diese letztere Art ist am meisten geschätzt.

14. Der weiße Geyerfalke. Le gerfaut. (Falco candicans).

Uebertrifft den Wanderfalken sehr an Größe und Stärke. Dieß ist der theuerste und am meisten geschätzte Jagdfalke. Er bewohnt nur die nördlichen länder. Er hat fast gar keinen Zahn am Schnabel, der Schwanz ist nach Verhältniß des Körpers sehr lang, die Fußwurzeln sind sehr kurz. Die am meisten braunen sind am Obertheile des Körpers schwärzlichbraun, mit einigen hellbraunen Puncten und gleichlaufenden Streifen; unten weißlich schwärzlich gefleckt und an den Schenkeln gestreift. Die übrigen sind durch das mehr oder weniger Weiß in der Mischung ihres Gefieders unendlich verschieden nnd es giebt fast ganz weiße. Die Füße wechseln vom Gelben bis zum Blauen ab.

15. Der Baumfalk. Le hobereau. (Falco subbuteo).

Braun, mit weißen Augenbraunen; der Untertheil des Körpers weiß mit braunen Flekken; Schenkel und Bauch mehr oder weniger hoch und einförmig röthlich; Füße gelb. Nur halb so groß als der Wanderfalke, welchem er sehr ähnlich ist. Er macht vorzüglich Jagd auf Lerchen.

16. Der Thurmfalke. La cresserelle. (Falco tinunculus).

Oben röthlich mit kleinen schwarzen Flekken; unten weiß, mit langen braunen Flecken; der Kopf des Männchens aschgrau. Dieß ist der gemeinste unter den Raubvögeln. Er greift kleine Vögel, Mäuse u. s. w. an.

17. Der kleine Falk. Das Schmierlein. L'émérillon. (Falco aesalon).

Dieses ist der allerkleinste von unseren Raubvögeln, nähmlich nicht viel größer als ein Kramtsvogel. Doch ist er muthig und gelehrig, so daß man ihn mit Vortheil zur Wachtel- und Lerchenjagd gebraucht. Er ist braun, oben röthlich gefleckt; unten weiß mit länglichen braunen Flecken; Wachshaut und Füße gelb.

III. Eulen. Chouettes. (Strix).

Diesen Nahmen hat man auf alle nächtlichen Raubvögel ausgedehnt. Sie haben einen der ganzen Länge nach gekrümmten Schnabel, einen dicken senkrecht von vorn nach hinten zusammengedrückten oder platten Kopf; große runde Augen, welche beyde nach vorn gerichtet und mit einem Kreise von feinen steifen Federn umgeben sind, welches ihnen ein sehr sonderbares Ansehen giebt. Dieser Kreis bedeckt die ungeheure Höhle des Ohres, welche jede Seite des Kopfes ganz einnimmt. Ihre Füße sind mit kleinen Federn bedeckt, welche sich selbst auf die Zehen erstrecken; die äußere Zehe kann nach Willkühr vor- und rückwärts gebogen werden. Ein zu helles Licht ist ihnen empfindlich, und wenn man sie dem Tageslichte aussetzt, so bleiben sie unbeweglich an einer Stelle sitzen und machen lächerliche Gesticulationen und Verdrehungen: alle übrigen Vögel kommen schaarenweise, um ihrer zu spotten; man bedient sich derselben sogar, um die kleinen Vögel bey der Lockpfeife zu fangen, oder nimmt auch nur das Bild einer Eule dazu. Ihre Federn sind so weich, daß sie beym Fliegen gar kein Geräusch machen. Man theilt sie in

a) Oh-

a) Ohreulen: welche oben auf dem Kopfe zwey Federbüsche haben.

1. Der Uhu, Schubut. Le grand duc. (Strix bubo).

Von der Größe eines Puterhahns; röthlichbraun, mit länglichen schwarzen Streifen, welche von anderen kleineren quer durchschnitten werden. Nistet in Felsen und macht Jagd auf Hasen, Kaninchen u. s. w. Sein Geschrey ist sehr stark: huhu.

2. Die langöhrige Eule, mittlere Ohreule. Le hibou ou moyen duc. (Strix otus).

Gelblich, oben grau und schwärzlich gezeichnet; die Schwungfedern aschgrau punctirt; die Federbüsche aus sechs schwarz und gelben langen Federn bestehend. Findet sich fast überall, nistet auf Bäumen, bemächtiget sich fremder Nester, legt vier Eyer; ist von der Größe einer Krähe. Macht ein klägliches Geschrey: Kul, klu.

3. Die kleine Ohreule. Le scops, ou petit duc. (Strix scops).

Graubraun und schwärzlich gezeichnet; Füße schwärzlich gefleckt; Federbusch aus einer einzigen Feder bestehend; von der Größe einer Drossel. Macht Jagd auf die Feldmäuse.

b) Eigentliche Eulen: ohne Federbusch auf dem Kopfe.

4. Die Nachteule, gemeine Eule. La hulotte. (Strix aluco).

Funfzehn Zoll lang; Augenstern (iris) braun; Rücken dunkelbraun, schwärzlich und weißlich gefleckt; Untertheil des Körpers weißlich, mit braunen länge- und Querstreifen. Hält sich in hohlen Bäumen auf; macht Jagd auf Feldmäuse und kleine Vögel; schreyt wie der Uhu.

5. Die hellbraune Eule, Brandeule, der Milchsauger. Le chat-huant. (Strix stridula).

Von der länge eines Fußes, röthlichbraun, dunkelbraun gestreift und punctirt; Augenstern bläulich. lebt in Holzungen, in hohlen Bäumen, und schreyt laut: koho, koho!

6. Die Kircheule, Schleyereule. L'effraie. (Strix flammea).

Fußlang; mit weißlichem Schnabel; der Rücken aschgrau und röthlich gemischt, mit kleinen schwarzen Flecken und in jedem derselben einen weißen Punct; Bauch gelblich, zuweilen braun gefleckt; Augenstern goldgelb. Nistet auf Glockenthürmen, anderen Thürmen und hohen Gebäuden; macht ein gellendes Geschrey: Grey grey, oder zischt: sche scheu. Dieß ist unter allen Eulen die schönste.

7. Die Steineule, der Steinkauz. La chouette, ou grande chevèche. (Stix ulula).

Ueber einen Fuß lang; der Schnabel braun, das Gefieder gelblich, mit braun und weiß in langen Flecken gemischt. Nistet auf Felsen und alten Mauern.

8. Das Käuzchen, die Zwergeule, das Leichenhuhn. La chevèche, ou petite chouette. (Strix passerina).

Von der Größe einer Amsel; braun, mit großen weißlichen runden Flecken auf der Brust und den Flügeln; der Augenstern blaßgelb. Hält sich in Gemäuern auf; schreyt: pu, pu oder haime-haime.

Drittes Kapitel.

Von den sperlingsartigen Vögeln (Passeres und ein Theil der Picae des Linne).

Unter dieser Benennung begreifen wir nicht allein alle kleinen Sing- und anderen Vögel, sondern auch alle die, welche nur eine Zehe nach hinten, keine gebogene hakenförmige Klauen und zwischen den Vorderzehen keine Haut haben. Bey den meisten sind die beyden äußersten Zehen bis zum ersten Gelenke, und bey mehreren sogar bis zum Ende zusammenverwachsen. Diese Vögel haben sehr verschiedene Gestalten und Sitten, woher wir denn auch Gelegenheit nehmen, dieselben in mehrere Zünfte, (tribus) abzutheilen.

A. Mit einem Schnabel dessen Obertheil gegen das Ende hin ausgeschnitten ist.

I. Würger. Pies-grièches. Lanius.

Haben einen von den Seiten zusammengedrückten Schnabel, dessen Obertheil gegen das Ende hin gebogen und an jeder Seite mit einem kleinen Zahne versehen ist. Dieß sind grausame Vögel, welche kleine Vögel und große Insecten verfolgen, und von verschiedenen unter die Raubvögel gezählt sind, obgleich sie weder das Ansehen noch die Klauen derselben haben. Sie streiten oft gegen Vögel, welche viel größer sind als sie selbst, und wissen sich selbst den Raubvögeln furchtbar zu machen.

1. Der Würger, Bergälster. La pie-grièche grise. (Lanius excubitor).

Oben bläulich aschgrau, unten weiß, mit einem schwarzen Streifen über dem Auge; die Schwungfedern schwarz mit weißen Flecken. Nistet auf den höchsten Bäumen, fliegt scharenweise im Zickzack und sehr schnell.

2. Der Neuntödter. L'écorcheur. (Lanius colluris.)

Kopf und Hals aschgrau; Rücken bräunlichgelb; Flügel schwarz und braungelb, mit einem schwarzen Streifen durch das Auge; Schwanz schwarz. Der Untertheil des Körpers weißlich. Nistet in Bäumen und Stauden. Wenn er mehrere Vögel gefangen hat, so spießt er sie in den Dornen fest, um sie im Nothfalle wieder zu finden.

II. Fliegenfänger. Gobe-mouches. (Muscicapa.)

Mit wagerecht plattgedrücktem, spitzigen, am Obertheile gegen die Spitze hin ausgeschnittenen Schnabel, welcher an der Wurzel mit einigen steifen borstenartigen Haaren versehen ist. Sie leben von Insecten.

Sie lassen sich in drey Zünfte abtheilen, nähmlich:

a) Tyrannen (Tirans): mit verlängertem sehr starken Schnabel, dessen Obertheil auf der Rückenfläche gerundet ist. Sie gleichen an Stärke den Würgern und sind aus Amerika.

b) Fliegenschnäpper (moucherolles): mit ganz plattgedrücktem, von einer Seite zur anderen sehr breiten und von oben nach unten sehr dünnen Schnabel. Die warmen Länder erzeugen eine große Menge Gattungen derselben, welche oft sehr angenehme Farben haben.

c) Eigentliche Fliegenfänger (Gobe-mouches proprement dits): mit kurzem weniger platten Schnabel, dessen Oberkiefer oder Obertheil einen dreyeckigen Durchschnitt hat. Nur von dieser Zunft giebt es bey uns einige Gattungen.

1. Der gestreifte Fliegenfänger, Hausschmätzer. Le gobe-mouche ordinaire. (Muscicapa grisola.)

Oben braun, unten weißlich; die Brust mit wellenförmiger blaßbrauner Zeichnung, die Schwungfedern mit weißen Rändern. Zu uns kommt er nur im Sommer, wie alle die Vögel, die sich von Insecten nähren; nistet in Moos auf Gesträuchen, und legt vier bis fünf röthlich gefleckte Eyer.

2. Der Fliegenschnäpper, schwarzrückige Fliegenfänger. Le gobe-mouche à collier. (Muscicapa atricapilla.)

Oben schwarz, unten weiß; vor dem Auge ein weißer Punct, an den Seiten des Halses ein Halsband; auf den Flügeln ein großer Fleck, und die Seitensteuerfedern des Schwanzes, alles von weißer Farbe. So ist sein Gefieder im Sommer: die übrige Zeit ist er mehr grau. Er nistet in Baumlöchern.

III. Drosseln. Merles (Turdus.)

Haben einen von den Seiten zusammengedrückten Schnabel, welcher leicht gebogen ist und am Obertheile nahe an der Spitze einen kleinen Ausschnitt hat.

Diejenigen Gattungen, welche ein geflecktes oder gesprenkeltes (grivelé) Gefieder haben, werden Krammetsvögel (grives) genannt. Es sind melancholische, einsame Vögel, welche einen angenehmen Gesang haben; leben von Insecten und Früchten, vorzüglich von Beeren, als Mistelbeeren (gui), Wachholderbeeren, Weinbeeren u. s. w. Sie kommen gegen den Herbst bey uns an und bringen den Winter in südlichen Gegenden zu. Sie sind sehr schmackhaft zu essen. Die Alten zogen sie zu dieser Absicht auf.

1. Die Sang- oder Weindrossel. La grive proprement dite. (Turdus musicus.)

Oben branu, auf den Flügeln gelb gefleckt; unten gelblich mit runden schwarzen Flecken; der Untertheil der Flügel gelb.

2. Die Misteldrossel, Schnarre. Le drenne. (Turdus viscivorus.)

Oben braun, unten weißlich mit schwarzen Flecken. Sie säet die Mistelkörner aus, indem sie dieselben ganz wieder von sich giebt, nachdem die Beeren verdauet sind.

3. Die Zipdrossel, Rothdrossel. Le mauvis. (Turdus iliacus.)

Oben braun, unten weißlich, die Brust hellbraun und gelb gezeichnet; über dem Auge und unter dem Auge einen weißen Streifen; Flügel oberhalb röthlich.

Für die Gattungen, welche ein in großen Massen gefärbtes Gefieder haben, ist der Nahme Drosseln (merles) gewählt.

4. Die Schwarzdrossel, Amsel. Le merle ordinaire. (Turdus merula.)

Das Männchen ist einfärbig dunkelschwarz, mit goldgelbem Schnabel; das Weibchen ist dunkelbraun; die Brust dunkelröthlich, braun gefleckt; der Schnabel ist braun. Dieser Vogel ist sehr gemein; er wandert nicht aus, wird leicht zahm und lernt Melodien auswendig; ja er kann selbst die menschliche Stimme nachahmen.

Unter den ausländischen Gattungen dieses Geschlechtes, welche außerordentlich zahlreich sind, ist vorzüglich zu bemerken:

5. Die Amerikanische Nachtigall, Sinsonte. Le moqueur. (Turdus polyglottus.)

Dieser Amerikanische Vogel ist schon längst wegen der Leichtigkeit berühmt, mit welcher er den Gesang aller übrigen Vögel nachahmt; so sehr, daß ihn die Wilden den hundertzüngigen Vogel genannt haben. Sein eigener Gesang ist selbst sehr angenehm, und übertrifft den Nachrichten der Reisebeschreiber zu Folge den Gesang der Nachtigall. Dieser Vogel hat die Größe der Zipdrossel; ist oben bräunlichgrau, mit dunkleren Flügeln und Schwanze; unten weißlich und auf der Brust leicht gesprenkelt; quer über die Flügel geht ein weißer Streif, und der Schwanz hat eine weiße Einfassung.

In Amerika findet sich eine kleine Gattung von Vögeln, welche Ameisenvögel genannt werden (fourmiliers), welche einen längeren, geraderen Schnabel, längere Fußwurzeln und nach Verhältniß weit kürzeren Schwanz und Flügel haben, als die Drosseln; sie halten zwischen den Drosseln und Würgern das Mittel, setzen sich nicht auf Bäume und leben von Ameisen und Termiten, welche bekanntlich in diesem Lande außerordentlich häufig sind. Ihre Farbe ist gewöhnlich braun; die Stimme oft außerordentlich: in einigen Gattungen hat sie Aehnlichkeit mit dem Klange einer Glocke u. s. w.

Auch Indien besitzt Vögel, welche den Drosseln in Rücksicht des Schnabels, der langen Beine, der kurzen Flügel und des kurzen Schwanzes nahe verwandt sind. Sie werden Kurzschwänze (brèves) genannt. Ihre Farben sind schöner, als die der Ameisenvögel. Ihre Lebensart und Sitten sind noch unbekannt.

VI. Seidenschwänze. Cotingas. (Ampelis.)

Ihr Schnabel ist an der Wurzel wagrecht platt gedrückt: der Oberschnabel an der Spitze leicht ausgeschnitten. Diese Vögel kommen von Amerika, ihr Gefieder prangt mit den schönsten Farben. Sie halten sich an sumpfigen Oertern auf und leben von Insecten. Doch sagt man, daß sie auch in den Reißpflanzungen Verwüstung anrichten.

1. Das Blauband. Le cordon bleu. (Ampelis cotinga.)

Von glänzend himmelblauer Farbe, Kehle und Brust veilchenblau, mit einem Gürtel oder Bande von eben der himmelblauen Farbe und einigen morgenrothen Flecken. Das Weibchen hat weder den Gürtel noch die Flecken.

2. Der rothe Seidenschwanz. L'ousette. (Ampelis carnifex.)

Unten hochroth, oben kastanienbraun; über dem Auge einen schwarzen Streif, Flügel- und Schwanzspitze schwarz.

3. Der Pompadur. Le pompadour. (Ampelis pompadora.)

Hoch purpurroth, mit weißen an der Spitze braungefärbten Schwungfedern: die Deckfedern lang, gekrümmt, am Ende des Kieles ohne Bart.

In Europa findet sich ein den Seidenschwänzen sehr nahe verwandter Vogel, nähmlich:

4. Der Europäische gemeine Seidenschwanz. Le jaseur. (Ampelis garrulus.)

Röthlichbraun, mit einer eben so gefärbten Haube auf dem Kopfe: die Kehle, ein Streif über dem Auge und die Schwungfedern schwarz: über dem Flügel ein weißer und am Ende des Schwanzes ein gelber Streif. Sein merkwürdigstes Kennzeichen besteht darin, daß die Deckfedern der Flügel am Ende des Kieles eine breite rundliche Scheibe ohne Fahne oder Bart haben, welche schön feuerfarben (und von hornartiger Beschaffenheit W.) ist. Es scheint, als wenn er die nördlichen Länder bewohnte: zu uns (nach Frankreich nähmlich) kommt er selten und in ziemlich entfernten Zeiträumen. Das Volk glaubt, daß er von unglücklicher Vorbedeutung sey.

V. Merlen oder Tanagras. Tangara. (Tanagra.)

Auch diese Vögel kommen aus Amerika, haben einen kegelförmigen, an der Wurzel runden und an seinem Obertheile ausgeschnittenen, oben schwach convexen Schnabel. Sie haben das äußere Ansehen, den kurzen Flug und die ganzen Sitten unserer Sperlinge. Verschiedene Gattungen derselben sind wegen der herrlichsten Farben merkwürdig. Eine der schönsten ist:

1. Die Paradies-Merle. Le septicolor. (Tanagra talao.)

Oben schwarz, unten meergrün, an Kopf und Schultern smaragdgrün, an der Kehle veilchenblau, auf dem Rücken roth, am Steiße gelb, auf dem Schwanze dunkelgrau. Kommt im Monath September in Scharen nach Cayenne.

B. Mit geradem, starken, zusammengedrückten Schnabel ohne Ausschnitt.

VI. Atzeln. Merles chauves. (Gracula.)

Haben einen zusammengedrückten, leicht gebogenen, an der Wurzel nackten Schnabel; der Kopf hat mehr oder weniger beträchtliche Stellen, welche von Federn entblößt sind. Diese Vögel wohnen in den heißen Ländern, und nähren sich von Insecten und Früchten.

1. Der Martin. Le martin. (Gracula gryllivora.)

Kastanienbraun, mit gelbem Schnabel und Füßen; mit einem nackten Flecke rings um das Auge; an der Schulter und am Ende des Schwanzes ein weißer Fleck. Zerstört sehr viele Insecten; stammt aus Indien. Man hat ihn auf der Insel Bourbon eingeführt, um die Heuschrecken auszurotten.

2. Der Mino. Le mainate. (Gracula religiosa.)

Bläulichschwarz; mit einem nackten gelben Streif um das Hinterhaupt; auf dem Kopfe zwey fleischige, hornförmige Hervorragungen. Schnabel und Füße gelb. Findet sich in Indien; lebt von Früchten; hat viel Talent die menschtiche Stimme nachzuahmen, in welchem Betrachte er den Papagey noch übertrifft.

VII. Krähen. Corbeaux. (Corvus.)

Ziemlich große Vögel, mit geradem, dikken, starken, an den Seiten zusammengedrückten Schnabel, dessen Oberkiefer schwach convex ist; die Nasenlöcher mit steifen Federn bedeckt. Sie fressen gern Fleisch, selbst wenn es verdorben ist; greifen junge Hühner an u. s. w. Einige Gattungen nähren sich bloß von harten Früchten oder Körnern u. s. w. Die meisten lernen leicht Wörter nachsprechen.

1. Der Kolkrabe. Le corbeau. (Corvus corax.)

Von der Größe des Hahns; einförmig glänzend schwarz, mit grünem und veilchenblauen Widerschein. Er lebt einsam, und fliegt dem Geruche des Aases sehr weit nach.

2. Die

Die Rabenkrähe. La corneille. (Corvus corone.)

Dem Kolkraben ähnlich, aber kleiner. Nähert sich im Winter den bewohnten Oertern und zieht sich im Sommer in die Wälder zurück; zerstört viele Rebhuhnseyer.

3. Die Saatkrähe. Le freux ou frayonne. (Corvus frugilegus.)

Unterscheidet sich nur darin von der Rabenkrähe, daß der die Wurzel des Schnabels kahl ist. Sie ist sehr gemein; fliegt in großen Schaaren in den Feldern, wo sie die Würmer oder auch das Getreide verzehrt.

4. Die Nebel- oder Holzkrähe. La corneille a mantelet. (Corvus cornix.)

Hellaschgrau; Kopf, Flügel und Schwanz schwarz. Besucht in großen Schaaren das Meerufer, wo sie kleine Schaalthiere verzehrt.

5. Die gemeine Aelster. La pie. (Corvus pica.)

Schön schwarz von Farbe, mit blauem und rothem Widerscheine auf den Flügeln und dem Schwanze; auf dem Flügel einen weißen Fleck; der Bauch weiß; der Schwanz lang und spitzig. lebt paarweise auf den Bäumen; greift kleine Hühner und Rebhühner an; verzehrt vieles Getraide. Sein Geschwätz ist zum Sprichworte geworden.

6. Der Häher, Holz- oder Nußhäher. Le geai. (Corvus glandarius.)

Röthlichgrau, mit schwarzen Schwungfedern: auf dem Flügel einen schönen blauen schwarz gestreiften Fleck. Die Stirnfedern können sich wie ein Hollen aufrichten. Dieser Vogel ist zorniger Natur und nährt sich vorzüglich von Eicheln.

7. Die gemeine Dohle. Le choucas. (Corvus monedula.)

Bräunlichschwarz; auf dem Kopfe eine dunkelschwarze Kappe. Nistet auf Kirchthürmen.

8. Die Alpenkrähe, Bergdohle. Le chocard. (Corvus pyrrhocorax.)

Schwarz, mit gelbem Schnabel und Füßen. Bewohnt die Alpen.

9. Der Tannenhäher, die Nußkrähe. Le casse-noix. (Corvus cariocatactes.)

Braun, ganz mit kleinen weißen Flecken besetzt. Ist ein Zugvogel, welcher sich vorzüglich von Nüssen nährt.

VIII. Hornvögel. Calaos. (Buceros.)

Dieß sind Afrikanische und Indianische Vögel, welche viele Aehnlichkeit mit den Krähen haben, und leicht an ihrem ungeheuern Schnabel zu erkennen sind, welcher von Substanz nur sehr dünn ist, an den Rändern leicht ausbricht und mit einem mehr oder weniger beträchtlichen Höcker besetzt ist, welcher ihm selbst oft an Größe gleichkommt. Sie sind ziemlich groß: ihre beyden äußeren Zehen sind bis zur Klaue vereiniget: sie leben von Früchten.

IX. Racken. Rolliers. (Coracias.)

Diese Vögel sind den Krähen ziemlich ähnlich, haben aber unbedeckte Nasenlöcher: das Ende des Oberschnabels krümmt sich ein wenig über den Unterschnabel hinab. Die Racken leben von Früchten. In unserem Lande giebt es nur eine einzige Gattung.

1. Die Mandelkrähe, der Birkhäher. Le rollier d'Europe. (Coracias garrula.)

Dieß ist ein in Frankreich sehr seltener Zugvogel: kleiner als der Nußhäher: schön blau in das Meergrüne schielend: auf den Flügeln veilchenblau: auf dem Rücken gelblichroth. Dieser Vogel nistet vorzüglich auf Birken. Er liebt die Mandeln sehr.

X. Paradiesvögel. Oiseaux de Paradis. (Paradisea.)

Haben einen zusammengedrückten Schnabel, welcher rings um seine Wurzel, so wie auch die Stirn, mit kleinen, kurzen, dichtstehenden Federn besetzt ist, die dem schönsten Sammet gleichen. Gewöhnlich findet sich überdieß noch an ihrem Körper irgend ein aus verlängerten Federn bestehender Zierrath. Diese Vögel bewohnen nur die entferntesten Theile von Ost-Indien. Sie leben von Gewürzen. Man hat lange geglaubt, daß sie keine Füße hätten und beständig in der Luft schwebten.

1. Der große Paradiesvogel. L'oiseau de Paradis. (Paradisea apoda.)

Kastanienbraun, der Obertheil des Kopfes und Halses gelb; Kehle und Stirn grüngolden; die Seitenfedern dünn und zweymahl länger, als der ganze Körper. Vom Steiße gehen zwey fadenartige Federn ab, welche nur am Ende einen Bart haben, und noch weit länger als die Seitenfedern sind. Der Schwanz selbst ist kurz. Dieser schöne Vogel findet sich auf den Moluckischen Inseln.

2. Der Königs-Paradiesvogel. Le manucode. (Paradisea regia.)

Auf dem Rücken dunkelroth; unten weiß; an der Brust grün; die Seitenfedern kürzer, als der Schwanz, breit und steif; die fadenartigen Federn sehr lang und am Ende mit einem scheibenförmigen Barte versehen, welcher spiralförmig gewunden ist. Von den Molucken.

3. Der prächtige Paradiesvogel. Le magnifique. (Paradisea magnifica.)

Oben kastanienbraun, unten grüngolden; Flügel gelb; mit zwey großen Federbüschen an jeder Seite des Halses, wovon der obere bläulich, der andere gelb ist; die fadenförmigen Steißfedern lang, grün, am Ende nicht breiter werdend.

4. Der sechsfadige Paradiesvogel. Le sifilet. (Paradisea aurea.)

Schwarz, ohne Fäden am Steiße; aber mit drey langen, von jedem Ohre abgehenden in eine grüngoldene Scheibe sich endenden Fäden; Brust und Hinterhaupt gleichfalls grüngolden. Diese beyden Gattungen finden sich in Neu-Guinea.

C. Mit kegelförmigem Schnabel.

XI. Pirole. Caciques. (Oriolus.)

Haben einen länglichkegelförmigen Schnabel, mit sehr scharfer Spitze und runder Wurzel. Sie leben von Insecten, Früchten und Körnern. Die meisten Gattungen wenden sehr viele Geschicklichkeit bey dem Baue ihrer Nester an.

Die Kaziken (caciques proprement dits) sind die größesten Gattungen derselben. Sie haben einen sehr dicken, langen, weit in die Stirn zurückgehenden und hier in den Federn einen runden Ausschnitt machenden Schnabel. Sie bauen flaschenförmige Nester, wovon sie eine große Menge an demselben Baume aufhängen.

Die Trupiale (troupiales) haben einen kürzeren Schnabel, welcher an der Stirn einen spitzeren Ausschnitt macht, und sind kleiner als die vorigen. Sie leben in großen Schaaren beysammen und thun dem Getraide vielen Schaden. Auch diese nisten in großer Menge auf einem Baume; einige nisten aber zwischen Binsen.

Die Pisangpirole (Carouges) sind noch kleiner und haben einen dünneren Schnabel, übrigens führen sie dieselbe Lebensart. Einige derselben befestigen ihre Nester unter den Blättern der Bananenbäume; andere bauen ein gemeinschaftliches Nest, welches in mehrere Kammern für eben so viele Brütungen abgetheilt ist. Eine Gattung geht erst durch einen walzenförmigen, senkrechten Canal in ihr Nest, dessen Oeffnung nach unten gewandt ist.

Alle diese Vögel kommen aus Amerika. Mit Unrecht hat man ihnen unseren Europäischen Pirol zugesellt, welches Geschlecht der alten Welt sich durch einen zusammengedrückten Schnabel unterscheidet, der, wie bey den Drosseln, gegen das Ende hin ausgeschnitten ist.

1. Der gemeine Pirol, Bülo, Pfingstvogel. Le loriot d'Europe. (Oriolus galbula.)

Schön gelb, mit schwarzen gelb gezeichneten Flügeln und Schwanze; über dem Auge auch einen schwarzen Strich. Das Weibchen ist olivengrün. Dieser Vogel bringt den Sommer in unserem Lande zu, wo er sich vorzüglich von Kirschen nährt (deswegen heißt er auch Kirschvogel, W.), und sein offenes Nest an gabelförmige Zweige hängt.

XII. Staare. Etourneaux. (Sturnus.)

Haben einen kegelförmigen, verlängerten, sehr scharf spitzigen, an der Wurzel wagrecht platt gedrückten Schnabel. Leben von Insecten, Körnern und Früchten, und fliegen mit vielem Lärmen in großen Scharen.

1. Der gemeine Staar. L'etourneau d'Europe. (Sturnus vulgaris.)

Glänzend schwarz, ganz mit kleinen weissen Flecken übersäet. Bleibt das ganze Jahr über in unserem Lande; läßt sich leicht zähmen, und lernt ziemlich gut die menschliche Stimme nachahmen.

XIII. Kernbeisser. Gros-becs. (Loxia.)

Haben einen kegelförmigen, kurzen, an der Wurzel dicken und wie aufgetriebenen Schnabel.

a) 1. Der Kreuzschnabel. Le bec-croisé. (Loxia curvirostra.)

Seine Kiefer sind gebogen und kreuzen sich an den Spitzen; welches ein bey diesen Vögeln einziges Kennzeichen ist. Er bedient sich dieses sonderbaren Schnabels, um die Tannzapfen zu zerbeissen und die Körner herauszureissen. Auch in Laubgehölzen hält er sich auf. Das Männchen ist hochröthlich, mit schwarzen Flügeln und Schwanze. Das Weibchen ist grünlich.

b) Eigentliche Kernbeißer: mit völlig kegelförmigem Schnabel, welcher an der Wurzel sehr dick ist.

Bey uns findet sich nur eine einzige Gattung.

2. Der gemeine Kernbeißer. Le gros-bec d'Europe. (Loxia coccothraustes).

Der Kopf ist gelblich, Rücken braun, Bauch und Brust röthlichgrau; über dem Auge ein schwarzer Fleck, unter dem Schnabel noch einer; Flügel und Schwanz schwarz, unter dem Flügel ein weißer Streif; der Schnabel bläulich; die Füße bräunlichroth. Es ist ein trauriger stiller Vogel, welcher sich vorzüglich von den Kernen der Steinfrüchte nährt.

Im Auslande finden sich verschiedene Gattungen davon, welche zum Theil mit schönen Farben prangen.

c) Die Grünlinge (verdiers); mit kegelförmigem Schnabel, welcher etwas weniger dick ist, als bey den vorhergehenden.

3. Der Grünling. Le verdier. (Loxia chloris).

Am Rücken grünlich; Backen, Kehle, Brust und Bauch gelblich; der vordere Rand der Flügel und die Ränder des Schwanzes rein gelb; der Schnabel grau; die Füße röthlich. Ein sanfter gutartiger Vogel, welcher sich in Holzungen aufhält und leicht zahm zu machen ist.

d) Die Gimpel (bouvreuils): mit zugerundetem, an allen Seiten convexen Schnabel.

4. Der Gimpel, Dompfaffe. Le bouvreuil commun. (Loxia pyrrhula).

Rücken aschgrau; Steiß weiß; Kopf, Flügel und Schwanz schwarz; auf den Flügeln ein weißer Strich; Brust und Bauch bey den Männchen schön roth, bey den Weibchen röthlich grau. Dieß ist ein artiger sehr leicht zu zähmender Vogel, welcher selbst Wörter nachsprechen lernt. Sein natürlicher Gesang ist sanft und abwechselnd; er lernt aber auch leicht Melodien nachsingen. Seine vorzüglichste Nahrung besteht in Baumknospen.

e) Die Kegelschnäbler (colious): der Schnabel ist ein wenig gebogen; der Schwanz sehr lang.

Dieß sind Afrikanische Vögel.

XIV. Finken. Moineaux. (Fringilla).

Haben einen kurz kegelförmigen an der Wurzel nicht aufgetriebenen Schnabel, Auch dieses Geschlecht begreift mehrere kleinere Zünfte: sie nähren sich von Körnern und wandern nicht aus.

a) Sperlinge (Moineaux proprement dits): mit dickem starken Schnabel und sehr kurzen Flügeln.

1. Der gemeine Sperling. Le moineau ou pierrot. (Fringilla domestica).

Rücken und Flügel braun, schwarz und braungelb gezeichnet; der Bauch graulich; Steiß und Schwanz bräunlichgrau; auf dem Flügel ein weißer Streif. Das Männchen hat eine schwarze Kehle und ist an den Seiten des Kopfes röthlich. Es ist ein Schmarotzervogel, welcher in großer Anzahl kommt, um unsere Kornböden, Scheunen und Gärten zu plündern; auf seinen Kopf ist daher an mehreren Orten ein Preis gesetzt.

2. Der Feldsperling. Le friguet ou moineau de bois. (Fringilla montana).

Ist vom gemeinen Sperlinge durch zwey weiße Streifen auf dem Flügel verschieden. Hält sich mehr zurückgezogen.

b) Finken (pinsons): mit kurzem Schnabel.

3. Der gemeine oder Buchfink. Le pinson. (Fringilla caelebs).

Oben braun, Flügel und Schwanz schwarz; auf den Flügeln zwey breite weiße Streifen. Der Rand der Schwungfedern und die Ränder des Schwanzes weiß. Das Männchen ist unten röthlichgrau, und an den Seiten des Halses bläulich; das Weibchen ist unten grau.

Es ist ein sehr gemeiner Vogel, welcher lieblich singt.

4. Der Bergfink. Le pinson d'Ardennes. (Fringilla montifringilla).

Unten schwärzlich, der Rand an jeder Feder bräunlichgelb; die Schwungfedern schwarz, mit weißlichen Rändern; Kehle, Brust und Schultern hoch bräunlichgelb; auf dem Flügel zwey breite weiße Streifen; unter der Achsel rein gelb; der Schnabel gelb. Er ist größer als der Buchfink, hält sich in großen Waldungen auf und nähert sich unseren Wohnungen nur im Winter.

5. Der Blut-Hänfling. La linotte. (Fringilla cannabina).

Oben gelblichbraun; unten weißlich; der Kopf grau; die Flügel schwarz, mit einem weißen Längestreifen; die Ränder des Schwanzes weiß. Das Männchen auf der Brust und dem Scheitel hochroth. Dieser Vogel frißt vorzüglich gern Hanf- und Leinsamen. Er lebt im Bauer sehr lange, verliert aber sein Roth.

6. Der Canarienvogel. Le serin. (Fringilla canaria).

Stammt von den Canarischen Inseln her, und ist wegen seines angenehmen Gesanges und der Leichtigkeit, womit er Melodien lernt, bey uns eingeführt; er pflanzt sich aber nur bey großer Sorgfalt und Pflege fort. Seine Farbe ist verschieden; bald einfärbig blaßgelb, bald mit grünlichen Schattirungen gehoben u. s. w.

c) Distelfinken. (Chardonnerets):

7. Der gemeine Stiglitz. Le chardonneret. (Fringilla carduelis).

Oben braun, unten weißlich; Schwanz und Flügel schwarz, weiß gefleckt; auf dem Flügel ein schön gelber Fleck; rings um den Schnabel rothgolden; eine schwarze Kappe auf dem Kopf. Dieser artige Vogel ist leicht zu zähmen, lernt singen und Wasserziehen. Nährt sich vorzüglich von Distelkörnern.

8. Der Zeisig. Le tarin. (Fringilla spinus.

Oben olivengrün, unten gelblich; Schwanz und Flügel schwarz mit hellgelb gezeichnet.

Dieser Vogel hält sich vorzüglich in Tannenwäldern auf, und nistet auf den höchsten Gipfeln dieser Bäume.

d) Witwen (Veuves): mit mittelmäßigem Schnabel und sehr langem Schwanze.

Dieß sind fremde Vögel, bey welchen einige Steuerfedern viel länger sind, als der ganze Körper. Die Farben ihres Gefieders sind düster, nur mit einigen helleren Flecken erhoben.

XV. Ammern. Bruans. (Emberiza).

Haben einen kegelförmigen spitzigen Schnabel, dessen Oberkiefer schmaler ist, als der untere; die Zwischenlinie, welche beyde trennt, ist gekrümmt. Sie haben am Gaume ein hervorragendes Knochenkorn.

1. Die Goldammer, der Emmerling. Le bruant. (Emberiza citrinella.

Oben bräunlichgelb, mit braun gefleckt; unten schön gelb; der Kopf gelb und grünbunt; der Rand der Flügel und des Schwanzes gelb. Dieß ist ein sehr gemeiner Vogel, welcher auf

Ge-

Gesträuchen nistet, und sich im Winter in großer Anzahl unseren Wohnungen nähert. Er wird an vielen Orten verdier genannt.

2. Die graue Ammer. Le proyer. (Emberiza miliaria).

Größer als die Goldammer; lebt auf Wiesen; ist oben auf einem röthlichen Grunde braun gefleckt, unten gräulich; die Schwungfedern sind grau eingefaßt.

3. Der Ortolan, Kornfink. L'ortolan. (Emberiza hortulana).

Ein wegen seines lieblichen Geschmackes berühmter Vogel. Er kommt in den meisten Französischen Provinzen als Zugvogel vor. Seine Farbe ist oben kastanienbraun, mit Dunkelbraun gefleckt, unten röthlichgrau; Kopf und Hals sind olivenfarben; Flügel und Schwanz mit einem weißen Streife eingefaßt.

D. Mit dünnem pfriemenförmigen Schnabel.

XVI. Meisen. Mésanges. (Parus).

Haben einen kleinen, bey einigen Gattungen außerordentlich kurzen Schnabel. Eine sehr lebhafte Vögel, welche man ohne Unterlaß auf den Zweigen umherhüpfen sieht: sie leben von Insecten, Körnern und Knospen; sie durchbohren kleinen Vögeln zuweilen den Schedel, um ihr Hirn zu verzehren.

1. Die Kohlmeise, Brandmeise. La mésange à tète noire. (Parus major).

Auf dem Rücken olivenfarben; am Bauche gelb; Flügel und Schwanz aschgrau; Kopf schwarz, mit einem großen weißen Flecke auf der Backe. Es ist die größeste Gattung unseres Landes.

2. Die Blaumeise. La mésange à tète bleue. (Parus caeruleus).

Rücken olivenfarben, Bauch gelb; Flügel und Schwanz aschgrau; oben auf dem Kopfe himmelblau; an den Seiten veilchenblau; auf der Backe ein weißer Fleck.

3. Die Sumpfmeise. La nonnette cendrée. (Parus palustris).

Am Rücken aschgrau; am Bauche weißlich; Flügel und Schwanz schwärzlich; Kopf schwarz; auf der Backe ein weißer Fleck.

4. Die Schwanzmeise, Schneemeise.
La mésange à longue queue.
(Parus caudatus).

Sehr klein; auf dem Rücken röthlich; auf dem Bauche weiß; der Kopf weiß; Augenbraunen und Nacken schwarz; der Schwanz länger als der ganze übrige Körper.

5. Die Beutelmeise. Le remis.
(Parus pendulinus).

Aschgrau; Flügel und Schwanz braun; Stirn und ein Strich unter dem Auge schwarz. Dieß ist einer von den Vögeln, welche ihr Nest mit der größesten Kunst bauen; er wendet dazu die Wolle von den Weidenblüthen an, welche er zu einem dicken und wie Tuch dichten Gewebe zusammenflechtet, es von außen mit kleinem Wurzelwerke befestiget, es oben zumacht und mit einem Hanf- oder Nesselstengel in den Theilungswinkel eines beweglichen Zweiges aufhängt. Dieser Vogel findet sich in Italien, Oestreich, Ungarn u. s. w.

XVII. Manakins. Manakins. (Pipra).

Sind kleine Amerikanische den Meisen sehr ähnliche Vögel. Sie weichen vorzüglich darin ab, daß die Manakins die äußere und Mittelzehe bis zum Nagel vereiniget haben; dahingegen sie bey den Meisen, wie bey allen übrigen sperlingsartigen Vögeln nur bis an das erste Gelenk verbunden sind. Die Farben der Manakins sind gewöhnlich sehr schön.

1. Der blaurückige Manakin. Le grand manakin huppé. (Pipra pareola).

Der ganze Körper schön schwarz; der Rücken himmelblau; eine hochrothe Kappe auf dem Kopfe. In der Jugend ist er außer der rothen Kappe ganz olivengrün.

2. Der goldköpfige Manakin. Le manakin à tête d'or. (Pipra erythrocephala).

Schwarz; der Kopf schön goldgelb u. s. w.

3. Der Felsenhahn. Le coq de roche. (Pipra rupicola).

Ein Amerikanischer Vogel, von der Größe einer Taube, dessen ganzer Körper die schönste morgenrothe Farbe hat; auf dem Flügel sind einige schwarze Flecke. Der Kopf ist mit einem aus einer doppelten Reihe senkrechter Federn gebildeten Busche geziert. Er lebt von Früchten.

XVIII. Lerchen. Alouettes. (Alauda).

Haben einen längeren Schnabel als die vorigen, welcher aber noch ziemlich stark ist; auch leben sie zum Theile von Körnern. Das Hauptkennzeichen derselben besteht in dem Nagel der Hinterzehe, welcher gerade und außerordentlich lang ist. Die meisten Gattungen nisten auf der Erde, setzen sich fast nie auf Bäume und haben die Gewohnheit, sich senkrecht, mit großer Schnelligkeit, singend zu erheben. Ihre Farbe fällt gewöhnlich in das Graue und ist braun gesprenkelt.

1. Die Feldlerche. L'alouette des champs. (Alauda arvensis).

Hellbräunlich-grau und braun gefleckt; der Schwanz schwärzlich; die beyden äußeren Schwungfedern außen weiß. Ist in unseren Feldern sehr gemein. Ihr Fleisch wird als Leckerbissen geschätzt.

2. Die Pieplerche. L'alouette pipi. (Alauda trivialis).

Dieß ist die kleinste von unseren Lerchen. Sie setzt sich auch auf Bäume. Ihr Rücken ist olivenbraun und ihre Brust grau mit schwärzlichbraunen Flecken; auf den Flügeln hat sie zwey weißliche Querstreifen.

3. Die Baumlerche. Le cujelier. (Alauda arborea).

Setzt sich gleichfalls auf Bäume; ist brauner als die Feldlerche, mit dunkeleren Flecken, der Kopf ist mit einer Art von weißlichem Bande umgeben.

4. Die Wiesenlerche. La farlouse. (Alauda pratensis).

Olivengrün, oben schwarz gezeichnet; die Brust gelblich, vorzüglich bey dem Männchen;

Augenbraunen weißlich. Nistet auf Wiesen, und setzt sich nicht leicht auf Bäume.

5. Die Haubenlerche. Le cochevis. (Alauda cristata).

Oben bräunlichgrau, unten weißlich; an der Brust braun gefleckt; auf dem Kopfe ein Federbusch oder Holien.

XIX. Sänger (Dünnschnäbler). Becs-fins. (Motacilla).

Unter dieser Benennung sind eine Menge von kleinen Vögeln vereiniget worden, welche einen pfriemenförmigen Schnabel haben, der dünner und schlanker ist, als bey den Lerchen, und deren Nagel der Hinterzehe nicht mehr als gewöhnlich verlängert ist. Sie leben von Insecten oder Würmern und verlassen fast sämmtlich im Winter unsere Gegenden.

1. Das Rothkehlchen. Le rouge-gorge. (Motacilla rubecula).

Oben braun; Kehle und Brust hoch röthlich. Hält sich den ganzen Sommer über in den Holzungen auf; nähert sich im Herbste, wenn es wieder in die südlichen Länder zurückkehrt, unseren Wohnungen. Einige derselben bleiben indessen doch auch den Winter über, und ziehen sich, wenn sie vom Schnee überfallen werden, in die Häuser zurück.

2. Das Blaukehlchen. La gorge-bleue. (Motacilla suecica).

Oben gräulichbraun; Kehle und Brust lasurblau; unterhalb des Blauen einen röthlichen Gürtel. Hält sich an feuchten Orten an den Gränzen der Holzungen auf.

3. Das Schwarzkehlchen. Le rossignol de muraille. (Motacilla phoenicurus).

Bräunlichgrau; an der Brust röthlich; die Kehle schwarz; der Steiß und Schwanz röthlich, ausgenommen die beyden mittelsten Steuerfedern, welche braun sind. Nistet in alten Mauern.

4. Das Kohlvögelchen, der braunkehlige Steinschmätzer. Le traquet. (Motacilla rubetra).

Schwärzlich, mit röthlicher Brust; der Steiß, ein Fleck auf dem Flügel und einer an der Seite des Halses weiß. Hält sich in Dornhecken auf; hat nur einen kurzen Flug; ist in beständiger Bewegung.

5. Der Weißschwanz, oder große Steinschmätzer. Le motteux ou cul-blanc. (Motacilla oenanthe).

Unten hellbräunlichgrau; die Brust hellröthlich; Bauch und Steiß weiß; Flügel schwarz mit grau geränderten Federn; die Hälfte der Steuerfedern weiß; durch das Auge geht ein schwarzer Strich, über welchen ein weißer Strich läuft. Er nistet unter dem Rasen; hält sich in angebaueten Feldern auf und folgt dem Pfluge, um die Würmer zu sammeln, welche dadurch aufgepflügt werden. Er wird sehr fett und ist sehr gut zu essen.

6. Die Nachtigall. Le rossignol. (Motacilla luscinia).

Oben röthlichbraun, unten weißlich; die Kniefedern grau. Dieser Sänger der Nacht ist mit seinen die Wälder erfüllenden süßen Tönen aller Welt bekannt. Er nistet auf Bäumen, und singt nur bis zu der Zeit, wo die Jungen ausgekrochen sind.

7. Die Bastardnachtigall. La fauvette. (Motacilla hippolaïs).

Oben gleichfärbig dunkelbraun; unten röthlichgrau. Hält sich in Gesträuchen auf, und kommt der Nachtigall an Schönheit des Gesanges beynahe gleich. Es giebt viele verwandte Gattungen, welche gleichfalls wegen ihres Gesanges bemerkenswerth sind, als:

8. Die schwarzköpfige Grasmücke, der Mönch. La fauvette à tête noire. (Motacilla atricapilla).

Oben bräunlich-aschgrau, unten weißlich, der Kopf mit einer schwarzen Kappe bedeckt.

9. Die Braunelle. Le traine-buisson, ou fauvette d'hiver. (Motacilla modularis).

Oben bräunlichgelb mit braunen Flecken; die Seiten des Halses, die Kehle und Brust bläulich-aschgrau; der Bauch weißlich. Sie kommt im Herbste an und bringt den Winter in unserem Lande zu.

10. Der Feigenfresser. Le bec-figue. (Motacilla ficedula).

Oben bräunlich, unten gelblichgrau; Schwanz und Flügel schwärzlich; auf dem Flügel ein weißliches Band. Fliegt scharenweise in Italien und Griechenland: bey uns (in Frankreich nähmlich) lebt er einzeln. Er nährt sich von Insecten, Weinbeeren, Feigen, und macht nebst dem Ortolan einen Leckerbissen unserer Tafeln.

11. Das Goldhähnchen. Le roitelet. (Motacilla regulus).

Oben grünlich, unten gelblich; mit einem schönen goldgelben schwarz eingefaßten Federbusche auf dem Kopfe. Dieß ist der kleinste Vogel unserer Gegenden.

12. Der Zaunkönig. Le troglodyte. (Motacilla troglodytes).

Ein klein wenig größer als das Goldhähnchen; röthlichbraun, mit etwas dunkelbraunneren Flecken; ohne Federbusch. Läuft an der Erde; nistet in kleinen Löchern, wohin er sich auch im Winter zurückzieht. Hält den Schwanz immer in die Höhe.

Man könnte von diesem Geschlechte trennen:

Die Bachstelzen (les lavandières et bergeronnettes), welche lange Fußwurzeln und einen langen Schwanz haben, welchen sie unaufhörlich auf und nieder bewegen; die letzten Federn der Flügel sind so lang, daß sie die Spitze der Flügel bedecken.

13. Die weiße Bachstelze, das Ackermännchen. La lavandière. (Motacilla alba).

Hat einen aschgrauen Rücken und eine weiße Brust und Bauch, Kopf und Hinterkopf sind schwarz; Flügel und Schwanz schwarz mit weißer Einfassung. Hält sich an den Ufern der Gewässer auf, und nistet zwischen Binsen.

14. Die gelbe Bachstelze. La bergeronnette jaune. (Motacilla flava).

Oben grünlich, unten gelb; Schwanz und Flügel schwarz, mit gelber Einfassung. Sie hält sich, so wie die übrigen Bachstelzen, gern in der Nähe der Schafherden auf.

E. Mit kleinem, sehr kurzen, wagerecht plattgedrückten und sehr weit gespaltenen Schnabel.

Diese Vögel verfolgen die Insecten im Fluge, und verschlingen sie durch die große Oeffnung ihres Schnabels. Es sind nur zwey Geschlechter derselben bekannt.

XX. Schwalben. Hirondelles. (Hirundo).

Dieß sind die am schnellesten, weitesten und leichtesten fliegenden Vögel. Sie haben einen glatten Kopf, fast gar keinen Hals, einen außerordentlich kleinen Schnabel, sehr kurze Füße, und so lange Flügel, daß sie viel weiter als der Schwanz zurücktreten; der Schwanz ist gewöhnlich gespalten. Sie bleiben nur während des Sommers bey uns. Ehemahls behauptete man, daß sie sich während des Winters unter dem Wasser der Sümpfe und Teiche verborgen hielten: dieß scheint aber nur von der Uferschwalbe zu gelten. Sie bauen ihr Nest mit vieler Festigkeit von kleinen an einander gekitteten Erdklößchen.

1. Die Rauchschwalbe. L'hirondelle de cheminée. (Hirundo rustica).

Glänzend schwarz, mit grünem und veilchenblauen Widerscheine; Stirn und Kehle röthlichbraun; Brust und Bauch weißlich. Nistet vorzüglich in Kaminen.

2. Die Haus- oder Fensterschwalbe. L'hirondelle de fenêtre. (Hirundo urbica).

Glänzend schwarz, mit blauem Widerscheine; der ganze Untertheil des Körpers und Steißes hellweiß. Sie nistet an den Mauern, unter den Dächern u. s. w. Ihre Füße sind rauh bis an die Nägel.

3. Die Uferschwalbe. L'hirondelle de rivage. (Hirundo riparia).

Von aschgrauer Farbe, Kehle und Bauch weiß. Sie nistet in unterirdischen Löchern an den Ufern der Gewässer.

4. Die eßbare Schwalbe. La salangane. (Hirundo esculenta).

Eine sehr kleine Schwalbe, unten weißlich und oben schwärzlich von Farbe. Wohnt am

Meerufer des Indischen Archipelagus, und bauet in den Felsenhöhlen Nester, welche von den Chinesen als ein stärkendes kräftiges Nahrungsmittel sehr geschätzt werden. Man behauptet, daß die Masse, woraus diese Nester bestehen, ein Fischrogen oder Laich sey, welchen sie auf dem Meere sammeln sollen.

Von den Schwalben könnte man als ein eigenes Geschlecht die Thurmschwalben (Martinets) trennen, welche noch längere Flügel und kurze Füße haben, so daß, wenn sie einmahl platt an der Erde sind, sie weder gehen noch auffliegen können. Diese haben unter allen Vögeln ausschließlich die Eigenschaft, daß die vier Zehen ihrer Füße sämmtlich nach vorn gerichtet sind. Sie fliegen noch höher, als die übrigen Schwalben und mit einer unbegreiflichen Schnelligkeit. Sie bauen ihre Nester gleichfalls an die Häuser; aber man sagt, daß sie die Materialien, womit sie dieselben inwendig ausfüttern, aus den Nestern der Sperlinge und Schwalben stehlen.

5. Die gemeine Mauerschwalbe. Le martinet noir. (Hirundo apus).

Sie ist ganz schwarz, nur mit ein wenig Weiß unter der Kehle.

XXI. Nachtschwalben. Engoulevents. (Caprimulgus).

Diese haben immer einen ungespaltenen Schwanz: ihr Schnabel ist noch weiter gespalten als bey den Schwalben, und sie halten denselben im Fliegen offen; die Wurzel desselben ist mit Borsten oder steifen haarförmigen Federn besetzt: der Nagel der Mittelzehe ist an einer Seite gezackt; ihr Gefieder ist mit kleinen Strichen und Puncten von verschiedenen Schattirungen von grau, braun und schwärzlich gezeichnet. Endlich haben sie große breite Augen, welche gegen den Glanz des Tageslichtes empfindlich sind; daher fliegen sie, wie die Eulen, nur bey Nacht. Die Phalenen und Nachtschmetterlinge sind ihre vorzüglichste Beute.

In Europa haben wir nur eine einzige Gattung davon (Caprimulgus europaeus Linn.). Dieß ist ein Vogel von der Größe

einer

einer Amsel, welcher in Mauerlöchern nistet und uns im Winter verläßt. In Amerika giebt es noch weit mehrere Gattungen, wovon einige sehr groß sind.

F. Mit schlankem, sehr verlängerten, ziemlich starken Schnabel.

XXII. Spechtmeisen. Sittelles. (Sitta.)

Sind Vögel mit geradem, langen, dünnen, spitzen Schnabel, kurzen, starken Füßen und steifem Schwanze, welche wie die Spechte an den Bäumen hinaufklettern und an die Rinde derselben anschlagen, um die darunter verborgenen Würmer zu entdecken. Sie nisten in Baumlöchern, deren Oeffnung sie durch Erde kleiner machen.

Wir haben bey uns nur eine einzige Gattung (Sitta europaea), welche die Größe des Sperlings hat und oben von bläulich-aschgrauer, unten von hellbräunlich-gelber, unter dem Schwanze von bräunlich-rother Farbe ist. Das Auge liegt in einem schwarzen Streife. Sie findet sich bey uns in allen Hölzern.

XXIII. Baumläufer. Grimpereaux. (Certhia.)

Gleichen den Spechtmeisen in Sitten und Bildung; nur ist ihr Schnabel länger und der ganzen länge nach gebogen. Sie sind meistens sehr klein.

1. Der gemeine Baumläufer. Le grimpereau commun. (Certhia familiaris.)

Kaum grösser, als das Goldhähnchen; mit grauem, braun und weiß gefleckten Gefieder; mit sehr steifem röthlichen Schwanze. Findet sich fast auf allen Bäumen.

2. Der Mauerspecht. Le grimpereau de muraille. (Certhia muraria.)

Schön bläulichgrau; der Obertheil des Flügels und ein Theil der Schwungfedern hoch rosenroth; die Kehle des Männchens schwarz. Er klettert auf die Mauern, um nach Insecten zu jagen; in unseren nördlichen Districten ist er nicht sehr gemein.

In Afrika finden sich verschiedene Gattungen von Baumläufern, deren Gefieder mit fast eben so prächtigen Farben prangt, als das der Kolibris. Sie sind unter dem Nahmen der Suimangas oder Zuckervögel (sucriers) bekannt.

Die Amerikanischen Baumläufer, welche Guitguits heissen, haben einen kürzeren, weniger gebogenen Schnabel und längere Beine. Ihre Farben sind gleichfalls sehr lebhaft.

Diese beyden Zünfte haben nicht wie unsere Europäischen Baumläufer die Gewohnheit zu klettern.

XXIV. Kolibris. Colibris. (Trochilus.)

Dieß sind die Amerikanischen, wegen ihrer Kleinheit und herrlichen Farben so berühmten Vögel, welche an Glanz die Edelsteine und am schönsten polirten Metalle übertreffen. Ihr Schnabel ist sehr dünn, und ihre röhrenförmige einer großen Verlängerung fähige Zunge dient ihnen dazu, den Blumensaft aufzusaugen; daher sieht man sie oft um die Blumen herfliegen und sich schwebend in der Luft still halten. Diese kleinen Vögelchen bauen ihr Nest an die Stengel von Kräutern und werden nicht selten den großen Spinnen jenes Landes zum Raube. Sie werden eingetheilt, in:-

a) Eigentliche Kolibris: mit gebogenem, gleichförmig zugespitzten Schnabel: sie sind gemeiniglich etwas größer.

1. Der Topas Kolibri. Le colibri topaze. (Trochilus pella.)

Bräunlich-purpurfarben; die Kehle vom schönsten Topasgelb in das Grüngoldene spielend, mit Schwarz eingefaßt; der Schwanz sehr lang, gespalten, schwarz von Farbe.. Dieß ist die größeste Gattung, und doch kommt sie kaum unserem Goldhähnchen gleich.

b) Fliegenvögel: mit geradem, am Ende ein wenig aufgetriebenen Schnabel.

2. Der rubinköpfige Kolibri. Le rubis-topaze. (Trochilus mosquitus.)

Schwärzlichbraun, mit röthlichem Schwanze; der Obertheil des Kopfes und Halses rubinfarben; die Kehle topasgelb und mit eben dem Feuer spielend, als dieser Edelstein.

3. Der kleinste Kolibri. Le plus petit oiseau mouche. (Trochilus minimus.)

Violetbraun, mit metallischem Widerscheine. Der allerkleinste der bekannten Vögel: er ist nicht größer als eine Horniß.

XXV. Wiedehöpfe. Huppes. (Upupa.)

Haben einen dünnen, wie bey den Baumläufern, und eigentlichen Kolibris gebogenen Schnabel; dagegen aber ist ihre Zunge sehr kurz und stumpf; die der Baumläufer ist lang und spitz, und die der Kolibris röhrenförmig und ausdehnbar. Auch sind die Wiedehöpfe insgemein größer; sie leben von Insecten, besuchen die Misthaufen u. s. w. und sind gewöhnlich sehr schmutzige Vögel.

Wir haben bey uns nur eine einzige Gattung.

1. Der gemeine Wiedehopf. La huppe. (Upupa epops.)

Er hat auf dem Kopfe einen schönen Hollen oder Federbusch, welcher aus langen röthlichen Federn mit schwarzen Enden gebildet wird, die in einer doppelten Reihe stehen und nach Willkühr aufgerichtet werden können. Das Gefieder ist röthlich; die Flügel schwarz, mit weißen breiten Querstreifen.

Zu den Wiedehöpfen hat man auch die Afterwiedehöpfe (Promerops) gerechnet, welches Vögel aus heißen Ländern und wegen ihres langen Schwanzes merkwürdig sind, die das Mittel zwischen den Wiedehöpfen und Baumläufern halten, von welchen sie sich fast nur durch beträchtlichere Größe unterscheiden. Eine der schönsten Gattungen derselben ist:

1. Der struppige Wiedehopf. Le promerops à paremens frisés. (Upupa magna.)

Schwarz; Kopf und Brust mit glänzend meergrüner Farbe geziert: die Deckfedern des Flügels sind erhoben, so daß sie an jeder Seite des Rückens einen besonderen Zierrath bilden; ihr Ende ist grüngolden eingefaßt; der Schwanz ist spitzig und dreymahl länger als der Körper. Dieser schöne Vogel findet sich auf Neu-Guinea.

XXVI. Der Großkopf. Le momot.

Dieß ist ein Amerikanischer den Wiedehöpfen ziemlich ähnlicher Vogel, welcher aber in seinem Aeußeren etwas schwerfälliger ist. Beyde Kiefer seines Schnabels sind gezahnt. An dem sehr langen Schwanze sind die beyden mittelsten Steuerfedern etwas oberhalb ihrer Spitze einen Zoll lang ohne Bart. Er ist oben grün, unten oraniengelb. Der Obertheil des Kopfes, ein Fleck vor der Brust und der Schwanz sind himmelblau; rings um das Auge ist er schwarz. Von der Größe einer Elster. Seine äußerste und Mittelzehe sind bis zum Nagel verbunden. Er nährt sich von Insecten. Man hat ihn sehr mit Unrecht, unter dem Nahmen Ramphastos momota, zu dem Geschlechte der Pfefferfraße gerechnet.

XXVII. Bienenfresser. Guépiers. (Merops.)

Haben einen langen, gebogenen Schnabel, ohne gezahnte Ränder, und die zwey äußeren Zehen bis zum Nagel vereiniget. Sie leben von Insecten, welche sie im Fluge verfolgen, vorzüglich von Bienen und Wespen.

In unserem Lande wird zuweilen angetroffen:

1. **Der gemeine Bienenfresser.** Le guëpier commun. (Merops apiaster.)

Dieß ist ein Vogel von der Größe eines Krammetsvogels, von dem schönsten Blaugrün am Untertheile des Körpers; an der Stirn, dem Schwanze und einem Theile des Flügels, auf dem Rücken bräunlich-rothgelb; die Kehle schön gelb mit Schwarz eingefaßt.

Er ist auf den Inseln des Archipels gemein. Die Alten behaupteten er fliege rückwärts.

Die ausländischen Bienenfresser sind von den unsrigen wenig verschieden. Ihre Farben sind insgemein schön und glänzend.

XXVIII. Eisvögel. Martins-pécheurs. (Alcedo.)

Haben sehr kurze Beine, die beyden äußersten bis zum Nagel vereiniget, und einen sehr langen, geraden, spitzen, an den Seiten zusammengedrückten Schnabel, in dessen Hintertheile eine sehr kurze, platte und stumpfe

Zunge befindlich ist. Sie leben vom Fischfange, halten sich auf Bäumen an den Ufern der Gewässer auf, von wo sie auf die kleinen Fische zuschiessen, welche sich der Oberfläche des Wassers nähern, und sich dann mit ihrem Raube geschickt wieder zu erheben wissen.

1. Der Europäische Eisvogel. Le martin-pécheur d'Europe. (Alcedo ispida.)

Etwas grösser als der Sperling; oben auf dem Körper blau ins Grünliche und Schwärzliche spielend; unten hochröthlich; an jeder Seite des Halses ein röthliches Band, und der länge nach auf dem Rücken ein breites Band vom schönsten Himmelblau. Die Kehle ist weißlich. Es ist der schönste bey uns zu lande einheimische Vogel. Er bleibt auch im Winter bey uns, und nistet in löchern am Ufer, es ist der alcyon der Alten.

Das Ausland der alten und neuen Welt liefert viele Gattungen von Eisvögeln. Die blaue, schwarze und röthliche Farbe macht fast immer die Zeichnungen ihres Gefieders.

XXIX. Plattschnäbel. Todiers. (Todus.)

Dieser Nahme bezeichnet ein kleines Geschlecht, welches in Rücksicht der Sitten und Bildung den Eisvögeln ähnlich ist; dessen Schnabel aber wagerecht plattgedrückt, dahingegen dieß bey den Eisvögeln von den Seiten der Fall ist. Alle Gattungen sind ausländisch.

Viertes Kapitel.

Von den Klettervögeln. Grimpeurs. (Scansores.)

Schon unter den sperlingsartigen Vögeln haben wir die Baumläufer und Spechtmeisen kennen gelernt, welche die Gewohnheit haben, an den Bäumen der Länge des Stammes und der Zweige nach hinaufzuklettern, um die Insecten aufzuspüren, welche sich unter der Rinde derselben finden. Demungeachtet aber hat man die Benennung Klettervögel für noch andere Vögel aufbehalten, welche noch mehr zum Klettern gemacht zu seyn scheinen, da ihre äußerste Zehe, wie der Daumen oder die Hinterzehe, nach hinten gewandt ist, und sie folglich vermöge dieser zwey nach hinten und zwey nach vorn stehenden Finger sich weit leichter in der unvortheilhaften Stellung halten können, die sie in Rücksicht ihrer Lebensart annehmen müssen. Sie bilden zwey Familien oder Abtheilungen, die eine mit dünnem Schnabel, welche sich von Insecten und Würmern nährt; die andere mit dickem, convexen Schnabel, welche zum Theile von Körnern und Früchten lebt.

A. Klettervögel mit dünnem Schnabel.

I. Jakamars. Jacamars. (Galbula.)

Dieß sind Vögel, welche, der ganzen Gestalt des Körpers und Schnabels nach, den Eisvögeln gleichen. Auch haben sie wie diese eine kurze Zunge, aber ihre Zehen stehen eben so wie bey den übrigen Klettervögeln. Man kennt nur eine kleine Anzahl von Gattungen: sie sind aus Amerika, halten sich in feuchten Holzungen auf und leben von Insecten.

II. Spechte. Pics. (Picus.)

Dieß sind vorzüglich die Klettervögel; man sieht sie beständig und in allen möglichen Stellungen an der Rinde der Bäume hängen. Zu diesem Klettern sind sie außer der Bildung ihrer Füße auch noch durch den Schwanz geschickt, welcher aus sehr steifen Federn besteht und ihnen gleichsam als Strebepfeiler dient. Man hat behauptet; der Schwanz habe nur zehn Steuerfedern, dabey sind aber die beyden äußersten übersehen, welche weit kleiner sind als die anderen. Die Spechte haben einen sehr langen Schnabel, welcher gerade, spitz, an der Spitze zusammengedrückt und an der Wurzel eckig ist. Ihre Zunge ist sehr lang, rund, dünn und am Ende mit kleinen rückwärts gebogenen Spitzen bewaffnet. Sie können dieselbe mehrere Zolle lang ausstrecken und wieder zurückziehen: sie dient ihnen um die Würmer aufzuspiessen, und sie so aus den Spalten der Baumrinden hervorzuziehen. Die Spechtgattungen sind sehr zahlreich: es giebt ihrer in allen Gegenden der alten und neuen Welt. Sie haben einen häutigen Magen und keine Blinddärme.

1. Der Schwarzspecht. Le pic noir. (Picus martius.)

Von der Grösse der Krähe; ganz schwarz; auf dem Hinterkopfe ein schön rother Fleck. Hält sich vorzüglich in Waldungen hoher Gebirge auf.

2. Der Grünspecht. Le pic verd. (Picus viridis.)

Oben grün, unten gelblich oder weißlich; der Steiß goldgelb; der Obertheil des Kopfes schön roth. Dieß ist in flachen Ländern die gemeinste Gattung. Er nistet wie andere Spechtgattungen in Löchern hohler Bäume, und kündiget durch ein besonderes Geschrey den Regen an. Von der Größe des Nußhähers.

3. Der große Buntspecht. L'épeiche ou pic varié. (Picus major.)

Der Körper weiß und schwarz gezeichnet; ein Streif am Hinterhaupte und der Untertheil des Schwanzes schön roth. Bey dem Weibchen findet sich der Streif am Kopfe nicht. Von der Größe der Amsel.

4. Der kleine Buntspecht. Le petit épeiche. (Picus minor.)

Der Körper weiß und schwarzbunt; unten schmutzig weiß; nur das Männchen hat am Kopfe eine rothe Stelle. Von der Größe des Sperlings.

III. Wendehälse. Torcols. (Jynx.)

Der gemeine Wendehals ist ein Vogel unseres Clima's, welcher die Gewohnheiten der Spechte und eine wie bey diesen gebildete Zunge hat; der Schnabel hingegen ist kurz und nicht eckig, und der Schwanz lang und am Ende flach abgeschnitten. Den Nahmen Wendehals hat er wegen der sonderbaren Bewegungen seines Halses erhalten, welche er macht, wenn er zornig ist oder gefangen wird. Sein Gefieder ist aschgrau, mit kleinen grauen, braunen, schwärzlichen Flecken u. s. w. gezeichnet. Er nistet in hohlen Bäumen.

VI. Guckgucks. Coucous. (Cuculus.)

Haben einen an der Wurzel rundlichen, mittelmäßig langen, leicht gebogenen, spitzigen

Schnabel. Ihre Nasenlöcher sind mit einem vorspringendem Rande versehen; die Zunge ist lang, spitzig und ungespalten: der Schwanz verlängert, bald rund, bald spitzig, bald gerade abgeschnitten.

Wir haben bey uns nur eine einzige Gattung.

1. Der gemeine Guckguck. Le coucou ordinaire. (Cuculus canorus.)

Er ist vor allen anderen Vögeln durch den besonderen Trieb berühmt, seine Eyer in fremde Nester zu legen. Das Weibchen des Guckgucks brütet nicht: es wählt das Nest eines kleineren Vogels, meistens eines Sängers oder Dünnschnäblers: als Rothkelchen, Grasmücke oder Bachstelze, zuweilen auch eines körnerfressenden Vogels: als der Ammern, Grünlinge oder Gimpel; frißt die Eyer ganz oder zum Theile, legt das seinige an die Stelle und fliegt davon. Der Vogel, welchem das Nest gehört, bebrütet das Ey, nährt und erzieht den jungen Guckuck mit eben so viel Sorgfalt, als wäre er sein eigenes Junges. Der Guckuck ist auf dem Rücken bräunlich-grau, an Brust und Bauche weiß und braun gestreift; der Schwanz ist schwärzlich, mit weißen Puncten am Rande der Steuerfedern: Füße, Winkel des Schnabels und der Kreis um die Augen gelb. Er lebt von Insecten und greift zuweilen selbst die ganz kleinen Vögel an. Sein Rufen ist aller Welt bekannt. Im Winter ziehen sie fast sämmtlich von uns.

Die ausländischen Guckucksgattungen sind in der alten und neuen Welt sehr zahlreich; man weiß aber nicht, ob irgend eine derselben wie unser Guckuck in fremde Nester legt; dahingegen ist von einigen Gattungen bekannt, daß sie es nicht thun. Diese nisten gewöhnlich in hohlen Bäumen. Die merkwürdigsten sind:

2. Der Honig-Guckuck. Le coucou indicateur. (Cuculus indicator.)

lebt auf dem Vorgebirge der guten Hoffnung, und weiter in einem großen Theile von Afrika; nährt sich vom Honige der wilden Bienen, welche in diesen Gegenden sehr gemein sind. Die Einwohner folgen ihm sorgfältig nach, und geben ihm, wenn sie mit seinem

seinem Beystande einige Honigstöcke aufgefunden haben, zur Belohnung einen Theil des Honigs ab; aber doch nicht so viel, daß er satt werden könnte, aus Furcht er möchte aufhören, weiter nach Honig zu suchen. Er ist oben röthlichgrau, unten weiß, auf den Schultern hat er einen gelben Fleck. Der Schwanz ist spitzig und röthlich.

3. Der Turako. Le touraco. (Cuculus persa.)

Aus Afrika; grün von Farbe, am Rükken mit blauen Schattierungen; die vorderen Schwungfedern roth; der Schwanz ist lang, auf dem Kopfe ist ein Federbusch. Ein artiger Vogel, welcher wegen seines kurzen, ziemlich dicken Schnabels wohl von dem Guckucks-Geschlechte getrennt werden könnte.

B. Klettervögel mit dickem Schnabel.

V. Kurukus oder Baumhacker. Couroucous. (Trogon.)

Diese Vögel sind aus Süd-Amerika: ihr Schnabel ist in der Quere breiter, als von oben nach unten, übrigens kurz, gekrümmt, an den Rändern gezahnt und an der Wurzel mit Borsten umgeben; die Füße sind sehr kurz, und bis nahe an die Zehen mit Federn bedeckt. Die Benennung ist von ihrer Stimme hergenommen. Sie leben von Insecten, halten sich in Gehölzen auf und nisten in Baumlöchern, wo sie ihre Eyer auf das zerkleinte faule Holz legen. Es sind nur wenige Gattungen derselben bekannt.

1. Der gelbbäuchige Kuruku. Le couroucou à ventre jaune. (Trogon viridis.)

Auf dem Rücken grüngolden; an der Kehle bläulichschwarz; am Bauche gelb; die Schwungfedern schwarz und weißbunt. Ist einen Fuß lang, findet sich in Cayenne.

VI. Bartvögel. Barbus. (Bucco.)

Haben einen dicken, spitzigen Schnabel, welcher von den Seiten zusammengedrückt, bis unter die Augen gespalten, an seinem Ende ausgeschnitten und an der Wurzel mit groben, steifen Borsten oder bartlosen Federn versehen ist. Sie finden sich in der heißen Zone der alten und neuen Welt, haben einen dicken Kopf und gedrungenen Körper, einen kurzen, schwerfälligen Flug, und ein trauriges, stilles Ansehen. Sie halten sich an den verborgensten Stellen der Wälder auf und leben von Insecten.

Die der alten Welt haben einen kürzeren Schnabel, welcher auch unten mehr convex ist; ihnen hat man vorzüglich den Nahmen Bartvögel gelassen:

1. Der gelbkehlige oder Philippinische Bartvogel. Le barbu à gorge jaune. (Bucco philippinensis.)

Sieben Zoll lang; oben grün, unten gelblich mit braunen Flecken; Kehle und Backen gelb, auf dem Kopfe und unter dem Halse roth; unter dem Auge ein schwarzer Strich. Kommt von den Philippinischen Inseln.

Die Amerikanischen Bartvögel haben einen größeren und längeren Schnabel und werden Tamatias genannt.

2. Der Tamatia mit dem Halsbande. Le tamatia à collier. (Bucco capensis.)

Von Farbe roth, was sich ins Oraniengelbe zieht; unten weißlich mit einem schwarzen Halsbande.

VII. Pfefferfraße. Toucans. (Ramphastos.)

Haben von allen bekannten Vögeln die ungeheuersten Schnäbel: es giebt sogar Gattungen, deren Schnabel eben so groß, als der ganze übrige Körper ist. Die Substanz dieser Schnäbel ist leicht und aus leeren Zellen bestehend; sie haben eine lange etwas zusammengedrückte Gestalt; das Ende des Oberschnabels ist nach unten gekrümmt und die Ränder beyder sind unregelmäßig gezahnt. Ihre Zunge ist von beyden Seiten wie eine Feder mit einem Barte versehen. Alle Pfefferfraße kommen aus den heißen Gegenden von Amerika: sie leben von den Palmfrüchten und anderen Körnern, fliegen truppweise, schreyen stark und nisten in Baumlöchern. Sie lassen sich leicht zähmen. Ihr Gefieder ist gewöhnlich dunkel gefärbt; an der Kehle und Brust aber haben sie sehr glänzende Federn, welche von den Eingebohrnen jener Länder zu sehr artigen Arbeiten angewandt werden.

VIII. Papageyen. Perroquets. (Psittacus.)

Diese haben einen sehr dicken, nach allen Seiten convexen Schnabel, dessen Oberkiefer spitzig, mit eckigen Rändern, und über den unteren hergebogen ist. Der Oberschnabel kann deutlich bewegt werden, und ist an der Wurzel mit einer weichen Haut versehen, in welcher die Nasenlöcher befindlich sind. Ihre Zunge ist dick, stumpf und fleischig, beynahe wie die Zunge der Säugethiere: sowohl von der Bildung dieser Zunge, als von der inneren Wölbung des Schnabels hängt das besondere Talent dieser Vögel ab, verschiedene Stimmen und vorzüglich die menschliche nachzuahmen. Ueberdieß haben sie in ihrer Haltung und in ihren Bewegungen ein nachdenkendes Ansehen, welches uns in Erstaunen setzt, und wozu auch noch die Gewohnheit beytragen mag, sich auf einem Beine zu halten und mit der anderen

Pfote die Nahrung zum Schnabel zu bringen. Im wilden Zustande bewohnen die Papageyen die Waldungen der heißen Zone, welche sie mit ihrem Geschrey erfüllen. Sie fliegen nur wenig, klettern aber beständig an den Stämmen und Zweige der Bäume umher, deren Früchte sie fressen. Sie zerbrechen mit ihrem dicken, starken und scharfen Schnabel leicht die Steinfrüchte, und bedienen sich auch dieses Schnabels zum Klettern. Sie nisten in Baumlöchern.

Man theilt die Papageyen nach der länge und Gestalt ihres Schwanzes ein. Wir bemerken unter denen mit kurzen, gerade abschnittenen Schwänzen:

a) Die Kakatus, deren Kopf mit einem beweglichen Federbusche geziert ist.

Diese sind die größesten und schönsten. Ihr Gefieder ist meistens weiß; der Holien oder Federbusch ist nach den verschiedenen Gattungen an Farbe verschieden. Eine Gattung hat ganz schwarzes Gefieder. Alle Kakatus kommen aus Ost-Indien.

b) Eigentliche Papageyen: ohne Hollen auf dem Kopfe.

Die alte Welt hat deren nicht so viele, als Amerika. Unter anderen Gattungen der alten Welt bemerken wir nur:

1. Der gemeine aschgraue Papagey. Le perroquet cendré. (Psittacus erithacus.)

Der gemeinste von allen, welcher auch am besten sprechen lernt. Er stammt aus Guinea. Die Farbe seines Körpers ist hell aschgrau und sein Schwanz schön roth.

Die Gattungen mit rothem Gefieder, welche aus Ost-Indien kommen, haben bey den Vogelstellern den Namen Loris. So zum Beyspiele:

2. Der Lori mit blauer Mütze. Le lori à collier. (Psittacus domicella.)

Roth, mit violblauer Kappe, grünen Flügeln, blauen Backen und Schultern; das Männchen hat unter dem Halse ein gelbes Band. Er kommt von den Molucken und von Neu-Guinea.

Unter den Amerikanischen Gattungen, haben diejenigen mit rothen Flügelspitzen den Nahmen Amazonen, als:

3. Der weißgestirnte Papagey. L'amazone à tete blanche. (Psittacus leucocephalus.)

Grün, mit rother Kehle und rothem Bauche; der Kopf weiß; der Hinterkopf blau.

Die, bey denen die Flügelspitze anders, als roth gefärbt ist, werden Kriks, und die, welche gar keine besonders verschiedene Farbe an der Flügelspitze haben, werden eigentlich Papageyen genannt. Sowohl in der alten als neuen Welt finden sich auch Papageyen-Gattungen mit kurzem Schwanze, welche nicht größer sind, als Sperlinge, z. B.

4. Der rothköpfige Guineische Parkit. Le moineau de Guinée. (Psittacus pullarius.)

Hellgrün; mit rothem Kopfe, blauem Steiße nnd an den Seiten des Schwanzes roth gefleckt. Die Gattungen von dieser Größe, welche sich in Amerika finden, werden daselbst Tuis genannt.

Unter den Papageyen mit langem, spitzen Schwanze bemerken wir:

c) Die Aras: als die größesten und schönsten von allen; sie kommen sämmtlich aus Amerika, und unterscheiden sich durch einen großen, nicht befiederten Fleck an jeder Backe.

5. Der rothe Aras. L'ara rouge. (Psittacus macao.)

Seine Farbe ist das schönste Scharlachroth; die Schwungfedern und die äußeren Steuerfedern himmelblau; die Deckfedern der Flügel gelb (jonquille).

6. Der blaue Aras. L'ara bleu. (Psittacus ararauna.)

Oben schön himmelblau, unten oraniengelb, die Seiten des Kopfes weiß und schwarz gestreift.

Diese beyden großen Gattungen sind in Europa ziemlich gemein, wohin man dieselben wegen ihres prächtigen Gefieders bringt.

d) Die Parkits (Perruches): sind kleiner als die Aras, und haben befiederte Backen. Sie finden sich in der alten und neuen Welt. Die Amerikanischen haben noch besonders den Nahmen Perriken (Perriques) erhalten.

7. Der Alexanders-Papagey. La grande perruche à collier. (Psittacus Alexandri.)

Hellgrün, mit schwarzer Kehle, mit einem rothen Querbande im Nacken und einem rothen Flecke an der Flügelspitze. Diese aus Indien kommende Gattung, war der einzige den Alten bekannte Papagey. Alexander der Große brachte denselben zuerst nach Europa.

8. Der grüne langgeschwänzte oder rothschnabelige Parkit. Le sincialo. (Psittacus rufirostris.)

Einfärbig hellgrün, Schwung- und Steuerfedern bläulich; der Schnabel röthlich-braun; die Füße grau. Dieses ist eine artige Amerikanische Gattung, welche man häufig bey uns wegen ihres sanften Betragens aufzieht.

Fünftes Kapitel.

Von den hühnerartigen Vögeln. (Gallinae Linn.)

Dieses sind schwerfällige Vögel, welche sich fast allein von Körnern nähren: die meisten von unsern Hausvögeln gehören hieher. Ihre Kennzeichen sind: der leichtgebogene gleichsam gewölbte Oberschnabel, die zum Theile mit einem fleischigen Stücke bedeckten Nasenlöcher, und vorzüglich die kurzen Füße, deren Zehen an den Rändern gezackt und nur an der Wurzel durch kurze Häute verbunden sind. Die Fußwurzel ist bey einigen Gattungen mit einem spitzigen Sporn versehen. Bey fast allen bedarf ein Männchen mehrerer Weibchen; sie nisten auf dem Boden, ohne ein Nest zu bauen.

I. Tauben. Pigeons. (Columba).

Scheinen zwischen den hühnerartigen und sperlingsartigen Vögeln das Mittel zu halten, indem sie mit diesen letzteren mehr Aehnlichkeit in ihrer Lebensart und Gewohnheit, mit den ersteren aber mehr Aehnlichkeit in der Gestalt und Organisation haben. Ihr Schnabel ist dünn und länglich, am Ende aufgetrieben; ihre Nasenlöcher sind zur Hälfte mit einer fleischigen, wulstigen Schuppe bedeckt; die Füße sind kurz, die Zehen bis zum Ursprunge getrennt, wo sich zwischen denselben eine sehr kurze Haut findet. Sie leben in der Monogamie, bauen Nester, und brüten alljährlich einige Mahle, doch nicht zahlreich.

1. Die Holztaube. Le biset. (Columba oenas).

Schieferblau, mit Farbenspiel am Halse. Dieses ist die Stammgattung unserer verschiedenen Hausraßen. Sie lebt in Holzungen, nistet auf Bäumen und brütet jährlich zwey bis drey Mahl. Die Abart, welche sich dieser am meisten nähert, ist unsere Feld-Haustaube, welche in großen Scharen in den Behältern nistet, die ihr der Mensch zubereitet, und dieselben frey verläßt, um ihren Unterhalt in den Feldern zu suchen. Sie brütet jährlich drey bis vier Mahl. Durch die Cultur sind unzählige Abarten derjenigen Art unserer Haustaube entstanden, welche unsere Wohnungen nie verläßt und von uns ernährt wird. Diese brüten beynahe alle Monathe und legen jedesmahl zwey Eyer.

2. Die Ringeltaube. Le ramier. (Columba palumbus).

Oben bräunlichgrau; am Bauche röthlich; an den Seiten des Halses weiß gefleckt. Dieß ist eine wilde Gattung, welche größer ist als unsere Haustauben.

3. Die Turteltaube. La tourterelle. (Columba turtur).

Eine kleine wilde Gattung, welche oben grau, an der Brust röthlich ist, und an jeder Seite des Halses einen schwarz und weiß gestreiften Fleck hat.

II. Waldhühner. Tetras, (Tetrao).

Diese bilden ein sehr zahlreiches Geschlecht, dessen Gattungen für unsere Tafel sehr gesucht werden. Man erkennt sie an einem nackten Flecke über dem Auge, an welchem die Haut körnig, und gewöhnlich von schön rother Farbe ist. Ihre Gestalt ist dick; ihr Schwanz gerade abgeschnitten, aus achtzehn wagerecht liegenden Steuerfedern bestehend. Man kann dieses Geschlecht in drey kleine Zünfte theilen:

a) Die eigentlichen Waldhühner, mit befiederten Fußwurzeln.

1. Der Auerhahn. Le coq de bruyère. (Tetrao urogallus).

Größer als eine Gans; oben dunkelbraun, unten schieferfarben; überall schwarz punctirt und mit kleinen schwärzlichen Strichen bezeichnet; der Schwanz gerade abgeschnitten. Hält sich in den großen Holzungen hoher Berge in kalten Ländern auf. Lebt von Blättern und Baumknospen.

2. Das Birkhuhn. Le coc de bruyère à queue fourchue. (Tetrao tetrix).

Schwärzlichbraun; am Flügel weißgefleckt; der Schwanz gespalten; von der Größe des gemeinen Hahnes. Es hält sich in Holzungen auf und lebt von Birkenkätzchen und Haselstaudenkätzchen u. s. w. Die Weibchen dieser beyden Gattungen sind kleiner, haben hellere und buntere Farben als ihre Männchen. Diese sträuben zur Zeit der Brunst ihre Federn, heben den Schwanz in die Höhe, und sind wie von einer Art Dummheit oder Betäubung überfallen: sie rufen dann ihren Weibchen zu, welche sich in großer Anzahl dem Baume nähern, auf welchen sich das Männchen gesetzt hat.

3. Das Haselhuhn. La gelinotte. (Tetrao bonasia).

Von der Größe eines Huhns; mit schön grau, braun, bräunlichgelb und schwärzlichbuntem Gefieder; auf dem Schwanze, welcher am Ende weißgefärbt ist, eine schwarze Querbinde. Bey dem Männchen ist die Kehle schwarz, mit Weiß eingefaßt. Dieser Vogel hält sich in Holzungen am Fuße der Gebirge auf, und wird mit für das schönste Wildprett gehalten.

4. Das weiße Waldhuhn, Schneehuhn. Le lagopède, ou perdrix blanche. (Tetrao lagopus).

Von der Größe einer Taube; die Füße bis unter die Zehen befiedert. Das Gefieder im Sommer weiß, mit Gelb, Braun und Schwärzlich getüpfelt; auf dem Schwanze eine schwarze Binde. Im Winter wird es völlig weiß. Dieser Vogel lebt in den nördlichen Gegenden, oder auf unseren höchsten Gebirgen, wo er selbst den Winter über bleibt. Er lebt von jungen Sprößlingen der Bäume, von Birkenkätzchen u. s. w.

b) Rebhühner: mit nackten Fußwurzeln und rothen Augenbraunen.

5. Das gemeine Rebhuhn. La perdrix grise. (Tetrao perdix).

Der Rücken bräunlichgrau; der Bauch aschfarben; die Seiten bräunlichroth gefleckt; der Kopf bräunlichgelb. Das Männchen unterscheidet

scheidet sich durch einen großen, hufeisenförmigen, dunkelgelblichrothen Fleck auf der Brust. Dieser Vogel ist allgemein bekannt, und in Ebenen, vorzüglich auf gut angebaueten Feldern sehr häufig. Sie leben hier paarweise, und vereinigen sich gegen das Ende des Sommers zu mehr oder weniger zahlreichen Gesellschaften. Die Rebhühner begeben sich nur in die Holzungen, wenn sie verfolgt werden.

6. Das Europäische Rothhuhn. La perdrix rouge. (Tetrao rufus).

Am Rücken braun, an den Seiten aschfarben mit röthlichen Flecken; die Kehle weiß, mit Schwarz eingefaßt; die Augenbraunen weiß; die Brust auf aschgrauem Grunde schwarz gefleckt; Schnabel und Füße roth. Größer und nicht so gemein, wie das graue oder gemeine Rebhuhn. Hält sich vorzüglich in den Gebirgen an solchen Stellen auf, wo Heide und Strauchwerk wächst.

7. Der Frankolin. Le francolin. (Tetrao francolinus).

Dieses Rebhuhn kommt aus den heißeren Ländern, als Spanien, Sicilien, Griechenland u. s. w. Sein Gefieder ist bräunlichgelb, oben schwarzbunt, unten schwarz mit weiß gefleckt; um den Hals geht ein schönes oranienfarbenes Band; der Kopf ist schwarz und weißlichbunt; Schnabel und Füße roth; die Fußwurzeln gespornt. Sein Fleisch wird sehr geschätzt. Er liebt die feuchten Plätze und das Meerufer.

e) Wachteln: mit nackten Fußwurzeln; hinter dem Auge ein nackter Fleck ohne Roth.

8. Die gemeine Wachtel. La caille. (Tetrao coturnix).

Ein kleiner Vogel, welcher sehr fett wird und im Winter verschwindet; obgleich er schwer ist, so fliegt er doch zu dieser Zeit in einem Zuge über das mittelländische Meer; er wartet aber dazu einen günstigen Wind ab. Es bleiben nur einige dieser Vögel einzeln bey uns, welche sich in Baumlöcher und unter Steine verbergen. Das Gefieder der Wachtel ist oben braun, unten braunröthlich und bräunlichgelb; auf der Brust braungefleckt, mit einem gelblichen Büschel auf jeder Rücken- und Seitenfeder.

III. Pfauen. Paons. (Pavo).

Sind prächtige Vögel, welche sich durch einen Federbusch von langen am Ende breiten Federn unterscheiden, womit der Kopf gekrönt ist. Ihr Wuchs ist schlank, ihre Haltung stolz, die eigentlichen Steuerfedern gleich lang und wagerecht stehend; die Steißfedern aber sind bey einigen Gattungen bis jenseits des Schwanzes verlängert, so daß sie selbst noch eine Art von überzähligem Schwanze bilden, welchen der Vogel nach Willkühr erheben kann, um sich, wie man sagt, zu brüsten (faire la roue).

1. Der gemeine Pfau. Le paon ordinaire. (Pavo cristatus).

Ist einer der allerschönsten Vögel: sein Gefieder gleicht an Farbe und Glanz den Metallen und Edelsteinen; Kopf und Hals sind dunkelsaphirblau, in das Violblaue und Grüne spielend; die Federn des Busches auf dem Kopfe glänzen schön grüngolden; quer über die Backe gehen zwey weiße Streifen; der Rücken ist von morgenrother Farbe mit grüngoldenen in das Kupferrothe spielenden Schuppen; die Schwungfedern und Steuerfedern sind bräunlichroth. Aber vorzüglich an den langen Steißfedern hat die Natur ihren Pinsel ganz erschöpft: diese sind länger als der ganze übrige Körper; haben einen langen wellenförmigen Bart, welcher mit violblauen, grünen und goldgelben Farben spielt; nur das Ende einer jeden von diesen Federn hat einen dichtstehenden Bart, und auf diesem einen großen eyrunden, aus braunen, veilchenblauen, goldfarbenen und kupferfarbenen Ringen bestehenden Fleck, in dessen Mittelpuncte sich ein Auge findet, welches aus dem schönsten Himmelblau in das Sammetschwarze und Smaragdfarbene spielt. Die Füße dieses Vogels sind dick und schwärzlich, mit einem starken Sporn bewaffnet. Die Weibchen sind braun. Am Halse ist ein grüner Widerschein; die langen Steißfedern fehlen gänzlich. Selbst bey dem Männchen finden sie sich nur zur Zeit der Brunst. Diese jetzt in Europa gewöhnlichen Vögel stammen ursprünglich aus Indien. Ihr gellendes Geschrey ist ein ziemlich untrüglicher Vorbote des Regens. Die jungen Pfauen sind ziemlich gut zu essen. Sie wurden ehemals bey großen Gastmählern mit dem ganzen Schweife aufgetragen, wie das jetzt noch mit den Fasanen gebräuchlich ist.

2. Der Pfaufasan, oder Chinesische Pfau. Le paon de la Chine, ou l'éperonnier. (Pavo bicalcaratus).

Auf dem Kopfe ist nur ein kürzerer Hollen; das Gefieder ist bräunlichroth; vorzüglich auf dem Obertheile, sowohl bey dem Männchen als Weibchen mit blauen gelb eingefaßten Augen dicht besetzt. Die Steißfedern sind kaum länger als die Steuerfedern, und haben jede ein doppeltes Auge. An jeder Fußwurzel sind zwey Sporen.

3. Der Impeyische Pfau. Le paon d'Impey. (Pavo Impeyanus).

Ein schöner Busch von spitzigen Federn auf dem Kopfe; am Halse grüngolden, ins Kupferrothe spielend; die Flügel grün in das Blaue spielend; der Bauch schwarz; der Steiß weiß; der Schwanz bräunlichroth. Hat keine lange Federn am Steiße. Dieser Vogel ist von einer Englischen Dame aus Indien nach Europa gebracht und hat nach dieser den Nahmen erhalten.

IV. Fasanen. Faisans. (Phasianus).

Man erkennt die Fasanen an einem nackten unbefiederten Flecke an jeder Backe, und an dem spitzig verlängerten Schwanze, dessen mittlere Steuerfedern die übrigen wie ein Dach bedecken. Es sind meistens sehr schöne Vögel, deren Fleisch von vortrefflichem Geschmacke ist. Ihr Kopf ist mit einem borstigen Hollen versehen.

1. Der gemeine Fasan. Le faisan ordinaire. (Phasianus colchicus).

Oder der Vogel vom Phasus, von den Argonauten aus Kolchis nach Europa gebracht, wo man denselben jetzt überall in Gehegen oder Parks aufzieht, welche zu dieser Absicht besonders bestimmt sind. Das Gefieder des Männchens ist braun, dunkelgrün und braungalden gezeichnet; der Hals und Hollen ist grün. Das Weibchen ist grau und braunbunt, und hat keinen Hollen; auch ist der Schwanz desselben viel kürzer.

2. Der Silberfasan. Le faisan d'argent de la Chine. (Phasianus nycthemerus).

Oben halbweiß, mit schmalen schwärzlichen Streifen; unten dunkelschwarz: der Hollen schwarz; der Schwanz weiß. Das Weibchen ist oben braunröthlich mit braunen Streifen, unten grau, mit schwarzen und gelben Schuppen.

3. Der Goldfasan. Le faisan doré de la Chine. (Phasianus pictus).

Unten schön roth; auf dem Kopfe einen goldgelben Hollen; oben auf dem Halse oraniengelb mit schwarzen Streifen; der Vordertheil der oberen Rückenseite grün, der Hintertheil derselben nebst dem Steiße goldgelb; der Flügel braun und bräunlichroth, mit einem großen blauen Flecke; der Schwanz sehr lang, braun, mit grauen Flecken. Das Weibchen braun und graubunt.

Diese beyden Vögel, an deren Wartung und Vervielfältigung die Chinesen Gefallen gefunden haben, und welche sie auf ihren Papieren, auf ihrem Porzelane u. s. w. abbilden, sind heut zu Tage auch eine Zierde unserer Menagerien.

4. Der Argusfasan. L'argus, ou faisan de Junon. (Phasianus argus).

Einer der schönsten von allen bekannten Vögeln, obgleich seine Farben nicht glänzend sind. Der Schwanz ist außerordentlich lang, und die Schwungfedern der zweyten Ordnung sind beynahe eben so lang als der Schwanz, so daß wenn der Vogel dieselben ausbreitet, sie einen ungeheuren Zirkel bilden. Jede Schwungfeder ist mit einer Menge von reihenweise stehenden grünlichen Augen dicht besetzt; das ganze übrige Gefieder ist auf braunem oder gelblichgrauen Grunde schwarz gefleckt. Hals und Kopf sind mit einer nackten blauen Haut bekleidet. Die Füße sind roth. Das Weibchen hat keine von allen diesen Verzierungen und ist einfärbig bräunlichgrau. Dieser außerordentliche Vogel kommt von den Gebirgen aus Ober-Asien.

Die Hähne. Les coqs. (Gallus).

Welche von Linné wegen ihrer nackten Backen zum Fasanengeschlechte gezählt werden sind, unterscheiden sich durch den fleischigen Kamm auf dem Kopfe und durch die Lappen von derselben Art, welche unter ihrem Schnabel herabhängen, und noch mehr durch die Stellung ihrer Steuerfedern, welche zusammen zwey senkrechte gegen einander gelegte Flächen bilden. Der Hahn hat lange schmale Federn, welche sich bogenförmig über den Schwanz herbeugen und der Henne fehlen. Bey beyden findet sich zuweilen an Statt des Kammes ein Hollen von Federn. Auch sind bey gewissen Abänderungen die Füße bis an die Zehen mit Federn bedeckt.

Man kennt nur eine Gattung, welche aus Indien herstammet, und deren unzählige Abänderungen jetzt in allen Theilen der Welt auf unseren Hühnerhöfen gefunden werden. (Phasianus gallus Linn.) Sonnerat hat in Indien den ursprünglichen wilden Hahn wiedergefunden.

V. Das Perlhuhn. La peintade. (Numida).

Die Kennzeichen desselben sind fleischige Lappen an beyden Seiten der Wurzel des Schnabels und eine nach rückwärts gekrümmte Knochenhervorragung auf dem Scheitel; dieser Vogel stammt ursprünglich aus Afrika und war den Alten unter dem Nahmen des meleagrischen Huhnes bekannt. Es hat einen kurzen gerade abgeschnittenen Schwanz, ein bläulich-aschgraues, überall mit kleinen weißen Puncten besetztes Gefieder; es wird zum Vergnügen in Hühnerhöfen bey uns mit aufgezogen (Numida meleagris Linn.).

VI. Der Truthahn. Le dindon. (Meleagris).

Auch dieses ist ein großer Hausvogel, welcher aus Amerika herstammt: sein Kopf ist nackt und mit fleischigen Warzen bedeckt; unter dem Halse hängen fleischige Lappen herab, und auf dem Kopfe ist eine Art von schlaffem Kegel, welchen das Männchen nach Willkühr so verlängern kann, daß er bis vor dem Schnabel herabhängt. Diese ganze Haut verändert sich nach den Gemüthsbewegungen des Thieres augenblicklich vom Weißen zum Blauen und Blutrothen. Auf der Brust findet sich ein Pinsel von ziemlich langen Haaren: die Steißfedern sind bey dem Männchen eben so lang als der Schwanz, und er kann sie aufheben und fächerförmig ausbreiten wie der Pfau; sie sind aber steif, ins Gevierte abgestutzt und von dunkeler Farbe wie das übrige Gefieder. Der Truthuhn ist das Emblem des närrischen Hochmuthes. Es ist der größeste und beste von allen hühnerartigen Hausvögeln.

VII. Hockos. Hoccos. (Crax).

Sind große Amerikanische hühnerartige Vögel, deren Hauptkennzeichen in einer weichen die Wurzel des Schnabels umgebenden Haut besteht. Ihr Anstand ist beynahe so, wie bey dem Truthahne: der Schwanz ist gerade abgeschnitten und der Kopf oft mit einem Hollen besetzt. Man könnte sie leicht bey uns in Europa einführen, wo sie von gleichem Nutzen seyn würden, als der Truthahn.

1. Der schwarze Hocko. Le hocco noir. (Hocco niger).

Das Gefieder schön schwarz; auf dem Kopfe einen Hollen, dessen Federn nach verschiedenen Seiten gekraust sind. Die Haut an der Wurzel des Schnabels citronengelb, oben auf mit einem abgerundeten Höcker. Von Guiana. (Es ist derselbe als Crax alector L. W.).

2. Der Pauxi. Le pauxi, ou pierre. (Crax pauxi).

Schwarz; die Wurzel des Schnabels und eine große eyförmige Hervorragung oberhalb desselben himmelblau. Von Mexico. Er hält sich an unbewohnten Oertern auf.

Die Luftröhre dieser Vögel macht große Windungen, wie bey einigen Wasservögeln.

VIII. Penelopen. Guans. (Penelope).

Diese unterscheiden sich von den Hockos durch den Mangel der Wachshaut, oder der weichen Haut, welche bey diesen den Schnabel an der Wurzel umgiebt. Ihr Kopf ist nicht gänzlich von Federn entblößt; doch sind verschiedene nackte Stellen und bey einigen Gattungen selbst Hervorragungen und Fleischwarzen daran.

IX. Trappen. Outardes. (Otis).

Diese verbinden mit dem Schnabel, den Zehen, den kleinen Häuten am Anfange derselben und dem plumpen Anstande der Hühnerarten, die langen Fußwurzeln und die unten unbefiederten Beine der Sumpfvögel. Sie fliegen nur sehr wenig, und bedienen sich ihrer Flügel meist nur, um desto schneller zu laufen. Sie leben von Körnern und Kräutern.

1. Der gemeine große Trappe. La grande outarde. (Otis tarda).

Dieses ist nebst dem Pelikan der größeste Europäische Vogel. Sein Gefieder ist am Rücken hoch bräunlichgelb, mit sehr vielen kleinen schwarzen Querstrichen gezeichnet, am ganzen übrigen Körper gräulich. Die Ohrenfedern sind bey dem Männchen verlängert und bilden an beyden Seiten des Kopfes gleichsam einen Schnurrbart. Dieser Vogel hält sich in flachen ländern auf, und gilt für unser bestes Wildprett.

2. Der kleine Trappe. La petite outarde, ou canepetière. (Otis tetrax).

Ist viel kleiner und seltener als die vorhergehende Gattung. Der Obertheil des Körpers ist braun und schwärzlichbunt; der Untertheil weißlich. Der Hals des Männchens ist schwarz mit zwey weißen Querbändern.

In den fremden ländern kommen gleichfalls einige Gattungen von Trappen vor.

Vögel, welche nicht fliegen können.

Diese sind von einigen zu den hühnerartigen Vögeln gezählt worden, mit welchen sie vermöge ihres schweren Körpers übereinkommen; andere haben sie zu den Sumpfvögeln gerechnet, denen sie in den langen Fußwurzeln und in den unten unbefiederten Beinen gleichen. Es sind nur wenige Gattungen, und zwar die größesten von allen Vögeln.

I. Der Strauß. L'autruche. (Struthio).

Er wohnt in den heißesten Gegenden von Afrika, und ist an acht bis zehn Fuß hoch. Der Hals ist lang und dünn, er trägt einen sehr kleinen Kopf, an welchem der Schnabel breit, kurz und gewölbt ist. Die Flügel sind so kurz, daß sie nicht zum Fluge, sondern nur zur Verschnellerung des Laufens dienen; daher läuft der Strauß aber auch schneller als das beste Pferd. Seine Beine sind sehr lang und stark; die Füße haben nur zwey Zehen, welche beyde nach vorn gerichtet sind. Sein Gefieder ist braun mit weißen Flecken. Die Steißfedern sind groß, biegsam, mit einem langen, feinen und weichen Barte versehen, und von großem Nutzen zum Schmucke der Frauenzimmer, zu Federbüschen u. s. w. Das Brustbein des Straußes ist platt und hat nicht die Erhabenheit, welche man an dem der übrigen Vögel bemerkt. Das Gabelbein ist mit dem Brustbeine und den Schlüsselbeinen verwachsen. Er verdauet schnell und schlingt alles, was ihm vorkommt, ohne Unterschied hinunter, selbst Kieselsteine und Metall; daß er aber Eisen verdauen könne, wie man lange geglaubt hat, ist falsch. Er ist ein sehr dummer Vogel und hält sich in sandigen Gegenden auf. Seine Eyer brütet er nicht selbst aus, sondern bedeckt sie leicht mit Sande und bewacht sie, bis vermöge der Sonnenhitze die Jungen ausgekrochen sind. Linné hat den Strauß (struthio camelus) mit den folgenden Vögeln in ein Geschlecht gebracht.

II. Der Kasuar. Le casuar. (Rhea. Briss.).

Stammt aus Java und anderen Inseln des Indischen Archipelagus und ist hinlänglich vom Strauße verschieden, um ein besonderes Geschlecht zu bilden. Seine Dicke kommt der des Straußes beynahe gleich, er ist aber nicht so hoch als dieser. Der Kopf und ein Theil des Halses sind nackt, und roth und blau gefärbt. An jeder Seite hängt ein ziemlich langer Fleischlappen herab. Der Scheitel ist mit einem kegelförmigen knöchernen Helme von brauner Farbe geziert. Die Federn haben so kurze Bärte, daß sie dicken Haaren gleichen. Die Flügel sind noch kürzer, als bey dem Strauße,

und

und haben fünf Schwungfedern ohne Bart, welche folglich wie Stacheln aussehen: auch gebraucht sie der Vogel zu seiner Vertheidigung. Die Füße haben drey nach vorn gerichtete Zehen. Der Schnabel ist gekrümmt und von den Seiten zusammengedrückt. Es ist Linné's Struthio casuarius. Im Französischen wird er auch émeu genannt.

III. Der Tuju. Le touyou.

Der größeste Amerikanische Vogel; er hat einen langen Hals, einen kleinen Kopf und platten Schnabel wie der Strauß, in allem Uebrigen aber gleicht er mehr dem Kasuar. An jedem Fuße hat er drey nach vorn gerichtete Zehen, nach hinten einen runden schwieligen Knollen. Sein Gefieder ist oben grau, unten weiß, und die Federn selbst sind steif und hart. Dieses ist Linné's Struthio americanus und Brissons Rhea tujuju.

IV. Der Dudu. Le dronte. (Didus).

Stammt aus der Insel Frankreich (oder Mauritius) und aus der Reunions-Insel; ist ein dicker Vogel, dessen Flügel noch kürzer sind, als bey allen vorigen. Sein Körper ist plump und stark mit einer Art von grauem Pflaum bedeckt; seine Füße sind kurz, dick und mit vier Zehen versehen; der Schnabel ist lang, bis jenseits der Augen gespalten, welche selbst in der Wurzel desselben zu liegen scheinen. Seine in der Mitte concaven, am Ende aufgetriebenen Kiefer sind an ihren Spitzen in entgegengesetzter Richtung gekrümmt. Die Federn bilden um die Wurzel des Schnabels eine Art von Kappe. Linné hat ihn Didus ineptus genannt.

Sechstes Kapitel.

Von den Sumpfvögeln. (oiseaux de rivage. Grallae Linn.).

Vermöge der Länge ihrer Fußwurzeln und des nackten Untertheils ihrer Beine können sie leicht bis auf eine gewisse Tiefe ins Wasser gehen, in Sümpfen umherwaten und mit ihrem langen Halse und Schnabel, deren Länge immer mit der der Beine im Verhältnisse steht, Fische und andere Wasserthiere fangen. Die, welche einen starken Schnabel haben, leben von Fischen oder Amphibien, die übrigen begnügen sich mit Würmern und Insecten. Ihre äußere Zehe ist gewöhnlich am Anfange mit der mittelsten durch eine kurze Haut verbunden; die Hinterzehe fehlt bey einigen. Diese Vögel strecken ihre Füße im Fluge nach hinten aus, dahingegen die übrigen sie unter den Bauch anziehen.

A. Mit dickem kurzen Schnabel.

I. Der Trompetenvogel. L'agami. (Psophia).

Dieses ist ein Vogel des mittäglichen Amerika, beynahe zwey Fuß lang, hoch auf den Beinen, mit kegelförmigem etwas gewölbten Schnabel, welcher die sehr merkwürdige Eigenschaft besitzt, einen dumpfen tiefen Ton von sich zu geben, welcher aus dem After zu kommen scheint und woher er den Beynahmen crepitans erhalten hat. Sein Gefieder ist schwärzlich, mit einem glänzend blauen Flecke auf der Brust und langen aschfarbenen Steißfedern. Am Kopfe und Halse findet sich nur ein leichter Pflaum. Dieser Vogel lebt in Holzungen und Gebirgen, wo er sich von Körnern, Früchten, Würmern und selbst von Fischen nährt. Er läßt sich sehr leicht zähmen.

II. Der Anhima. Le Camichi. (Palamedea.)

Ist ein großer Süd-Amerikanischer Vogel, mit kurzem am Ende gekrümmten Schnabel, langen Beinen und sehr langen Zehen. Er ist leicht an einem langen, dünnen, auf der Stirne sitzenden Horne zu unterscheiden. Jeder seiner Flügel ist mit zwey Sporen bewaffnet und der Nagel der Hinterzehe ist gerade und lang, wie bey den Lerchen. Sein Gefieder ist schwärzlich, mit einem bräunlichrothem Flecke auf der Schulter. Er hält sich in wasserreichen Gegenden auf, wo er auf die Amphibien Jagd macht. Seine Stimme ist sehr stark.

III. Der Sekretär. Le messager. (Serpentarius.)

Dieser vereiniget mit dem Anstande und den langen Beinen der Sumpfvögel den Schnabel eines Raubvogels, so daß er auch unter dem Nahmen falco serpentarius zu den Raubvögeln gerechnet worden ist. Ein anderes merkwürdiges Kennzeichen besteht in einem Büschel von langen steifen Federn, welche vom Kopfe gegen den Nacken hingehen und weswegen er Sekretär genannt wird. Er bewohnt die Gegend um das Vorgebirge der guten Hoffnung, wo er sich von Schlangen und Ratzen nährt. Man macht ihn in diesem Lande zahm. Er gleicht an Größe des Körpers selbst, oder des Rumpfes einer Gans, und hat ein gräuliches Gefieder.

IV. Der Hohlschnabel. Le savacou. (Cancroma.)

Hat einen in der Quere sehr breiten Schnabel, der gleichsam aus zwey mit der concaven Seite an einander liegenden Löffeln besteht. Seine Kiefer sind stark und schneidend, der obere hat an jeder Seite einen spitzigen

Zahn. Er ist von Süd-Amerika; wo er sich auf den Bäumen am Ufer der Flüsse aufhält und sich von diesen auf die Fische hinabstürzt, welche seine gewöhnliche Nahrung ausmachen. Sein Gefieder ist gräulich. Das Männchen hat hinten am Kopfe einen sehr langen Federbusch.

V. Der Flamingo. Le flamant. (Phoenicopterus.)

Dieser hat außerordentlich lange Füße, deren Vorderzehen ganz durch Häute verbunden sind. Der Hals ist dünn, und eben so lang, als die Füße; der Schnabel hat eine sonderbare Bildung. Der Unterkiefer ist eyrund, der Länge nach zu einem halbwalzenförmigen Canale zusammengebogen; der Oberkiefer ist im Gegentheile der Quere nach gekrümmt, um den anderen zu bedecken; beyde sind sehr stark. Dieser Vogel findet sich in den gemäßigten und heißen Himmelsstrichen, macht ein Nest von Erde in die Sümpfe und bebrütet seine Eyer, indem er sich mit ausgebreiteten Beinen (á cheval) über das Nest setzt. Er lebt von Schalthieren, Insecten und Fischrogen. Sein

Gefieder ist weißlich, die Flügel sind rosenroth und zwar oft sehr hoch gefärbt. (An dem Exemplare, welches ich im leverschen Museum zu London sah, war das Gefieder durchaus scharlachroth, und die Schwungfedern schwarz. Der Verfasser scheint ein junges Thier dieser Art gesehen zu haben. W.)

B. Mit langem, starken Schnabel.

VI. Reiher. Hérons. (Ardea.)

Dieses Geschlecht unterscheidet sich durch einen langen, geraden, spitzen, starken, zusammengedrückten, scharfschneidigen Schnabel, und durch lange, schmale, linienförmige Nasenlöcher. Die Vögel dieses Geschlechtes haben sämmtlich lange Beine, einen schlanken Wuchs und langen Hals; sie leben von Fischen und Amphibien. Die Luftröhre der Männchen macht verschiedene Windungen in der Brusthöhle, wodurch eine sehr starke Stimme hervorgebracht wird. Man kann sie in mehrere Zünfte abtheilen.

a) Eigentliche Reiher: bey diesen ist der Nagel der mittelsten Zehe an seinem inneren Rande gezahnt; die Augen sind mit einer nackten Haut umgeben, und scheinen im Schnabel selbst zu liegen, welches diesen Thieren ein besonderes dummes Ansehn giebt. Sie leben von Fischen und Fröschen und haben nur einen einzigen Blinddarm.

1. Der gemeine Reiher. Le héron commun. (Ardea cinerea.)

Bläulich-aschgrau; die Schwungfedern schwarz; auf dem Kopfe ein Federbusch von gleicher Farbe, welcher bey dem Männchen größer ist; am Halse schön weiß, mit schwarzen Flecken längs des Halses hinab. Er nistet auf den höchsten Bäumen, und vernichtet viele Fische.

2. Der kleine Silberreiher. L'aigrette. (Ardea garzetta.)

Viel kleiner, als der gemeine Reiher, ganz weiß. Die Federn seines Hollens werden zu Schmuckfedern für die Damen sehr gesucht.

3. Die Rohrdommel. Le butor. (Ardea stellaris.)

Beynahe von der Größe des gemeinen Reihers; der Hals scheint wegen der längeren und weniger anliegenden Federn desselben, dicker zu seyn; das Gefieder ist gelb mit schwarzen Flecken. Er nistet an der Erde in sumpfigen Gegenden und giebt sich durch seine sehr weit hinschallende Stimme zu erkennen.

4. Der gemeine Nachtreiher. Le bihoreau. (Ardea nycticorax.)

Hat einen kürzeren Hals, als die vorhergehenden, und gemeiniglich einen weniger schlanken Wuchs. Sein Gefieder ist oben bräunlichgrau, unten weißlich; hinten am Kopfe hat er drey lange Federn.

b) Störche (cicognes): unterscheiden sich von den Reihern dadurch, daß ihre mittlere Zehe keinen gezahnten Nagel hat, und daß ihr Auge weiter von der Wurzel des Schnabels entfernt ist, wodurch sie ein ganz anderes Ansehen erhalten.

5. Der gemeine weiße Storch. La cicogne blanche. (Ardea alba.)

Weiß von Farbe; die Schwungfedern schwarz; Schnabel und Füße roth. Es ist ein großer Vogel, für welchen das Volk eine besondere Achtung hegt, welche sich ohne Zweifel auf seinen Nutzen durch Vertilgung der Schlangen und anderer Amphibien gründet. Der Storch nistet vorzüglich gern auf den Dächern der Häuser, oben auf Glockenthürmen u. s. w. Im Winter verläßt er unsere Gegenden und begiebt sich in zahlreichen Scharen nach den wärmeren Ländern.

c) Kraniche (grues), haben ungezahnte Nägel wie die Störche, aber einen kürzeren Schnabel, als diese und die Reiher, und gewöhnlich einen guten Theil des Kopfes von Federn entblößt.

6. Der gemeine Kranich. La grue. (Ardea grus.)

Aschgrau, mit schwarzer Kehle und nackter Scheitel; auf dem Steiße große gekrauste Federn. Dieß ist ein sehr großer Vogel von schlankem Wuchse, welcher die nördlichen Länder bewohnt und sich allemahl im Herbste in unzähligen sehr ordnungsmäßigen Zügen nach den warmen Ländern begiebt. Sie fressen das Getreide von angebaueten Feldern; sonst aber ziehen sie die Insecten vor, welche sie in sumpfigen Gegenden finden.

7. Der Jungfernkranich. La demoiselle de Numidie. (Ardea virgo.)

Aschgrau, mit schwarzem Halse; an jeder Seite des Kopfes ein Busch von langen weißen Federn. Dieser Vogel hat in der Gefangenschaft die Gewohnheit sich zu gebehrden und zu springen, als wenn er eine Art von Tanz aufführte.

8. Der Kronenreiher. La grue couronnée ou l'oiseau royal. (Ardea pavonina.)

Aschgrau von Farbe; die Flügel weißlich; mit schwarzem Bauche, nackten Backen, welche weiß und rosenroth gefärbt sind. Auf dem Kopfe ist ein großer Busch von gelblichen borstenartigen Federn.

VII. Der Jabiru. Le Jabiru. (Mycteria.)

Dieses ist ein Amerikanischer Vogel, von der Größe des Kranichs, aber dicker als dieser, mit sehr großem, starken Schnabel, dessen Spitze ein wenig nach oben gekrümmt ist. Sein Hals ist unbefiedert; oben schwarz, unten roth gefärbt; das übrige Gefieder ist weiß; Schnabel und Füße sind schwarz. Er hält sich an den Ufern der Seen auf, und lebt von Fischen.

VIII. Ibis. Ibis. (Tantalus.)

Haben einen großen, starken, scharfschneidigen Schnabel, mit stumpfer Spitze und nach unten gebogen. Die Kehle ist mit einer sehr dehnbaren Haut bedeckt. Es sind große denen der beyden vorigen Geschlechter ähnliche Vögel, welche sich gleichfalls von Amphibien nähren.

1. Der Aegyptische Ibis. L'ibis blanc. (Tantalus ibis.)

Etwas kleiner, als der Storch, mit weißem schwach in das Röthliche spielenden Gefieder, und gelbem an der Wurzel unbefiederten Schnabel. Dieß ist der von den alten Aegyp=

tiern so sehr verehrte Vogel, dessen Leichnam sie eben so sorgfältig als den menschlichen einbalsamirten und dessen Bildniß in den Hieroglyphen Aegypten bedeutete: alles wahrscheinlich deswegen, weil derselbe ihr Land von Schlangen befreyete. Auch jetzt ist dieser Vogel noch sehr gemein in Aegypten und nistet auf Palmbäumen. Man nennt ihn dort den Pharaons-Vogel.

C. Mit langem, dünnen, wagrecht plattgedrückten Schnabel.

Unter dieser Abtheilung begreifen wir nur:

IX. Die Löffelreiher. Les spatules. (Platalea.)

Dieses sind große Vögel, mit langem in der Quere breiten Schnabel, dessen Ende sich zu einer rundlichen Scheibe ausdehnt. Sie halten sich häufig in morastigen Gegenden, vorzüglich in der Nähe der Meerufer auf, und nähren sich von Insecten oder sehr kleinen Fischen.

Man kennt davon eine weiße Gattung, von der Größe des gemeinen Reihers, welche in Europa ziemlich gemein ist (Platalea leucorodios. Der weiße Löffelreiher.); und eine rosenfarbene oder selbst hochrothe Gattung, welche nur in Amerika gefunden wird (Platalea ajaja, der rosenrothe Löffelreiher). (Hieher gehört noch eine dritte Gattung, der Zwerglöffelreiher, Platalea pygmaea. W.)

D. Mit langem, runden, schwachen Schnabel.

Diese Vögel leben fast bloß von weichen Gewürmen oder kleinen Insecten, welche sie im Wasser, im Sumpfe oder Kothe fangen. Die meisten Gattungen sind wegen ihres guten Geschmackes berühmt.

X. Der Säbelschnäbler. L'avocette. (Recurvirostra.)

Hat wie der Flamingo völlige Schwimmfüße, obgleich er in Rücksicht seines ganzen übrigen Baues den Sumpfvögeln näher kommt. Sein dünner, langer Schnabel ist nach oben gekrümmt, so daß die Spitze völlig gen Himmel gewandt ist. Es ist ein artiger Vogel, von schlankem Wuchse, mit weißem, schwarzbunten Gefieder, welcher im Winter an unsere (die Französischen) Küsten kommt.

XI. Regenpfeifer. Pluviers. (Charadrius.)

Sie unterscheiden sich von den übrigen Vögeln dieser Unterabtheilung dadurch, daß sie keine Hinterzehe, sondern nur die drey Vorderzehen haben. Sie kommen mit den Herbstregengüssen in unsere flachen Gegenden und durchlaufen unsere Wiesen und feuchten Thäler in großen Scharen, indem sie mit den Füßen auf den Boden stampfen, um die Würmer hervorkommen zu machen, welche sie augenblicklich verschlingen. Ihr Schnabel ist gerade, von mittelmäßiger Länge, am Ende ein wenig aufgetrieben.

1. Der Goldregenpfeifer. Le pluvieur doré. (Charadrius pluvialis.)

Schwärzlich, mit gelblichen Pünktchen: die Brust gelblich mit schwarzen Flecken; der Bauch weiß. Von der Größe der Turteltaube.

2. Der Mornell. Le guignard. (Charadrius morinellus.)

Grau, mit einigen gelblichen Strichen; die Brust dunkel-bräunlichroth; die Augenbraunen weiß: kleiner als der Vorige.

3. Der Alexandrinische Regenpfeifer. Le pluvier à collier. (Charadrius alexandrinus.)

Weiß, mit grauem Rücken; Brust und einige Streifen auf dem Kopfe schwarz. Es giebt eine Abänderung von der Größe der Amsel und eine von der Größe der Lerche.

Von dem Geschlechte der Regenpfeifer könnte getrennt werden:

4. Der Strandreuter. L'échasse. (Charadrius himantopus.)

Welcher sich von jenen durch seinen nach unten gebogenen Schnabel und durch die außerordentlich langen und dünnen Beine unterscheidet. Sein Gefieder ist weiß; Flügel und Hinterhaupt aber schwarz; die Füße sind roth.

Die übrigen noch ziemlich zahlreichen Vögel dieser Unterabtheilung sind von Linné nach

der

der Länge der Hinterzehe unter zwey Geschlechter gebracht, nähmlich:

XII. Strandläufer. Vanneaux. (Tringa.)

Deren Hinterzehe zu kurz ist, um beym Gehen auf die Erde zu reichen.

1. **Der gemeine Kiebitz.** Le vanneau proprement dit. (Tringa vanellus.)

Unterscheidet sich durch einen Busch von langen, schmalen Federn am Hintertheile des Kopfes. Sein Gefieder ist schön schwarz, in das Grüne und Veilchenblaue spielend; der Bauch, der Steiß und die Seiten des Halses sind weiß. Dieser Vogel zeigt sich gegen den Herbst auf unsern angebaueten Feldern, und folgt dem Pfluge, um die Würmer zu erhaschen, welche dadurch aufgepflügt werden.

2. **Der Kampfhahn.** Le combattant. (Tringa pugnax.)

Dieser Vogel ist wegen der wüthenden Kämpfe berühmt, welche die Männchen im Frühjahre um den Besitz der Weibchen anstellen. In diesem Zeitraume verliert der Kopf seine Federn und wird mit rothen Wärzchen bedeckt: der Hals wird dann mit einem dicken Kragen von Federn besetzt, welche verschiedene Richtung und Farben haben. Die übrige Zeit hindurch ist das Männchen wie das Weibchen von grauer Farbe mit braunen Flecken. Die Kampfhähne sind in den nördlichen ländern gemein; auch an den Französischen Küsten lassen sie sich sehen, sie nisten aber daselbst nicht.

3. Der Waldstrandläufer. Le bécasseau. (Tringa glaseola.)

Ist ein kleiner Vogel, welcher sich längs der Bäche und Flüsse aufhält; seine Farbe ist schwärzlich-braun, auf dem Rücken weiß punctirt: unten weiß mit schwärzlichen Flecken; der Steiß ist schneeweiß und der Schwanz in der Quere weiß und schwärz gestreift.

XIII. Schnepfen. Bécasses. (Scolopax.)

Diese haben eine längere Hinterzehe, als die vorigen, und stützen dieselbe auch bey dem Gehen auf den Boden.

1. Die gemeine Waldschnepfe. La bécasse. (Scolopax rusticola.)

Oben, bräunlich-roth und schwarzbunt; am Bauche weiß mit braunen Streifen; hinter dem Kopfe vier schwarze Querbänder. Dieß ist ein sehr dummer Vogel, welcher im Winter in die Ebenen herabkommt und sich nur in Holzungen aufhält; er macht ein gutes Wildbret, und ist leicht zu schießen, weil er einen schwerfälligen Flug und ein schwaches Gesicht hat.

2. Die Heerschnepfe. La bécassine. (Scolopax gallinago.)

Noch ein Mahl so klein als die Waldschnepfe; mit noch längerem Schnabel, als diese; am Rücken schwarz, bräunlich-gelb und braunbunt; die Brust braun gefleckt; an der Stirn sind vier der länge nach laufende braune Streifen. Sie hält sich in Wiesen und Morästen auf, fliegt gut und erhebt sich sehr hoch.

3. Die Strandschnepfe. Le chevalier aux pieds rouges. (Scolopax totanus.)

Hat einen etwas kürzeren Schnabel und längere Beine als die vorigen, welche hochroth gefärbt sind; das Gefieder ist oben braun, unten weiß mit schwarzen Flecken.

Von diesem Geschlechte können getrennt werden:

Die Brachvögel. Les courlis. (Numenius), welche sich durch einen längeren nach unten gebogenen Schnabel unterscheiden. Gemeiniglich sind sie auch größer.

4. Der gemeine Brachvogel. Le courlis ordinaire. (Scolopax arquata.)

Von der Größe eines Kapauns, auf einem hellbraunen Grunde dunkelbraun gefleckt. Dieß ist ein Zugvogel, welcher für den besten aller Sumpfvögel gehalten wird.

5. Der rothe Brachvogel. Le courlis rouge. (Scolopax rubra.)

Ist ein Süd-Amerikanischer Vogel, welcher wegen seiner schönen hochrothen Farbe mit schwarzen Schwungfedern merkwürdig ist.

E. Mit mittelmäßig langem, von den Seiten zusammengedrückten Schnabel.

XIV. Der Austerfischer. L'hutrier. (Haematopus.)

Hat eben so wie die Regenpfeifer nur die drey Vorderzehen, die hintere Zehe fehlt. Sein Schnabel ist blutroth und stumpf geendiget; die Füße sind hellroth. Sein Gefieder ist in großen Massen schwarz und weißbunt, woher er auch den Nahmen Meerälster (pic de mer) erhalten hat. Er hält sich am Meerufer auf und lebt von Schalthieren. (Haematopus ostralegus.)

XV. Rallen. Rales. (Rallus.)

Diese haben einen spitzigen, zusammengedrückten Schnabel; lange und schmale Nasenlöcher. Der Körper ist an den Seiten flach-gedrückt, und der Schwanz sehr kurz; der Kopf klein und die Vorderzehen lang, glatt und ohne Schwimmhaut.

1. Der Wachtelkönig. Le rale de terre, ou de genêts. (Rallus crex.)

Oben hellbraun mit schwärzlichen Flecken; unten hellgrau; der Flügel bräunlichroth. Man erkennt ihn an dem hellen Geschrey, welches er aus dem Kraute oder Korne hören läßt, worin er sich verbirgt. Da er zugleich mit den Wachteln ankommt, so bildete man sich ein, daß er auf ihren Wanderungen den Zug anführe, und daher ist wohl der Nahme Wachtelkönig (roi de cailles) entstanden.

2. Der Wasserralle. Le rale d'eau. (Rallus aquaticus.)

Oben braun, mit schwarzen Flecken; unten bläulich-aschgrau; an den Seiten weiß und schwarz gestreift; der Schnabel roth. Hält sich im hohen Grase oder Schilfe an stehenden Gewässern auf.

3. Das gefleckte Meerhuhn. La marouette. (Rallus porzana.)

Hellbraun, an den Seiten weiß punctirt, schwarz und weiß gestreift; Schnabel und Füße grünlich.

Alle Rallen laufen sehr schnell und haben ein wohlschmeckendes Fleisch.

(Der Wachtelkönig und das gefleckte Meerhuhn sind eigentlich in ihrer Bildung von den übrigen Rallen doch zu sehr verschieden, als daß man sie mit Linné zu einem und demselben Geschlechte zählen könnte. Besser ist es daher, diese beyden mit Latham zu dem Geschlechte der Meerhühner (Gallinula) zu zählen. W.)

XVI. Wasserhühner. Poules-d'eau. (Fulica.)

Gleichen in ihrer ganzen Bildung den Rallen: ihr Unterscheidungskennzeichen aber besteht in einem nackten Flecke auf der Stirn, dicht an der Wurzel des Schnabels, welcher im Frühjahre eine rothe Farbe annimmt. Ihr Schnabel ist ein wenig kürzer, und ihre Zehen sind mit mehr oder weniger breiten Häuten eingefaßt; einige Gattungen schwimmen auch sehr gut.

1. Das grünfüßige Wasserhuhn. La poule d'eau. (Fulica chloropus.)

Oben dunkelbraun, unten schwärzlich; die Füße grün; die Kniefedern gelb; die Zehen mit einer sehr schmalen fast gar nicht bemerklichen Einfassung. Hat dieselbe Lebensart als die Rallen; hält sich des Tages über verborgen und geht des Abends auf das Wasser.

2. Das veilchenblaue Wasserhuhn. La poule sultane. (Fulica porphyris.)

Ist ein prächtiger Vogel, welcher aus Afrika herstammt und bey den Alten in den Häusern gezogen wurde; es hat die Größe eines Huhnes; Füße und Schnabel sind roth; das Gefieder ist schön bläulich grau mit veilchenblauen und grünen Schattierungen.

3. Das gemeine Wasserhuhn. La foulque ou morelle. (Fulica atra.)

Nähert sich den Schwimmvögeln durch die breiten Häute, womit seine Zehen eingefaßt sind. Hält sich beständig auf dem Wasser auf, und ist träger Natur. Sein Gefieder ist bläulich-schwarz oder bleich-schwarz; der Schnabel weißlich, die Füße grün mit röthlichen Kniefedern.

XVII. Spornflügel. Jacanas. (Parra.)

Dieses ist ein Amerikanisches Vogelgeschlecht, den beyden vorigen an Gestalt des Körpers ähnlich, aber von ihnen durch die an der Wurzel des Schnabels hängenden Fleischlappen verschieden. Ihre Zehen sind sehr lang und der Nagel der Hinterzehe ist so lang und spitz, daß man daher diesen Vögeln den Nahmen Chirurgen gegeben hat. In der Beugung des Flügels haben sie einen Stachel, welcher sich auch bey einigen Strandläufern und Regenpfeifern findet.

Siebentes Kapitel.

Von den Schwimmvögeln, oder solchen, deren Zehen durch Häute verbunden sind. (Anseres Linn.)

Ihre Beine und Oberschenkel sind sehr kurz, unter den Federn versteckt und mehr nach hinten am Körper angebracht, als bey den übrigen Vögeln; eine Stellung, welche eben so vortheilhaft zum Schwimmen als unvortheilhaft zum Gehen ist. Ihre Fußwurzeln sind kurz und meistens von den Seiten zusammengedrückt, so daß sie leicht das Wasser durchschneiden. Die zwischen ihren Zehen befindlichen Häute bilden breite Ruder. Ihr Gefieder ist dicker, dichter, und mit mehr Pflaum versehen, als bey andern. Die Drüse, welche alle Vögel auf dem Steiße haben, welche den öhligen Saft abscheidet, der ihr Gefieder gegen die Nässe schützt, ist bey den Schwimmvögeln beträchtlicher; auch ist ihr glänzendes eingeöhltes Gefieder dem Wasser undurchdringlich. Diese Vögel leben von Fischen und anderen Wassererzeugnissen. Uebrigens sind sie sowohl in Ansehung der Bildung, als des Fluges, unter einander sehr verschieden.

A. Mit Füßen, deren vier Zehen sämmtlich in einer einzigen Haut vereiniget sind.

Diese Vögel haben, wie man sieht, vollkommnere Ruderfüße als die übrigen, und doch schwimmen sie weniger und haben die Gewohnheit, sich auf Bäume zu setzen. Linné bringt sie sämmtlich unter zwey Geschlechter.

I. Die Pelikane. Pélicans. (Pelicanus).

Hierunter sind alle diejenigen begriffen, welche an der Wurzel des Schnabels einen unbefiederten Fleck haben. Man kann sie wieder abtheilen in:

a) Eigentliche Pelikane: mit langem oben platten Schnabel, und einem unter der Kehle hängenden Sacke. Hieher gehört

1. Der gemeine Pelikan, oder die Kropfgans. Le pélican. (Pelecanus onocrotalus).

Dieser Vogel ist größer als der Schwan; mit sehr langgestreckten Flügeln und weißem Gefieder. Er besucht das Meer und auch die süßen Gewässer. Sein Sack unter der Kehle dient ihm dazu, Fische fortzubringen, oder auch Wasser darin aufzubewahren.

b) Kormorans: mit zusammengedrücktem, am Ende hakenförmig gekrümmten Schnabel; mit langem steifen, und gerade abgeschnittenen Schwanze.

2. Die Scharbe. Le cormoran. (Pelecanus carbo).

Von der Größe der Gans; einfärbig schwarz; die nackte Haut ihres Kopfes ist gelb. Geht nur am Meerufer auf den Fischfang aus.

c) Fregattenvögel: mit langem, am Ende sehr hakenförmig gekrümmten Schnabel, und gespaltenem Schwanze.

3. Die Fregatte. La frégatte. (Pelecanus aquilus).

Einfärbig schwarz; die Haut des Kopfes blau und roth; es ist von allen Seevögeln der, welcher am besten fliegt, er mißt bis vierzehn Fuß mit ausgespannten Flügeln, und kreuzt nach allen Richtungen auf dem Meere umher. Er lebt weniger von eigenem Fischfange, als von Fischen, welche er den folgenden Vögeln abjagt.

d) Tölpel, (fous): mit geradem, spitzigen, in einen sehr kleinen Haken geendigten, leicht gezahnten Schnabel und gerade abgeschnittenem Schwanze, welcher sich nicht weiter als die Flügel erstreckt.

Ihren Nahmen haben sie von ihrer großen Dummheit erhalten; denn sie lassen sich tödten, ohne einmahl den Versuch zu machen, davon zu fliegen. Sie leben von Fischen; der Fregattenvogel zwingt sie aber oft durch Schläge mit Schnabel und Flügeln, ihren Raub fahren zu lassen.

4. Die Rothgans. Le fou de Bassan. (Pelecanus bassanus).

Ganz weiß; die Schwungfedern schwarz; die nackte Haut des Kopfes blau; der Schnabel grünlich.

II. Tropikvögel. Les paille-en-queue. (Phaëton).

Diese haben einen dünnen, spitzigen, wagerecht plattgedrückten, leichtgezahnten Schnabel; ihre sehr langen Flügel kreuzen sich über dem Schwanze; die beyden mittelsten Steuerfedern sind schmal und so lang, als der ganze Körper, so daß sie von weitem nur wie Strohhalme aussehen. Sie haben die Größe einer Taube und ein weißes Gefieder. Den Schiffern sind sie sehr wohl bekannt, weil sie sich nicht aus dem heißen Erdgürtel begeben und ihnen folglich den Eintritt in denselben ankündigen, daher heißen sie auch Tropikvögel.

Diese Vögel nisten vorzüglich auf den einsamen Inseln des Weltmeers.

III. Schlangenvögel. Anhingas. (Plotus).

Sind Vögel aus den heißen Ländern, mit sehr langem dünnen Halse, kleinem Kopfe und langem spitzigen Schnabel, dessen Ränder hinten gezahnt sind. Ihr langer steifer Schwanz gleicht dem der Scharbe, von welcher sie sich aber, so wie von den Tölpeln, durch die gänzliche Abwesenheit eines Hakens an der Schnabelspitze unterscheiden. Ihr Gefieder ist dunkelgefärbt, ihre Größe beträchtlich.

B. Mit freystehender, oder gänzlich fehlender Hinterzehe, ungezahntem Schnabel und sehr langen Flügeln.

Hier fassen wir die verschiedenen Geschlechter der Vögel von der hohen See zusammen, welche vermöge ihres ausgebreiteten Fluges sich überall verbreitet haben, so daß sie die Schiffer in allen Gegenden bemerken.

IV. Meerschwalben. Hirondelles de mer. (Sterna).

Diese haben einen geraden, dünnen, spitzen, glatten, ungezahnten Schnabel; kurze, zur Hälfte mit Schwimmhäuten versehene Füße; sehr lange Flügel, und oft einen gespaltenen Schwanz. Ihr Flug gleicht dem der Schwalben, und sie fangen die kleinen Fische, indem sie über die Oberfläche des Wassers hinstreichen. Sie schießen in großen Scharen unter hellem Geschrey auf das Wasser herab, und kommen selbst zuweilen auf Landseen und Flüsse.

1. Die Seeschwalbe. Le pierre-garin. (Sterna hirundo).

Mit getheiltem Schwanze; das Gefieder aschgrau, oben bläulich, unten weiß; der Kopf und die Schwungfedern schwarz; Schnabel und Füße roth. Ist an unseren Küsten gemein.

2. Die Noddy, oder kirre Meerschwalbe. Le noddy. (Sterna stolida).

Mit ungetheiltem Schwanze und schwarzem Gefieder, nur der obere Theil des Kopfes ist

ist weißlich. Dieser Vogel bewohnt das Meer der heißen Zone. Er ist von den Schiffern wegen der großen Zutraulichkeit bemerkt worden, womit er sich auf die Schiffe setzt, und sich von den Matrosen ohne Widerstand fangen läßt.

V. Möven. Mauves. (Larus).

Sind in Frankreich auch unter den Nahmen goélands, movettes, gabians u. s. w. bekannt. Es sind feige gefräßige Vögel, wovon es an den Meerufern wimmelt, die sich von aller Art Fischen, Fleisch, Aas u. s. w. nähren. Ihr Schnabel ist von den Seiten zusammengedrückt; der Oberkiefer gebogen, der Unterkiefer hat an der unteren Seite einen vorspringenden Winkel; der Schwanz ist ungetheilt, die Füße sind lang, die drey Vorderzehen ganz durch Schwimmhäute verbunden, die Hinterzehe kurz und die Flügel sehr lang. Wenn sie auf das Land kommen, so zeigt dieß schlechtes Wetter im voraus an.

1. Die schwarzmantelige Möve. Le goéland à manteau noir. (Larus maximus).

Weiß, mit schwarzem Rücken und Flügeln; Schnabel und Füße gelb.

2. Die braune oder Heringsmöve. Le goéland à manteau gris brun. (Larus fuscus).

Weiß; Rücken und Flügel bräunlichgrau; der Schnabel gelb, mit rother Spitze. Ist auf den nördlichen Meeren gemein.

3. Die graue Möve. La movette grise. (Larus canus).

Weiß; Rücken und Flügel hellaschgrau; Schwungfedern schwarz, mit weißer Spitze; Schnabel und Füße roth. An den Französischen Küsten sehr gemein.

4. Der Strandjäger. Le labbe à longue queue. (Larus parasiticus).

Ueberall schwärzlichbraun, mit weißer Kehle; zwey von den Steuerfedern länger als die übrigen. Diese Gattung verfolgt die andern Möven, und zwingt dieselben mit Schnabelschlägen, ihren Raub fahren zu lassen, welchen sie dann auffängt.

VI. Der Verkehrtschnabel. Le bec-en-ciseaux. (Rhinchops).

Hat einen geraderen von den Seiten gänzlich zusammengedrückten Schnabel, dessen Obertheil viel kürzer, als der untere, ist. Dieser letztere hat nur eine einzige Schneide, welche von denen des oberen aufgenommen wird. Diese sonderbare Bildung zwingt das Thier, über die Oberfläche des Wassers hinzustreichen, um die kleinen Fische aufzufassen, welche oben auf schwimmen; daher nennen die Schiffer diesen Vogel auch wohl den Wasserschneider (coupeur d'eau). Er findet sich auf den Amerikanischen Meeren. Es ist ein Vogel von mittlerer Größe, oben schwarz, unten weiß, mit einem weißen Streifen auf dem Flügel; Schnabel und Füße roth.

VII. Sturmvögel. Pétrels. (Procellaria).

Diese haben einen am Ende hakenförmig gebogenen Schnabel, dessen Ende ein besonderes mit dem übrigen durch Gelenk verbundenes Stück macht. Die Nasenlöcher bilden eine auf der Rückenseite des Oberschnabels liegende Röhre. Die Füße haben statt der Hinterzehe nur einen am Hacken sitzenden Nagel. Diese Vögel halten sich von allen Schwimmvögeln am beständigsten vom Lande entfernt; sie gehen gleichsam auf dem Wasser, indem sie sich mit den Flügeln aufrecht erhalten. Sie bauen ihre Nester in Felsenlöcher, und bespritzen die, welche sich ihnen nähern, mit einem öhligen Safte, womit ihr Magen beständig angefüllt zu seyn scheint.

1. Der Landzeiger, oder Capsche Sturmvogel. Le damier. (Procellaria capensis).

Der Bauch ist weiß; das übrige Gefieder ist schwarz, mit weißen Flecken. Einige Schiffer nennen ihn den Pintado. Er findet sich nur auf dem Südmeere.

2. Der gemeine Sturmvogel. L'oiseau de tempéte. (Procellaria pelagica).

Schwarz, mit weißem Steiße und langen Fußwurzeln. Von der Größe eines Finken. Wenn er sich den Schiffen nähert und daselbst ein Obdach sucht, so ist dieß ein sicheres Zeichen des bevorstehenden Sturmes, so schön wie das Wetter auch immer scheinen mag. Dieß gilt auch von den übrigen Sturmvögeln. Dieser ist der kleinste von allen, nicht allein dieses Geschlechtes, sondern auch der Schwimmvögel überhaupt.

VIII. Der Albatroß. L'albatrosse. (Diomedea).

Ist der stärkste von allen Wasservögeln. Sein großer, starker, scharfschneidiger Schnabel ist mit deutlichen Näthen bezeichnet, und endiget sich in einen großen Haken, welcher eingelenkt scheint. Die Nasenlöcher sind tutenförmig an den Seiten des Schnabels aufliegend. An den Füßen findet sich keine Hinterzehe; auch nicht einmahl der kleine Nagel, welchen man bey den Sturmvögeln bemerkt. Der Albatroß findet sich nur auf dem Südmeere, wo ihn die Schiffer Cap-Hammel (mouton du Cap) nennen. Er lebt von kleinen Fischen, Seegewürmen u. s. w. Sein Gefieder ist weißlich. Es giebt auch welche, die mehr oder weniger braun sind.

C. Mit freystehender Hinterzehe; breitem gezahnten Schnabel und mittelmäßig langen Flügeln.

Diese Vögel halten sich in süßen Wassern auf, oder entfernen sich doch wenigstens nicht weit von den Küsten.

IX. Enten. Canards. (Anas).

Unter diesem gemeinschaftlichen Nahmen begreift man alle die Vögel mit Schwimmfüßen, welche einen breiten, mit weicher Haut bedeckten Schnabel haben, dessen beyde Kiefer inwendig rings umher mit einer Reihe von kleinen senkrechten, gleichlaufend neben einander stehenden Plättchen versehen sind. Die Zunge ist breit und fleischig, an ihrem Rande knorpelartig und gefranzt. Die vorzüglichsten Gattungen sind:

1. Der Schwan. Le cygne. (Anas cygnus).

Die Sanftheit seiner Bewegungen, die Eleganz seiner Gestalt, die blendende Weiße seines Gefieders haben diesen Vogel zum Sinnbilde der Schönheit und Unschuld gemacht. Er ist eine Zierde unserer Wasserbehälter und Canäle. Die wilden Schwäne nisten in den nördlichen Gegenden; ihr Gefieder ist gräulich und ihr Schnabel ganz schwarz; dahingegen derselbe bey den zahmen Schwänen gelblich und nur an der Spitze und an den großen Höckern seiner Wurzel schwarz ist. Dieser Vogel lebt sowohl von Fischen als von Pflanzen. Der Gesang des Schwans beym Sterben ist nur ein Mährchen.

2. Die Gans. L'oie. (Anas anser).

Kleiner als der Schwan; mit weniger langem Halse; der Schnabel ohne Höcker; das Gefieder grau, auf dem Rücken schwärzlichbraun; im gezähmten Zustande sind die Farben verschieden. Sie wird wegen ihres wohlschmeckenden Fleisches, wegen der Güte ihrer Federn und ihres Pflaums, und der Leichtigkeit, sie zu ernähren, viel in Häusern gezogen. Sie lebt von Kräutern und Körnern. Die wilden Gänse nisten in den nördlichen Gegenden, und begeben sich im Winter in großen Scharen in unseren Himmelsstrich.

3. Die Spanische Gans. L'oie de Guinée.. (Anas cygnoïdes).

Scheint zwischen dem Schwane und der Gans das Mittel zu halten. Ihr Gefieder ist grau; ihr Hals sehr lang, vorzüglich bey dem Männchen. Der Schnabel ist schwarz, an der Wurzel mit einem großen Höcker besetzt. Die alten Männchen haben an der Kehle eine Art von Kropf herabhängen. Auch diese Gattung wird auf unsern Federviehhöfen gezogen, und begattet sich auch mit der gemeinen Gans. Ihr Fleisch wird noch mehr geschätzt.

4. Die Baumgans. La bernache. (Anas bernicla).

Oben aschgrau, am Halse schwarz; Stirn, Backen und Bauch weiß; diese Gattung hält sich in der Nordsee auf und besucht unsere Küsten im Winter. Das Mährchen, daß sie auf

Bäumen wachse, hat diese Gans berühmt gemacht.

5. Die Eidergans. L'eider. (Anas mollissima).

Eine andere Gänsegattung aus den nördlichen Gegenden, welche den besten Pflaum liefert, der unter dem Nahmen der Eiderdaunen bekannt ist. Bey dem Männchen sind Hals und Rücken weiß; Kopf, Bauch, Schwungfedern und Steiß schwarz. Das Weibchen ist durchaus braun.

6. Die Ente. Le canard. (Anas boschas).

Dieser nützliche Hausvogel ist aller Welt bekannt. Bey dem Männchen ist der Kopf, ein Fleck auf dem Flügel und der Steiß dunkel- und glänzendgrün, die Brust bräunlichroth, das übrige grau oder braun. Man kennt es auch sonst noch an ein Paar hakenförmigen Federn auf dem Schwanze. Das Weibchen hat dunkele Farben. Die wilden Enten kommen wie die wilden Gänse im Winter zu uns in großen Scharen, und fliegen im Dreyecke.

7. Die Bisamente. Le canard musqué. (Anas moschata).

Größer als die gemeine Ente, und von dieser vorzüglich durch einen nackten rothen Fleck an jeder Seite des Kopfes verschieden. Sie empfiehlt sich durch ihre Größe und durch die Leichtigkeit, womit sie sich aufziehen läßt. Man glaubt, daß sie ursprünglich aus Amerika herstamme. Das Gefieder des Männchens ist grünlichschwarz; das Weibchen hat etwas Weiß eingemischt. Dieser Vogel giebt einen starken Bisamgeruch von sich.

8. Die Pfeifente. Le canard siffleur. (Anas penelops).

Hat einen bräunlichrothen Kopf, grauen schwarz gestreiften Rücken, eine hellbraune Brust und schwarz= und weißbunte Flügel. Diese wilde Entengattung ist wegen der hellen Stimme merkwürdig, welche dem Tone einer Pfeife gleicht.

9. Die Brand= oder Fuchsente. Le tadorne. (Anas tadorna).

Ist eine prächtige Ente mit lebhaften und scharf abgeschnittenen Farben. Ihr Kopf ist dunkelgrün; der Hals, Rücken, Schwanz und der Obertheil der Flügel ist schön schneeweiß; unten am Halse ist ein breites Querband von schön hellgelblich brauner Farbe; die Flügel sind schwarz, grün und bräunlichgelbbunt; der Bauch ist braun. Sie legt ihre Eyer in Löcher, welche sie in den Sand des Ufers kratzt.

10. Die Haubenente. Le morillon. (Anas fuligula).

Schwarz, mit weißem Bauche; auf den Flügeln ein weißer Strich; hinten auf dem Kopfe ein kleiner Hollen.

11. Die schwarze Ente. La macreuse. (Anas nigra).

Ist eine große schwarze Ente mit einem rothen Höcker auf der Wurzel des Schnabels; sie schwimmt scharenweise an unseren Küsten entlang. Ihr Fleisch ist schwarz und trocken.

12. Die Winterhalbente. La sarcelle. (Anas quercedula).

Grau und braunbunt, auf dem Flügel ein grüner Fleck, die Augenbraunen weiß. Dieß ist eine sehr kleine Ente.

13. Die Federkappe. La sarcelle de la Chine. (Anas galericulata).

Eine allerliebste kleine Ente, welche die Chinesen wegen der Schönheit ihres Gefieders aufziehen, und die sie gern auf ihren gemahlten Papieren, Porzelanen u. s. w. abzubilden pflegen. Sie ist vorzüglich merkwürdig, durch zwey auf dem Rücken hervorragende, von breiten, senkrecht aufstehenden Flügelfedern gebildete Kämme. Diese Kämme sind oranienfarben, so wie auch die Seiten des Kopfes. Sie hat einen bläulichschwarzen Hollen. Das übrige Gefieder ist angenehm bunt von verschiedenen Farben.

X. Tauchenten. Harles. (Mergus).

Haben einen schmaleren und etwas spitzeren Schnabel als die Enten, und jeder Kiefer ist mit einer Reihe von kleinen, spitzen, nach hinten gerichteten und sägenähnlichen Zähnen besetzt. Sie leben von Fischen und thun den Teichen großen Schaden.

1. Die gemeine Tauchente, der Kneifer. Le harle. (Mergus mergenfen.)

Dieser Vogel ist von der Größe einer Ente, mit rothen Füßen und Schnabel. Bey dem Männchen ist der Kopf dunkelgrün; die Federn an der Scheitel bilden durch ihre aufgerichtete Stellung eine Art von Büschel; der Rücken ist schwärzlich-braun; auf dem Flügel findet sich ein großer weißer Fleck; der Hals und der ganze Vordertheil des Körpers sind weiß mit einem leichten Anstriche von Rosenroth. Das Weibchen ist grau mit bräunlichrothem Kopfe.

2. Die weiße Tauchente. La piette. (Mergus albellus.)

Von der Größe der Winterhalbente; sehr schön schneeweiß, in großen Massen artig schwarzbunt, auf der Backe ein grüner Fleck, und am Hinterhaupte ein Hollen von gleicher Farbe; Schnabel und Füße blau. Das Weibchen ist grau mit bräunlichrothem Kopfe.

Die Tauchenten haben, so wie viele andere Entengattungen, an der Theilung der luftröhre eine sehr beträchtliche Erweiterung, welche daselbst eine theils knöcherne, theils häutige Trommel bildet. Dieses findet sich aber nur bey dem Männchen.

D. Mit freyer oder gänzlich fehlender Hinterzehe; die Füße ganz am Hintertheile des Körpers sitzend, und zum Gehen fast ganz untauglich; der Schnabel ungezahnt; die Flügel sehr kurz.

Diese Vögel gehen wenig, fliegen schlecht; einige derselben fliegen ganz und gar nicht; sie können fast nur schwimmen und tauchen, auch ist ihr Gefieder am dichtesten, dicksten und glänzendsten (nähmlich von öhliger Feuchtigkeit glänzend) von allen Vögeln.

XI. Taucher. Plongeons. (Colymbus.)

Der Schnabel derselben ist gerade, spitz, von den Seiten zusammengedrückt. Obgleich sie nur kurze Flügel haben, so sind diese doch noch zum Fluge geschickt: sie haben keinen bemerkbaren Schwanz und ihre Füße stehen so sehr nach hinten, daß sie sich nur in einer senkrechten Stellung auf dem Lande halten können: auch bringen sie ihr ganzes Leben hindurch auf dem Wasser, vorzüglich auf süßen Gewässern zu. Dieses Geschlecht läßt sich in zwey kleine Zünfte theilen.

a) Die Steißfüße (les grèbes), mit gelappten Füßen, oder solchen, deren Zehen, wie bey den Wasserhühnern, mit ausgeschnittenen Häuten besetzt sind. Ihre Bauchfedern, welche einen Silberglanz haben, werden zur Verfertigung von Muffen, Kleiderbesetzungen u. s. w. angewandt.

1. Der gehörnte Steißfuß oder Haubentaucher. Le grèbe cornu. (Colymbus cristatus.)

Man erkennt ihn an einem schwarzen Hollen, welcher sich hinten wie in zwey kleine Hörner theilt. Der Obertheil des Halses ist in eine Art von schwarz und bräunlich-rother Mähne gehüllt. Der Rücken ist schwärzlich, die Flügel sind weißbunt. Dieser Vogel findet sich häufig auf Flüssen und großen Seen in ganz Europa.

2. Der kleine Steißfuß. L'e castagneux. (Colymbus minor.)

Ist einer der kleinsten Schwimmvögel. Sein Rücken ist einfärbig braun; sein Bauch silberfarben. Er findet sich im Winter auf allen unseren Gewässern.

b) Eigentliche Taucher, deren Füße mit gewöhnlichen Schwimmhäuten versehen sind.

3. Der Immer oder Adventsvogel. Le grand plongeon. (Colymbus immer.)

Beynahe von der Größe einer Gans; oben bräunlich-grau, unten weißlich. Findet sich häufig auf den Seen in der Schweiz.

XII. Papageyentaucher. Alques. (Alca.)

Haben einen von beyden Seiten fast zu einer dünnen Platte zusammengedrückten Schnabel, welcher der Quere nach gereift ist; die

Füße

Füße sind mit vollen Schwimmhäuten versehen: ihre Flügel sind noch kürzer, als bey den Tauchern, und ihre Beine stehen eben so weit zurück: sie haben keine Hinterzehe. Es sind dumme Thiere, welche nur die Nordsee bewohnen. Sie lassen sich in drey kleine Zünfte theilen.

a) Die Taucherhühner (les guillemots): mit geradem, schmalen, spitzigen Schnabel.

1. Das Taucherhuhn. Le guillemot. (Alca lomvia.)

Schwärzlich, mit weißem Bauche. Dieser Vogel ist größer als eine Ente. Er nistet an unseren Küsten, und läßt sich mit Knitteln todtschlagen, wenn man ihn auf dem Lande überraschen kann.

b) Die Alken (Les macareux) mit fast eben so hohem als langen Schnabel, welcher vorn zugerundet ist.

2. Der Papagentaucher, Seepapagey. Le macareux. (Alca arctica.)

Schwärzlich: Backen, Brust und Bauch weiß; der Schnabel blau und roth. Dieser Vogel fliegt nur so, daß er mit dem Schnabel die Wasserfläche durchschneidet, wie die Taucherhühner. Er lebt von kleinen Seeinsecten.

c) Kurzflügel (pingouins): mit langem, ziemlich hohen, stumpfen Schnabel, und so kleinen Flügeln, daß sie gar nicht fliegen können, obgleich man noch Spuren von Schwungfedern bemerkt. Sie sind also gezwungen, beständig auf dem Wasser zu bleiben, daher sind sie auch von allen Schiffern bemerkt, welche die Nordsee besucht haben; denn nur in den nördlichen Gegenden kommen sie vor.

3. Der Klubalk. Le pingouin. (Alca torda.)

Oben schwarz, unten weiß; auf dem Flügel ein weißer Strich; vom Schnabel bis zum Auge ein weißer Streif; auf dem Schnabel vier Furchen.

4. Der nordische Pinguin oder Kurzflügel. Le grand pingouin. (Alca impennis.)

Oben schwarz, unten weiß; vor dem Auge ein weißer Fleck; auf dem Schnabel sechs Furchen.

XIII. Fettgänse. Manchots. (Aptenodytes.)

Diese haben wo möglich noch kürzere Flügel als jene. Ihre Flügel bestehen in bloßen sehr kurzen Stümpfen, an denen man gar nichts Schwungfedern ähnliches bemerkt. Sie unterscheiden sich von jenen auch noch durch einen walzenförmigen, geraden, spitzen Schnabel, dessen Untertheil zuweilen abgestumpft ist; ferner durch einen Nagel an Statt der Hinterzehe, und darin, daß ihre Federn mehr haarähnliches haben, Sie finden sich nur auf den südlichen Meeren, und dringen bis an das Eis derselben vor, wie es die Pinguins am Nordmeere thun. Die Fettgänse nisten in Löchern, welche sie am Ufer aushöhlen *)

1. Die grosse Fettgans. Le grand marchot. (Aptenodytes patagonica.)

Oben aschfarben, unten weiß; der Kopf schwarz; unter der Kehle ein gelbes Band; an der Seite des Halses einen schwarzen Streif.

---

*) Da der Verfasser einigen Taucherhühnern den Nahmen Pinguins beylegt, so habe ich für diese Aptenodyten, um alle Verwirrung zu vermeiden, den Nahmen Fettgans beybehalten.

Elementarischer Entwurf der Naturgeschichte der Thiere.

Viertes Buch.

Von den kriechenden Thieren. *)
(Amphibia Linn.)

Erstes Kapitel.

Von den kaltblütigen Thieren überhaupt und insbesondere von den kriechenden.

§. 1.

Die Thiere, von welchen bisher die Rede gewesen ist, haben Blut, welches einen höheren

*) Der Verfasser hätte statt reptiles immer die Benennung Amphibien beybehalten sol-

Wärmegrad besitzt, als die selbige umgebende Atmosphäre. Außer diesen giebt es noch andere, nähmlich die kriechenden Thiere, oder eigentlich die Amphibien und die Fische, deren Blut ungefähr mit dem umgebenden Elementen gleichen Wärmegrad besitzt.

§. 2.

Wir haben gesehen, daß die thierische Wärme vermittelst der Respiration bewirkt werde, und mit der mehr oder weniger vollkommnen Art der Berührung des Blutes und der Luft im Verhältniße stehe: so haben diejenigen Säugethiere, bey welchen die Thymus und andere Drüsen den Umfang der Lungen vermindern, ein weniger warmes Blut, als die übrigen, und verfallen deswegen in einen Winterschlaf. Eine ähnliche Wirkung entsteht bey den kriechenden Thieren und Fischen durch

---

len; welche doch weit bezeichnender ist; denn bekanntlich können die Amphibien, welche auch von selbst nie in das Wasser gehen, doch weit länger darin ohne zu sterben aushalten, als die vierfüßigen Säugethiere und die Vögel.

andere Mittel. Da die Fische nur Wasser einathmen, so erhalten sie auch mit jedem Athemzuge nur die geringe Menge von Luft, welche in diesem Wasser enthalten ist, oder welche durch die Zersetzung desselben hervorgebracht wird.

§. 3.

Was die kriechenden Thiere oder Amphibien betrifft, so haben sie freylich wahre Lungen und athmen auch Luft ein; aber ihre Lungengefäße sind nur Zweige der Aorte und der Hohlvene: sie bilden kein besonderes dem Systeme der übrigen Gefäße des Körpers ähnliches System, wie das bey den warmblütigen Thieren der Fall ist.

Ihr Herz ist nur mit einer einzigen Kammer versehen, aus welcher eine einzige Schlagader entsteht; diese letztere theilt sich in zwey große Aeste, deren jeder einen ziemlich kleinen Zweig zur Lunge seiner Seite giebt und sich dann mit dem anderen wieder zu einem Stamme vereiniget, um nach den unteren Gliedmaßen hinzugehen. Daraus folgt also, daß diese Thiere ihre Respiration willkührlich hemmen können, ohne daß dadurch der Kreislauf ihres Blutes aufhörte: sie haben daher auch das Vermögen sehr lange tauchen zu können, im Moraste vergraben zu bleiben, oder in Löchern zu leben, wohin die Luft keinen Zutritt hat. Die Zellen ihrer Lungen sind ungleich geräumiger, als bey den warmblütigen Thieren; die Lungen selbst haben die Gestalt verlängerter Säcke, welche mit den übrigen Eingeweiden in einer gemeinschaftlichen Höhle liegen und von diesen nicht durch einen Zwergmuskel geschieden sind. Bey einigen Gattungen können die Lungen außerordentlich ausgedehnt werden. Diese Thiere haben eine Luftröhre und einen Kehlkopf, wodurch, wie bey den übrigen mit Lungen versehenen Thieren, eine Stimme bewirkt werden kann.

§. 4.

Was die Bewegungswerkzeuge betrifft, so lassen sich darnach die Amphibien in zwey sehr deutlich verschiedene Ordnungen bringen. Die der einen Ordnung nähmlich haben einen walzenförmigen sehr verlängerten Körper, ohne alle Gliedmaßen, und bewegen sich nur durch Kriechen fort, das heißt: indem sie die Falten oder Schilder ihres Körpers gegen den Boden stützen: dieses sind die Schlangen. Die der anderen Ordnung haben vier Füße, welche ungefähr wie bey den Säugethieren gebauet sind, woher man dieselben denn auch eyerlegende Vierfüßer (quadrupèdes ovipares) genannt hat; diejenigen von ihnen, welche im Wasser leben, haben oft Häute zwischen den Zehen, welche ihnen statt der Flossen dienen. Bey einer einzigen Gattung finden sich außer diesen vier Füßen zwey häutige, flügelartige, von kleinen Knochen unterstützte Theile. Endlich giebt es zwey Gattungen, welche übrigens den Schlangen völlig ähnlich sind, aber zwey sehr kleine Füße haben: dieß sind die sogenannten zweyfüßigen Amphibien. Alle diese Thiere haben so kurze und gegen den Körper zurückgebogene Füße, daß der Bauch an der Erde herschleppt, und daß sie den Nahmen der kriechenden Thiere (reptiles) sehr füglich verdienen.

§. 5.

Die Augen der Amphibien sind groß und empfindlich: sie haben die drey Arten von Augenliedern. Ihre Ohren sind ohne Muscheln und äußeren Gehörgang. Ihr Paukenfell liegt ganz nach außen am Kopfe und ist oft selbst mit Fleische oder mit Schuppen bedeckt. In der Paukenhöhle findet sich nur ein einziges Knöchelchen, welches aus einem an einem Stiele befestigten Plättchen besteht. Bey einigen Gattungen fehlen Paukenfell und Höhle nebst dem Knöchelchen gänzlich; bey allen aber finden sich die drey Bogengänge und der Vorhof, dahingegen die Schnecke allen fehlt. Die Nasenlöcher sind gemeiniglich nur klein. Auch der Geschmack kann wenigstens bey den Schlangen nicht sehr scharf seyn, da sie eine fast hornartige Zunge haben; bey den übrigen Gattungen hingegen, welche gemeiniglich eine sehr weiche Zunge haben, ist er wohl scharf genug.

Keines von diesen Thieren ist mit Haaren oder Federn versehen, sondern die Haut derselben ist entweder ganz nackt oder mit Schuppen und Schildern bedeckt. Die Schildkröten sind wegen der sie bedeckenden knochichten Schilder merkwürdig. Einige der eyerlegenden Vierfüßer haben bis sechs Finger oder Zehen. Die Schlangen üben den Sinn des Gefühls dadurch aus, daß sie die Gegenstände, welche sie kennen lernen wollen, mit ihrem ganzen Körper umschlingen.

Das Hirn der Amphibien ist sehr klein, in sehr deutliche Knötchen (tubercules) abgetheilt und füllt die Schedelhöhle nicht ganz aus. Ihre Empfindungen scheinen weniger auf einen gemeinschaftlichen Mittelpunct zurückgeführt zu werden, als bey den Thieren, welche wir bisher kennen gelernt haben. Man hat gefunden, daß Amphibien sich lange Zeit ohne Kopf, oder nachdem man ihnen das Herz und alle Eingeweide ausgerissen hat, bewegten; andere lebten und fraßen u. s. w. nachdem ihnen das Hirn aus der geöffneten Schedelhöhle genommen war.

Die vom Körper getrennten Glieder behalten ihre Reizbarkeit ziemlich lange: die Zuckungen derselben werden durch Aufstreuen von Salz u. s. w. erneuert. Das Herz der Frösche schlägt zuweilen noch mehrere Stunden, nachdem es ausgerissen ist. Die Amphibien haben auch eine starke Wiedererzeugungskraft: die Schwänze der Eidechsen, die Pfoten der Wassersalamander (nach Blumenbach selbst die Augen derselben, W.) werden wieder ersetzt, wie man dieselben abgeschnitten hat.

§. 6.

Die Kiefer der Amphibien sind meistens mit kegelförmigen, spitzigen Zähnen bewaffnet:

bey einigen aber finden sich nur fleischige oder hornartige Ränder. Ihr Darmcanal bildet keine beträchtliche Erweiterung*) und ist ohne Blinddarm; es erhält derselbe aber eben die Verdauungssäfte, als bey den warmblütigen Thieren. Die Nieren ergiessen ihren Harn in eine Blase, welche aber durch den After entleert wird.

§. 7.

Die Weibchen der Amphibien haben doppelte Eyerstöcke und zwey Eyergänge (oviductus), welche sehr lang und vielfach gewunden sind und sich im After endigen. Nur bey einigen Gattungen begnügt sich das Männchen die schon gelegten Eyer, welche nur eine häutige Hülle haben, mit seinem Samen zu be-

*) Der Magen dieser Thiere ist zwar im leeren Zustande nicht viel weiter, als der übrige Darmcanal, kan aber doch durch Anfüllung mit Speisen sehr erweitert werden. Ich habe mich oft über die Menge von Regenwürmern, Schnecken u. s. w. gewundert, welche ich im aufgetriebenen Magen der Frösche fand. W.

feuchten; bey den übrigen Gattungen findet eine wahre Begattung Statt, und hier sind auch die Eyer mit einer mehr oder weniger harten Schale bekleidet. Die Amphibien bebrüten, so wie überhaupt keins der kaltblütigen Thiere, ihre Eyer nicht selbst.

§. 8.

Die Jungen haben bey einigen Gattungen eine von den Erwachsenen sehr verschiedene Gestalt, welche sich der Gestalt der Fische nähert, wie wir weiter unten sehen werden.

§. 9.

Die Amphibien halten sich meistens im Wasser oder am Ufer der Gewässer, oder an feuchten morastigen Orten auf. Der grösseste Theil derselben nährt sich von thierischen Substanzen. Viele dieser Thiere sind als giftig verschrieen worden; aber nur eine gewisse Anzahl von Schlangen ist wirklich giftig.

§. 10.

Wir theilen die Amphibien in

Eyerlegende Vierfüßer, welche vier Füße, und in

Schlangen, welche gar keine Füße haben.

Die zweyfüßigen Amphibien begreifen nur zwey Gattungen und verdienen kaum als eigene Ordnung aufgeführt zu werden.

Zweytes Kapitel.

Von den eyerlegenden Vierfüßern. (Amphibia reptilia Linn.)

Sie werden in vier Geschlechter abgetheilt.

I. Schildkröten. Tortues. (Testudo)

Sie haben einen platten Körper, vier Füße, einen ziemlich kurzen Schwanz; einen dicken Kopf, eine zugerundete Schnauze; der Mund sehr weit gespalten; die Kiefer haben weder Lippen noch Zähne, sind dagegen aber mit einer harten, ausgeschweiften, hornartigen Bedeckung versehen. Das ganze Thier ist mit zwey großen knochichten Schildern oder Schalen bekleidet, welche au den Seiten zusammenhängen; die obere hängt mit dem Rückgrathe und mit den Rippen zusammen und heißt die Rückenschale (carapace); die untere ist am Brustbeine befestiget und heißt die Bauchschale (plastron). Beyde sind mit schildartigen Platten bedeckt, deren Anzahl, Stellung und Gestalt bey jeder Gattung bestimmt ist. Man theilt die Schildkröten in:

a) Seeschildkröten (Tortues de mer): mit sehr verlängerten, platten, durch Häute verbundenen Zehen, von ungleicher Länge. Ihre Rückenschale ist weniger gewölbt, und Kopf und Füße können nur halb unter dieselbe zurückgezogen werden.

1. Die Riesenschildkröte. La tortue franche. (Testudo mydas.)

Dieß ist die größeste Gattung, welche sich vorzüglich in den Meeren der heißen Zone aufhält, wo sie den Seefahrern eine angenehme und heilsame Nahrung gewährt. Sie nährt sich in großen Scharen von den Aftermoosen des Meerbodens und nähert sich den Mündungen der Flüsse, um Luft zu schöpfen. Ihre Eyer legt sie in den Sand an die Sonne: sie sind sehr zahlreich und sehr gut zu essen. Ihre Schale wird nicht geschätzt. Die Rückenschale hat in der Mitte funfzehn Schilder. Sie hat immer nur einen scharfen Nagel an den Hinterfüßen. Ihre Länge beträgt oft sechs bis sieben Fuß und ihr Gewicht von sieben- bis achthundert Pfund.

2. Die Schuppenschildkröte. Le caret. (Testudo imbricata.)

Diese Gattung liefert das Schildpatt, welches von Künstlern angewandt wird. Sie ist kleiner als die Riesenschildkröte. Ihr Fleisch ist unangenehm und ungesund; ihre Eyer aber sind sehr schmackhaft. Ihr Rückenschild hat dreyzehn Mittelschilder und fünf und zwanzig Rand- oder Seitenschilder. Die ersteren liegen wie Dachziegel über einander. Die Schuppenschildkröte findet sich in allen Meeren der heißen Länder.

3. Die Lederschildkröte. Le luth. (Testudo coriacea.)

Bewohnt das Mittelländische Meer und die Meere der heißen Zone; sie kommt der Riesenschildkröte beynahe an Größe gleich. Sie hat keine Bauchschale, und ihre längliche, spitzige Rückenschale ist nicht mit Schildern, sondern nur mit einer Art von Leder bedeckt. Man bemerkt daran fünf der Länge nach liegende vorspringende Leisten.

b) Süßwasser- oder Landschildkröten: mit kurzen, gleichlangen Zehen.

4. Die Schlammschildkröte. La bourbeuse. (Testudo lutaria.)

Dieses ist die gemeinste Gattung. Sie lebt in Flüssen und Sümpfen; wo sie sich von Fischen und Insecten nährt. Im Winter gräbt sie sich ein und bringt diese Zeit schlafend zu. Die Rückenschale derselben hat dreyzehn Mittelschilder und fünf und zwanzig Seiten- oder Randschilder, alle sind schwach gestreift und von schwärzlicher Farbe. Ihr Schwanz ist dünn und ziemlich lang. Diese Schildkröte ist in den südlichen Gegenden Frankreichs sehr gemein. Man setzt sie in die Gärten, um Insecten und Würmer zu vertilgen. Ihr Fleisch ist gut zu essen, und man macht Kraftbrühen für die Schwindsüchtigen davon.

5. Die mosaische Schildkröte. La grecque. (Testudo graeca).

Die gemeinste von allen Gattungen der Landschildkröten. Sie hält sich an trockenen erhöheten Orten auf, sowohl im südlichen Europa, als in allen übrigen warmen Ländern. Ihre Rückenschale ist länglich und sehr gewölbt; die Schilder sind gestreift, dreyzehn derselben sind Mittel- und fünf und zwanzig Seitenschilder; der Schwanz ist versteckt; die Zehen sind bis an die Nägel vereiniget. Sie nährt sich von Früchten, Insecten, und Würmern.

6. Die geometrische Schildkröte. La géométrique. (Testudo geometrica).

Eine artige kleine Schildkröte der warmen Länder; mit schwarzen Schildern, deren jedes in der Mitte einen weißen Fleck hat, von welchem eben so gefärbte Linien nach verschiedenen Puncten des Umkreises laufen.

II. Eidechsen. Lézards. (Lacerta).

Diese haben einen verlängerten Körper, welcher auf vier kurzen Füßen steht; und einen gemeiniglich sehr langen und an seiner Wurzel fast eben so dicken Schwanz, als der Körper selbst ist. Sie werden in verschiedene Familien getheilt:

a) Krokodile: Von großem Körperbaue; mit an den Seiten plattgedrücktem Schwanze; am Körper mit starken Schildern bedeckt; mit großen spitzigen Zähnen und fünf Zehen an allen Pfoten. Sie sind grausam und fleischfressend und halten sich am Ufer der Gewässer auf.

1. Das Nilkrokodil. Le crocodile du Nil. (Lacerta crocodilus).

Mit einer Schnauze von mittelmäßiger Länge, ungleichen Zähnen und Schwimmhäuten an den Hinterfüßen: am Schwanze eine zackige Leiste oder Kamm.

Es wird zuweilen bis fünf und zwanzig Fuß lang, und herrscht mit grausamer Tyranney an den Flüssen aller warmen Länder. Seine Halswirbel sind so eingerichtet, daß es den Kopf nicht zur Seite drehen kann; auch entgeht man seiner Verfolgung nur dadurch, daß man sich beständig dreht. Die Schilder seines Rückens und Schwanzes sind von einer fast undurchdringlichen Härte. Seine Feinde sind der Sägefisch, welcher es mit großer Gewalt angreift, und die Mangusten, oder Pharaonsmäuse, welche seine Eyer verzehren. Diesseits der Wendezirkel schläft es im Winter.

Der Amerikanische Kaiman oder Alligator scheint nur eine Abänderung des Afrikanischen Krokodils zu seyn.

2. Der Gavial, oder das Krokodil vom Ganges. Le gavial. (Lacerta gangetica).

Mit dünner und sehr langer Schnauze, gleichlangen Zähnen und hinteren Schwimmfüßen; auf dem Schwanze sind gezackte Leisten.

Diese von der vorigen sehr verschiedene Gattung findet sich nur in Indien.

b) Eigentliche Eidechsen: mit rundem Schwanze und schuppigem Körper. Es giebt deren:

α) Mit fünf Zehen an jedem Fuße, und einem von den Schuppen gebildeten Rückenkamme.

3. Der Kammleguan. L'iguane. (Lacerta iguana).

Dieß ist eine große und schöne Amerikanische Eidechse mit kleinen Schuppen, und am Rücken und dem sehr langen Schwanze mit einem aus dünnen gerade aufstehenden Stacheln bestehenden Kamme geziert. Unter der Kehle findet sich ein großer Sack. Sein Fleisch ist sehr schmackhaft. Man behauptet, daß es denen gefährlich sey, welche an venerischen Uebeln leiden.

β) Mit fünf Zehen an jedem Fuße, und am Schwanze mit viereckigen in Querreihen liegenden Schildern besetzt; eben solche Reihen finden sich auch unter dem Bauche.

4. Die gemeine graue Eidechse. Le lézard gris. (Lacerta agilis).

Diese Gattung findet sich bey uns am häufigsten; man sieht sie allenthalben an dürren Orten, auf alten Mauern u. s. w. umherlaufen. Sie ist sehr nützlich, weil sie eine große Menge von Insecten in unseren Gärten vertilgt.

5. Die grüne Eidechse. Le lézard verd.

Der vorigen ganz ähnlich, nur größer und mit sehr schönen Farben gezeichnet. Sie zieht die südlicheren Gegenden vor.

γ) Mit fünf Zehen an jedem Fuße; Körper und Schwanz mit kleinen dachziegelförmig liegenden Schuppen versehen.

6. Das Chamäleon. Le cameleon. (Lacerta chamaeleon).

Berühmt durch die von ihm ehemals erzählten Fabeln. Es verändert in der That seine Farbe ziemlich stark nach Maßgabe seiner Leidenschaften und Bedürfnisse, es ist aber falsch, daß es die Farben der Körper annehme, auf welchen es sich findet. Seine Lungen sind von ungeheurer Größe; wenn es dieselben aufbläst, so wird sein Körper durchscheinend: daher ist die Sage entstanden, daß es sich von bloßer Luft nähre. Es lebt aber im Gegentheile von Fliegen, welche es durch schnelle Verlängerung seiner klebrigen Zunge fängt. Es hat einen Wickelschwanz; seine Zehen stehen so, daß zwey nach der einen und drey nach der anderen Seite gerichtet sind; auf dem Rücken hat es eine vorragende gezahnte Leiste; der Kopf ist mit einer Art von spitzigem Helme gekrönt. Diese Eidechse bewohnt Afrika und die heißesten Gegenden Europa's.

7. Der Stink. Le scinque. (Lacerta scincus).

Eine kleine silberweiße Eidechse, mit kegelförmigem Schwanze, welcher viel kürzer als der Körper ist, welcher fast einerley Dicke hat, und von sehr kurzen Füßen getragen wird. Er bewohnt die dürren Gegenden von Afrika, und macht einen Handelsartikel, weil er als ein Restauratiosmittel in der Pharmacie gebraucht wird.

δ) Mit außerordentlich kurzen Füßen, an deren jedem sich nur drey Zehen finden, und schlangenähnlichem Körper.

Hieher gehören zwey Gattungen, deren Füße so klein sind, daß man sehr genau zusehen muß, um sie nicht mit den Schlangen zu verwechseln. Diesen Eidechsen sind die zweyfüßigen Amphibien sehr nahe verwandt, wovon man auch nur zwey Gattungen kennt, deren einer die Vorder-, der anderen die Hinterfüße fehlen.

c) Salamander: mit unbeschupptem Körper, ohne Nägel; an den Vorderfüßen nur drey oder vier Zehen.

8. Der Erdsalamander. La salamandre terrestre. (Lacerta salamandra).

Ganz schwarz; mit großen hochgelben Flecken (fast oranienfarben). An den Seiten hat er Warzen, aus welchen, wenn das Thier sich in Gefahr befindet, ein milchiger Saft schwitzt; dieß mag wohl vielleicht zu dem Mährchen Anlaß gegeben haben, daß der Salamander im Feuer leben könnte. Er hält sich an feuchten und schattigen Orten auf.

9. Der Wassersalamander. La salamandre aquatique. (Lacerta palustris).

Der Schwanz ist von beyden Seiten zusammengedrückt; längs des Rückens läuft ein häutiger Kamm, welcher bey dem Männchen gezahnt ist; der Körper ist braun, schwarz oder bläulichbunt, der Bauch gelb oder roth. Diese Gattung ist in sumpfigen Gewässern sehr gemein. Spallanzani's Versuche über die erstaunliche Wiedererzeugungskraft haben sie berühmt gemacht. Die Jungen athmen anfangs durch eine Art von Kiemen, wie die Fische, und ihre Füße entwickeln sich erst am Ende einer bestimmten Zeit, wie bey den Fröschen, welchen dieser Salamander auch noch darin ähnlich ist, daß er öfter als die übrigen Eidechsen die Haut wechselt.

III. Der Drache. Le dragon. (Draco).

Dieses ist eine kleine Eidechse, mit langem, dünnen und runden Schwanze; am Körper mit kleinen Schuppen bedeckt, und am Rücken mit zweyen Arten von häutigen dreyeckigen Flügeln versehen, welche von sechs knorpeligen, am Rückgrathe eingelenkten Strahlen gehalten werden. Unter der Kehle findet sich ein langer Sack, an den Seiten des Kopfes sind noch zwey andere kleinere. Er kann dieselben nach Willkühr aufblähen. Dieses unschuldige Thier lebt in Indien, wo es sich von Fliegen nährt, die es von einem Zweige zum anderen hüpfend verfolgt.

IV. Frösche. Grenouilles. (Rana).

Diese haben weder Schwanz, noch Schuppen, noch Rückenschalen, sondern eine nackte mit zäher Feuchtigkeit benetzte Haut. Ihr Kopf ist platt, die Schnauze gerundet, das Maul sehr weit gespalten und ohne Zähne. Die Zunge ist nicht hinten im Schlunde befestiget, sondern sitzt am Rande des Unterkiefers fest und schlägt sich nach innen hinein. An den vorderen Füßen haben sie nur vier und an den Hinterfüßen sechs Zehen, welche oft durch eine Schwimmhaut vereiniget und immer länger als die vorderen sind. Ihr Knochengerüste ist ohne Rippen; so wie dieß auch bey den Salamandern Statt findet, mit welchen überhaupt die Frösche manche große Aehnlichkeit haben. Ihre Eyer haben eine bloß häutige Hülle und schwellen, nachdem sie gelegt sind, sehr an. Das Männchen reizt sein Weibchen durch sehr lange Umarmung zu diesem Eyerlegen, und befruchtet dieselben in dem Augenblicke, wo sie herauskommen. Es entstehen daraus kleine Geschöpfe, welche Kaulquappen (tetards) heißen, einen langen Schwanz und gar keine sichtbare äußere Gliedmaßen haben. Diese werfen die Haut mehrere Mahle ab; die Pfoten entwickeln sich sehr allmählig und der Schwanz fällt stückweise ab. Wenn das Thier zu seinem vollkommenen Zustande gelangt ist, so lebt es an feuchten Orten oder selbst im Wasser. Einige Gattungen leben auf Bäumen. Alle leben von Würmern, Insecten, kleinen Fischen u. s. w. Sie werden eingetheilt in:

a) Kröten (Crapauds): mit dickbauchigem Körper und weniger

verlängerten Hinterfüßen. Sie hüpfen nicht und halten sich mehr vom Wasser entfernt.

1. Die gemeine Kröte. (Le crapaud commun. (Rana bufo).

Dieses ekelhafte Thier von scheußlicher Gestalt ist mit Unrecht seines Speichels, Bisses, Urins und selbst der Feuchtigkeit wegen, welche es ausschwitzt, für giftig gehalten worden. Es hält sich an dunkelen dumpfigen Orten auf. Seine Begattung geht im Wasser vor sich und dauert mehrere Tage lang. Das Weibchen legt seine Eyer in Gestalt von zwey Strängen, welche oft zwanzig bis dreyßig Fuß lang sind, und von dem Männchen mit den Hinterfüßen herausgezogen werden. Man hat zuweilen lebendige Kröten in Baumstämmen und in Steinen eingeschlossen gefunden, wo sie weder Luft noch Nahrung haben konnten.

2. Die Pipa. Le pipa. (Rana pipa).

Dieß ist eine Süd-Amerikanische Kröte, welche durch die Art, wie sie ihre Jungen aufbringt, berühmt ist. Wenn nähmlich die Eyer gelegt und befruchtet sind, so bringt sie das Männchen auf den Rücken des Weibchens, welcher sich aufblähet und Zellen bildet, in welchen die Eyer dann auskommen. Hier bleiben die Jungen, so lange als sie Kaulquappen sind, und gehen nicht eher heraus, als bis sie die Schwänze verloren haben. Diese Gattung unterscheidet sich dadurch, daß jede Zehe der Vorderfüße in vier kleine Spitzen gespalten, und daß bey dem Weibchen der Kopf platt und dreyeckig ist.

b) Eigentliche Frösche: mit schlankem Bauche und sehr verlängerten mit Schwimmhäuten versehenen Hinterfüßen. Sie thun sehr große Sprünge und leben im Wasser oder auf feuchten Wiesen.

3. Der grüne Wasserfrosch. La grenouille commune. (Rana esculenta).

Am Rücken grün, mit drey gelben Streifen; am Bauche gelblich, mit schwarzen Flecken. Diese in allen stehenden Wassern so gemeine Gattung, welche durch ihr nächtliches Geschrey so lästig fällt, giebt ein gesundes und wohlschmeckendes Nahrungsmittel.

c) Laubfrösche (Raines): mit schlankem Bauche, sehr verlängerten Hinterfüßen, und klebrigen Polstern am Ende jeder Zehe. Sie halten sich auf Bäumen auf, wo sie die Fliegen verfolgen.

4. Der grüne gemeine Laubfrosch. La rainette. (Rana arborea).

Ein artiges kleines Thier, von hellgrüner Farbe. Man findet ihn auf Gesträuchen u. s. w.

5. Der Färbefrosch. La raine à tapirer. (Rana tinctoria).

Röthlich mit weißen oder gelben Streifen auf dem Rücken. Er findet sich in Amerika und ist wegen des Gebrauches merkwürdig, welchen die Wilden von seinem Blute machen, um nähmlich die Papageyen bunt zu färben. Sie reißen ihnen in dieser Absicht einige Federn aus und tränken die Wunde mit dem Blute dieses Frosches. Es kommen an dieser Stelle rothe oder gelbe Federn wieder.

Drittes Kapitel.

Von den Schlangen. (Amphibia serpentes Linn.).

Die Falten ihres Körpers sind die einzigen Hülfsmittel zur Fortbewegung dieser Thiere; daher haben auch die zahlreichen Wirbel ihres Rückgrathes eine nach allen Seiten sehr bewegliche Gelenkverbindung unter einander. Ihre Eingeweide gleichen denen der eyerlegenden Vierfüßer so ziemlich, sie sind aber nach Verhältniß ihres Körpers in die länge gezogen. Ihr weit gespaltener Rachen ist einer großen Erweiterung fähig; daher verschlingen sie auch oft Thiere, welche dicker sind als sie selbst. Die Männchen haben eine doppelte Ruthe und begatten sich wirklich. Das merkwürdigste bey dieser Thierordnung ist, das tödtliche Gift, womit mehrere Gattungen derselben versehen sind. Es wird in einer kleinen unter dem Auge liegenden Drüse abgesondert, und durch einen röhrenförmig ausgehöhlten, sehr spitzen, nach Willkühr des Thieres beweglichen Zahn in die gebissene Wunde ergossen; die gespaltene dehnbare Zunge trägt gar nichts dazu bey. Es scheint, als wirke dieses Gift durch Zerstörung der Reizbarkeit der Muskelfaser. Auch innerlich genommen, wirkt es schädlich. *) Die Schlangen unserer Gegenden halten einen Winterschlaf. Alle werfen die Haut wenigstens jährlich einmahl ab. **)

I. Nat-

*) Fontana, Hist. des poissons. Florence 1784.

**) Diese Häutung der Schlangen geschieht so vollkommen, daß selbst die Verbindungshaut der Augen (tunica conjunctiva) und die äußerste feine Platte der Hornhaut, als Fortsetzungen der allgemeinen Bedeckungen, mit abgeworfen werden. W.

I. Nattern. Couleuvres. (Coluber).

Sie haben am Bauche eine Reihe von halbkreisförmigen Schildern, welche die ganze Breite des Bauches einnehmen, und vom Halse bis zum After sich erstrecken; an der Unterseite des Schwanzes sind zwey Reihen von kleineren Schildern, welche sich vom After bis zum Schwanzende erstrecken. Man hat versucht, die Gattungen vorzüglich nach der Anzahl dieser Schilder zu unterscheiden, da die übrigen Eigenschaften der Abänderung sehr unterworfen sind; aber jene Anzahl der Schilder ist dieß nicht weniger. Ein Theil der Nattern ist mit beweglichen Giftzähnen versehen; man giebt diesen insbesondere den Nahmen der Vipern, weil die meisten lebendige Junge gebähren (vivipares), da die Eyer schon im Mutterleibe auskommen.

a) Vipern (Vipères): eine große Anzahl ihrer Gattungen unterscheidet sich dadurch, daß der Kopf oben mit eben solchen Schuppen, wie der Rücken bedeckt ist.

1. Die gemeine Viper. La vipère ordinaire. (Coluber berus).

Mit hundert und sechs und vierzig Bauchschildern; und neun und dreyßig Paar Schwanzschildern; grau von Farbe, mit zwey Reihen im Zickzack stehender brauner Flecken der länge nach auf dem Rücken.

2. Die Otter. L'aſpic. (Coluber aſpis).

Mit hundert und fünf und funfzig Bauchschildern, und sieben und dreyßig Paar Schwanzschildern; drey Reihen röthlicher Flecken mit braunen Rändern auf dem Rücken.

3. Die schwarze Viper. La vipère noire. (Coluber preſter).

Mit hundert sieben und vierzig Bauchschildern, und acht und zwanzig Paar Schwanzschildern; von schwärzlicher Farbe mit noch dunkeleren Flecken längs des Rückens: der Kopf mit Schuppen bedeckt, welche sich von denen des Rückens unterscheiden.

Dieses sind die drey gemeinsten giftigen Gattungen unserer Gegenden. Unter denen aus fremden Ländern sind vorzüglich zu bemerken:

4. Die Hornschlange. Le céraste. (Coluber cerastes).

Mit hundert sieben und vierzig Bauchschildern und zwey und dreyßig Paar Schwanzschildern; über jedem Auge ein kleines bewegliches Horn; die Farbe gelblich, mit braunen Flecken, welche kleine Querbänder bilden. Diese gehörnte Schlange wohnt in Egypten und ist sehr oft in den Hyeroglyphen vorgestellt worden.

5. Die Brillenschlange. Le serpent à lunettes. (Coluber naia).

Eine Ostindische Schlange, deren Hals sich zu einer platten länglichrunden Scheibe ausbreitet, auf welcher eine braune Linie ungefähr in Gestalt des Umrisses einer Brille zu sehen ist. Diese Scheibe wird von den vorderen Rippen gebildet, welche gerade und länger als die übrigen sind; der Kopf ist klein und mit Schuppen bedeckt, welche von denen des Rückens in der Gestalt verschieden sind. Die Farbe der Brillenschlange ist mehr oder weniger hochgelb. Sie ist sehr giftig. Die Wurzel der Ophiorhiza wird als ein Mittel gegen ihren Biß angesehen. Die Indianischen Quacksalber machen sie zahm, und lassen sie allerley sonderbare Kunststückchen machen.

b) Nattern (Couleuvres): sind nicht giftig, legen Eyer, haben beständig die Schuppen des Kopfes anders gestaltet, als die am Rücken.

6. Die Ringelnatter. La couleuvre à collier. (Columber natrix).

Aschfarben, mit schwarzen Flecken an den Seiten und einem weißlichen Bande am Halse; hundert und siebenzig Rückenschilder und drey und sechzig Paar Schwanzschilder. Dieß ist die gemeinste Gattung unserer Gegenden. Sie ist von sehr sanfter Natur und wird an manchen Orten gegessen.

7. Die glatte Natter. La lisse. (Coluber.

Braun, dunkelröthlich gefleckt; mit hundert sechzig Bauchschildern und sechzig Paar Schwanzschildern.

8. Die grüne und gelbe Natter. La verte et jaune. (Coluber.

Der Rücken grün mit gelben Flecken; mit zweyhundert und sechs Bauchschildern und hundert und sieben Paar Schwanzschildern. Auch diese beyden Gattungen finden sich in Frankreich.

II. Boaschlangen. Boas. (Boa).

Haben unter dem Schwanze, wie unter dem Bauche, nur eine einzige Reihe von halbkreisförmigen Schildern. Die meisten Gattungen haben kein Gift; es giebt aber darunter einige, welche sich durch außerordentliche Größe auszeichnen.

1. Die Abgottsschlange. Le devin. (Boa constrictor).

Ist sehr oft funfzehn bis zwanzig Fuß lang und kann bis auf vierzig Fuß heranwachsen. Sie nährt sich von großen Vierfüßern, welche sie umwindet, ihnen die Knochen zerbricht und sie nach und nach verschlingt. Die

Zeit der Verdauung bringt sie in einer sonderbaren Starrsucht zu. Von mehreren Völkern sind derselben Altäre errichtet worden, und ihr mehr oder minder heftiges Zischen galt bey den Mexicanern für ein wichtiges Zeichen der Vorbedeutung. Der Bauch hat zweyhundert sechs und vierzig, der Schwanz vier und funfzig Schilder. Der Rücken ist mit sehr regelmäßigen Flecken bezeichnet. Uebrigens ist es sehr wahrscheinlich, daß die Reisenden und Naturforscher nicht alle die großen Schlangen hinlänglich unterschieden haben, und daß es davon mehrere verschiedene Gattungen gebe.

II. Klapperschlangen. Serpens à sonnettes. (Crotalus).

Haben wie die Boaschlangen halbkreisförmige Schilder, sowohl unter dem Bauche als Schwanze: dieser endiget sich mit einer Reihe von kegelförmigen Stücken von schaliger Substanz, welche in einander gereihet sind, aber doch noch einige Beweglichkeit haben: diese bringen beym Fortkriechen ein Geräusch hervor, welches ihre Ankunft schon von weiten verkün=

diget; dieß ist um so nützlicher, da sie alle mit einem schrecklichen Gifte versehen sind.

1. Die gemeine Klapperschlange. Le boïquira. (Crotalus horridus).

Die giftigste von allen Schlangen. Ihr Biß tödtet in wenigen Minuten mit ungeheuren Schmerzen. Die Leiche der Gebissenen geht schnell in gänzliche Fäulniß über; doch sagt man, daß die Wilden die Wurzel einer Gattung der Polygala als Gegenmittel gebrauchen. Dieses schreckliche Thier lebt nur in Amerika und richtet hier seine Verwüstungen an. Es hat hundert und zwey und achtzig Bauchschilder und sieben und zwanzig Schwanzschilder. Sein Körper ist gelblich von Farbe, mit unregelmäßigen braunen Flecken auf dem Rücken. Sein Athem betäubt die kleinen Thiere, welche ihm zum Raube dienen, und verhindert sie, ihm zu entfliehen. (Dieß ist nach neueren Erfahrungen ein bloßes Mährchen. W.)

IV. Aalschlangen. Orvets. (Anguis).

Bey diesen ist sowohl der Ober= als Untertheil des Körpers mit kleinen dachziegelartig über einander liegenden Schildern oder Schuppen bedeckt. Ihr Schwanz ist oft eben so dick, als der übrige Körper, und der Mangel der großen Bauchschilder erlaubt diesen Thieren, sich mit gleicher Leichtigkeit vor= und rückwärts fortzubewegen.

1. Die Bruchschlange, Blindschleiche. L'orvet commun. (Anguis fragilis).

Röthlich mit schwarzem Bauche. Ist in der ganzen alten Welt gemein, hält sich in unterirdischen Löchern auf, nährt sich von Insecten und Würmern und ist durchaus nicht giftig. Wenn sie gefangen wird, so macht sie sich oft mit solcher Gewalt steif, daß sie von selbst abbricht.

Es giebt noch einige ausländische Schlangengeschlechter, welche nur wenige Gattungen begreifen, als:

V. Die Ringelschlangen. Les doubles marcheurs. (Amphisbaena).

Mit gleich dickem Körper, welcher überall mit vollständigen schalenartigen Ringen bekleidet ist. Sie kriechen rück= und vorwärts, dieß und die Dicke ihres Schwanzes hat zu der Idee Anlaß gegeben, daß diese Thiere zwey Köpfe haben.

VI. Wurmschlangen. Cécilies. (Caecilia).

Deren Körper ganz ohne Schilder und Schuppen ist, und die an den Seiten Quer= falten oder Runzeln haben.

VII. Die Warzenschlange. (L'acrocorde).

Deren ganzer Körper mit einer warzigen Haut bedeckt ist.

VIII. Die Angahaschlange. L'angaha.

Deren Bauch mit schalenartigen Querbändern versehen ist, welche sich verlängern, so wie sie allmählig vom Kopfe entfernt liegen, so daß sie am Ende wirkliche vollständige Ringe bilden; und deren Schwanzende ringsum wie bey den Aalschlangen mit kurzen Schuppen besetzt ist.

Elementarischer Entwurf
der
Naturgeschichte der Thiere.

Fünftes Buch.
Von den Fischen.

Erstes Kapitel.
Vom Baue der Fische überhaupt und von ihrer Eintheilung.

§. 1.

Die Luft ist das eigenthümliche Element der drey ersten Thierclassen; und wenn einige von denselben, wie die Wallfische, Frösche u. s. w.

sehr lange Zeit unter Wasser bleiben können, so geschieht dieß bloß, weil sie das Vermögen besitzen, ihr Athemhohlen auf längere Zeit zu hemmen, als die übrigen.

Die Fische im Gegentheile athmen das Wasser selbst ein, es sey nun, daß dieses auf ihr Blut wirke, indem es sich zersetzt, oder nur indem es die Luft an das Blut abgiebt, welche es aufgelöst, oder bloß beygemengt enthält.

Das Herz derselben nimmt das durch die Venen vom ganzen Körper zurückgeführte Blut in seine Nebenkammer auf. Es hat nur eine Kammer, aus welcher eine einzige Schlagader entspringt, welche sich ganz und gar an die Respirations-Werkzeuge, die sogenannten Kiemen vertheilt. Von da begiebt sich das Blut durch die Branchialvenen in einen gemeinschaftlichen am Rücken liegenden Stamm, welcher, nachdem seine Wände die Structur der Schlagadern angenommen haben, dasselbe zu allen Theilen hinbringt.

Diese Kiemen sind Blätterchen, welche an beyden Seiten des Kopfes liegen und auf denen sich die Gefäßchen ins Unendliche verzweigen. Zwischen diesen Blättchen ist ein freyer Durchgang für das Wasser, welches der Fisch durch das Maul einzieht und durch die nach außen liegende Kiemenöffnung (ouie) wieder von sich giebt. Die Blättchen der Kiemen bestehen aus Fasern, welche wie Zacken eines Kammes gereihet und an der Maulseite an kleine Knochen befestiget sind, die mit dem einen Ende am Schedel, mit dem anderen an einem die Zunge unterstützenden Knochen eingelenkt sind. Der entgegengesetzte Rand derselben ist bey einigen Fischen mit der inneren Fläche der Haut verbunden, und dann sind zum Ausgange des Wassers so viele besondere Oeffnungen oder Löcher, als sich Zwischenräume zwischen den Blättchen finden. Bey den meisten hingegen ist dieser äußere Rand ganz frey und unbefestiget, und das Wasser geht durch eine gemeinschaftliche Oeffnung heraus, welche bey einigen einfach und bey den meisten mit einem schuppenartigen Theile dem sogenannten Kiemendeckel (opercule) bedeckt ist, welcher sich öffnen und schließen kann, und zu dem Ende an seinem unteren Theile mit einer Haut versehen ist, die sich wie das Leder an einem Blasebalge faltet und durch einige Knochenstrahlen gehalten wird. Diese Haut heißt die Kiemenhaut (membrane branchiostége, ou des ouies.)

§. 2.

Die Bewegungswerkzeuge der Fische sind dem Aufenthalte derselben im Wasser angemessen. Ihr Kopf und Rumpf bildet eine zusammenfliessende Masse, ohne besonders unterschiedenen Hals hinten in einen Schwanz geendiget, welcher mit dem Körper gleiche Dicke hat, weil er als das vorzüglichste Werkzeug zum Schwimmen mit sehr beträchtlichen Muskeln versehen ist. Am Ende desselben findet sich eine senkrechte Flosse.

Anstatt der Gliedmaßen haben die Fische vier Flossen oder von zahlreichen Knöchelchen gestützte Häute: und zwar zwey Brustflossen, welche die Arme vorstellen und zuweilen so groß sind, daß sie selbst zum Fliegen dienen können, und zwey Bauchflossen, welche die Füße vorstellen und bald (wie bey den Bauchflossern) sehr weit hinter den Brustflossen gegen den Schwanz, bald unter den Brustflossen (wie bey den Brustflossern), bald noch mehr vorwärts (wie bey den Kehlflossern) gegen die Kehle hin liegen. Bey den Bauchflossenlosen (apodes) fehlen sie ganz. Die meisten Fische haben dünne Rippen, welche Gräthen genannt werden. Eben diesen Nahmen erhalten die langen Dornfortsätze der Wirbel. Bey vielen Fischen fehlen beyde diese Arten von Gräthchen ganz. Das Skelett dieser letzteren ist gewöhnlich knorpelig.

Außer den Flossen, welche die Gliedmaßen ersetzen, und der, welche am Ende des Schwanzes sitzt, giebt es noch am Rücken die Rückenflossen und unter dem Schwanze die Sterzflossen, welche senkrecht stehen, und von Knöchelchen gehalten werden, die zwischen den Dornfortsätzen der Wirbel eingelenkt sind.

Viele Fische haben im Unterleibe am Rückgrathe eine mit Luft gefüllete Blase, welche dazu dient, dieselben im Gleichgewichte zu erhalten, und sie nach Verhältniß der verschiedenen Grade der Zusammendrückung, deren sie fähig ist, im Wasser steigen und sinken zu machen. Sie steht durch einen eigenen Gang mit dem Magen oder mit der Speiseröhre in Verbindung.

§. 3.

Die Augen der Fische sind groß und ohne Augenlieder. Ihre Krystallinse ist fast kugelförmig, einen Ciliar- oder Strahlenkörper haben sie nicht.

Ihr Ohr ist gänzlich in der Substanz des Schedels oder gar in der Höhle enthalten, welche das Hirn einschließt, und besteht in drey häutigen Canälen und einem eben solchen Sacke, welcher kleine, bald steinharte, bald zerreibliche Körperchen enthält. Ihre Nase besteht aus zwey oben im Rüssel ausgehöhlten Gruben, welche mit einer schleimigen Haut ausgekleidet sind. Da ihre Zunge am Boden des Maules befestiget und von knochenartiger Natur ist, so können sie nur wenig Geschmack haben. Ihre Haut ist bald nackt, bald mit mehr oder weniger rauhen Wärzchen besetzt, und meist mit Schuppen bedeckt, welche an Gestalt und Größe verschieden sind. Ein Theil derselben hat um das Maul weiche Bartfäden, welche zum Sinne des feineren Gefühles dienen. Ihr Hirn ist klein und die verschiedenen Lappen oder Knoten desselben sind sehr deutlich getrennt.

§. 4.

§. 4.

Die beyden Kiefer der Fische sind beweglich, mit einer empfindlichen Haut und zuweilen mit Lippen bedeckt. Die Zähne sind an Gestalt verschieden; es giebt spitzige, stumpfe und schneidende; auch ihre Lage ist nicht gleich, da sie bald an den Kiefern, bald an der Zunge, am Gaumen oder in der Kehle sitzen. Viele Fische haben eine Menge von Blinddärdärmen um den Pförtner. Bey allen findet sich eine Leber und Milz; bey einigen sogar eine Bauchspeicheldrüse. Die Blase leert sich durch den After aus. Fast alle nähren sich von kleineren Fischen oder anderen Wasserthieren.

§. 5.

Die meisten Fische haben keine andere Zeugungstheile, als Samenbläschen bey dem männlichen Geschlechte und Eyerstöcke bey den Weibchen. Dieses legt seine Eyer, welche vom Männchen darauf mit dem Samen oder Milcher (laite) bespritzt werden. Die Fische mit fest angewachsenen Kiemen haben allein Eyergänge und eine Gebärmutter: es ist bey ihnen eine wahre Paarung zur Fortpflanzung ihres Geschlechtes nothwendig, und sie geben ihre Eyer erst nach einem gewissen erlangten Grade der Entwickelung von sich. Doch giebt es auch unter den gewöhnlichen Fischen einige lebendig gebährende Gattungen, welche folglich vor dem Gebähren eine Art von Paarung vorgenommen haben müssen.

§. 6.

Viele Fische leben beständig in salzigen Wassern; andere gehen zu gewissen Zeiten in die Flüsse hinauf; es giebt aber einige, welche beständig in süßen Wassern bleiben. Diese weiß der Mensch in Teiche oder Fischhalter einzuschließen, um sie nach Nothdurft zu fangen: die übrigen verfolgt er durch eine Menge verschiedener Mittel, welche die Fischerkunst ausmachen.

§. 7.

Wir werden aus den Fischen mit fest angewachsenen Kiemen, welche sich gewissen Amphibien sehr nähern, eine besondere Ordnung machen; noch eine andere bilden die Fische mit freyen, beweglichen Kiemen, ohne Gräthen. Was diejenigen

Fische betrifft, welche freye Kiemen und daben Gräthen haben, so sind dieselben ungleich zahlreicher und müssen folglich in Unterabtheilungen gebracht werden. Dieß ließe sich vielleicht bequem nach den Zähnen thun; je nachdem dieselben nähmlich an den Kiefern selbst, oder an dem Gaumenbogen, oder in der Mitte des Gaumens selbst, oder an der Zunge festsitzen, und je nachdem zugleich die Gestalt dieser verschiedenen Arten von Zähnen verschieden ist; es sind aber zu dieser Absicht noch nicht hinlängliche Erfahrungen vorhanden.

Wenn man auf die allgemeine Gestalt des Körpers Rücksicht nähme, so liessen sich auch darnach ziemlich natürliche Familien bilden: als aalförmige Fische u. s. w. Man kann ihnen aber keine genau bestimmte Kennzeichen beylegen.

Wir sehen uns daher genöthiget die alte linnéische Eintheilung beyzubehalten, wo nähmlich die Fische nach der Lage der Flossen geordnet werden, obgleich uns dieselbe dem Vereine der natürlichen Uebereinstimmungen nicht sehr gemäß scheint.

Die Classe der Fische enthält also sechs Ordnungen:

I. Chondropterygier: mit knorpeligem Skelette, oder ohne Gräthen, und mit fest angewachsenen Kiemen.

II. Branchiostegen: mit knorpeligem Skelette und freyen Kiemen.

III. Bauchflossenlose oder Kahlbäuche (apodes): mit knochenartigem Skelette, ohne Bauchflossen.

IV. Kehlflosser: mit knochenartigem Skelette, die Bauchflossen vor den Brustflossen sitzend.

V. Brustflosser: mit knochenartigem Skelette, die Bauchflossen unter den Brustflossen sitzend.

VI. Bauchflosser: mit knochenartigem Skelette, die Bauchflossen hinter den Brustflossen sitzend.

Zweytes Kapitel.

Von den Fischen mit angewachsenen Kiemen. (Chondropterygii.)

Die Kiemen dieser Fische sind mit beyden Rändern angewachsen und das Wasser läuft durch mehrere Oeffnungen davon ab. Ihr Skelett bleibt immer knorpelig, und erlangt nie die knochenartige Härte. Sie haben weder Rippen noch Dornfortsätze an den Wirbeln. Sie sind immer ohne Schuppen.

Sie werden in vier Geschlechter eingetheilt.

I. Pricken, Lampretten. Lamproies. (Petromyzon.)

Diese haben von allen Fischen allein sechs Kiemenblätter und folglich sieben Löcher zum

Ausgange des Wassers an jeder Seite. Ihr Körper ist walzenförmig und verlängert; das Maul sitzt am vorderen Ende des Kopfes, ist rund und zum Saugen geschickt, wodurch sich auch die Pricken an Felsen und andere Körper befestigen und daher ihren Nahmen (a lambendo petras) erhalten haben. Zwischen den Augen haben sie ein Loch, welches durch den Schedel geht nnd mit dem Schlunde in Verbindung steht und wodurch das Wasser frey ein- und ausströhmt. Die Pricken haben weder Brust noch Bauchflossen; ihre Haut ist glatt, ihr Darmcanal überall von gleicher Dicke und ohne Wendungen.

1. Die Lamprette. La lamproie proprement dite. (Petromyzon marinus.)

Ein ziemlich großer, weiß oder gelb und grünlich marmorirter Fisch, welcher sich in allen Meeren findet und im Frühjahre zu den Flüssen hinaufkommt, um zu laichen. Man erkennt ihn daran, daß seine beyden Rücken- und Sterzflossen von der Schwanzflosse ganz verschieden sind.

2. Das Neunauge. La lamproie de rivière, ou pricca. (Petromyzon fluviatilis.)

Kleiner als die vorhergehende, von bläulich-grauer Farbe. Findet sich in Bächen. Seine Rückenflosse ist mit der des Schwanzes vereiniget.

II. Rochen. Raies. (Raia.)

Haben einen rautenförmigen, oder rundlichen, wagrecht plattgedrückten in einen dünnen Schwanz geendigten Körper. Diese sonderbare Gestalt kommt von der ungeheuren Größe der Brustflossen oder Flügel (ailes) her, welche sich von der Seite des Kopfes bis zum Anfange des Schwanzes erstrecken. Hier liegen an den beyden Seiten des Afters zwey Bauchflossen. Es giebt keine andere Rückenflosse, als auf dem Schwanze, welcher selbst an seinem Ende nicht immer eine Flosse hat. Das sehr große Maul liegt, so wie die fünf Kiemenöffnungen an jeder Seite, an der unteren Fläche. Auf der oberen Fläche finden sich die Augen, und zwey Löcher (oder Spitzlöcher) welche in den Schlund führen. Die Nasenhöhlen liegen in den Maulwinkeln. Die Kiefer sind gleichsam mit Zähnen gepflastert, welche bey einigen Gattungen zugerundet, bey anderen spitzig sind.

Die Rochen sind sehr gefräßige Thiere. Ihr Magen ist sehr groß und stark, und der ganze Darmcanal besteht nur aus einer Art von dickem kurzen Sacke, in dessen Innerem eine spiralförmig gewundene Haut von einem Ende zum anderen geht: dieser Sack endiget sich am After. In diesen öffnet sich auch die Gebärmutter, welche zwey große Hörner bildet, durch welche die Eyer gehen. Diese haben eine braune lederartige Hülle, von viereckiger Gestalt, mit vier Hörnern an den Ecken: das gemeine Volk nennt diese Seemäuse (rats de mer). Die Rochen hängen bey der Paarung fest zusammen. Man erkennt das Männchen an mehr oder weniger langen Anhängen, welche sie am inneren Rande der Bauchflossen haben und die dem Weibchen fehlen.

Die Rochen bleiben an sumpfigen Stellen am Boden des Wassers. Ihre Haut ist rauh, hart, und oft mit Stacheln besetzt. Das Seheloch ihrer Augen kann vermittelst eines sehr merkwürdigen gezackten Vorhänges nach Willkühr geschlossen werden.

Wir bemerken von den Rochen mit spitzen Zähnen:

1. Der Krampfroche. La torpille. (Raia torpedo.)

Welcher sich von allen übrigen durch seinen eyrunden, glatten Körper unterscheidet. Dieser Fisch ist seit langer Zeit wegen der Eigenschaft berühmt, den Menschen und Thieren, welche ihn berühren, einen elektrischen Stoß mitzutheilen. Es scheint, als wenn dieß zu seiner Vertheidigung oder dazu diene, die Fische, deren er sich bemächtigen will, auf einige Zeit unbeweglich zu machen. Dieser krampfhafte Stoß wird durch idioelektrische Körper, als Siegellack und Glas verhindert, von elektrischen Leitern aber fortgeführt. Man findet die Krampfrochen beynahe in allen Meeren. Die elektrische Kraft aber können sie nur im erwachsenen und vollkommen gesunden Zustande ausüben.

2. Der Glattroche. La raie blanche. (Raia batis.)

Hat einen glatten Rücken; eine einzige Reihe von Stacheln auf dem Schwanze. Dieser wird von allen am größesten und wiegt zuweilen bis auf zweyhundert Pfund.

3. Der Spiegelroche. Le miraillet. (Raia miraletus.)

Auf dem Rücken glatt, in der Nähe der Augen einige Stacheln; drey Reihen von Stacheln auf dem Schwanze; auf jeder Brustflosse ein großer augen- oder spiegelförmiger Fleck.

Unter den Rochen mit stumpfen Zähnen bemerken wir:

4. Der Stechroche. Le pastenague. (Raia pastinaca.)

Glatt, mit stumpfem Schnabel; der unbeflossete Schwanz, welcher wie ein Ratzenschwanz geendiget ist, hat oben einen langen, sägeförmig gezahnten Schwanz, welcher jährlich abfällt und wieder wächst. Die mit diesem Pfeile gemachten Wunden sind schmerzhaft, aber wie es scheint, weder giftig noch tödtlich.

5. Der Nagelroche. La raie bouclée. (Raia clavata.)

Am Körper und Schwanze mit einer großen Menge von Knochenknoten bewaffnet, an deren jedem ein starker Stachel sitzt. Dieser Roche wird am meisten geschätzt. Er ist in unseren Meeren sehr gemein. Man sagt, daß Nagelrochen gefangen seyn, welche bis nahe an zwölf Fuß länge hatten.

III. Hayfische. Squales, (Squalus) vulg. chiens de mer.

Haben in ihrem ganzen inneren und äußeren Baue die größeste Aehnlichkeit mit den Rochen; da aber ihre Brustflossen ungleich kleiner und ihre Körper rund und verlängert sind, so weichen sie weniger, als die Rochen von der gewöhnlichen Gestalt der Fische ab. Ihr Maul liegt unter dem Schnabel; die Kiemenöffnungen aber sind an der Seite des Halses, bald unter, bald vor den Brustflossen. Einige haben wie die Rochen Spritzlöcher hinter den Augen, bey anderen sind diese nicht vorhanden.

Sie haben zwey Bauchflossen zur Seite des Afters, zwey Rückenflossen, welche in ihrer lage verschieden sind, und eine Sterzflosse, welche zuweilen fehlt.

Die Hayfische sind sehr gefräßige Thiere, welche wegen der lage ihres Rachens auf dem Rücken schwimmen, und deren beyde Kiefer mit mehreren Reihen spitziger oder mit mehreren Spitzen versehener nach innen gerichteter Zähne bewaffnet sind. Ihre Eyer gleichen denen der Rochen; die Hülle derselben ist aber durchscheinend, wie schönes Horn, und der eine Winkel ist zu einem langen Strange verlängert.

Folgende Gattungen bemerken wir unter denen ohne Sterzflosse:

1. Der Meerengel. L'ange. (Squalus squatina.)

Sein platter Körper und die Größe der Bauch- und Brustflossen, welche sich einander nähern, geben ihm Aehnlichkeit mit dem Rochen.

2. Der Sägefisch. La scie. (Squalus pristis.)

Ein großer, wegen seines sehr verlängerten, an jeder Seite mit etwa zwanzig starken, spitzen

Knochenzähnen bewaffneten Rüssels merkwürdiger Fisch. Diese Säge ist ein schreckliches Werkzeug, womit der Sägefisch selbst die Wallfische angreift, gegen welche man demselben einen wüthenden Widerwillen zuschreibt.

Unter die Gattungen, welche eine Sterzflosse und kein Spritzloch haben, gehört:

3. Der Menschenfresser. Le requin. (Squalus carcharias.)

Ein Thier, welches wegen seiner außerordentlichen Gefräßigkeit, der Beständigkeit, womit es den Schiffen folgt, um alles zu verschlingen, was davon hinabfällt, und wegen der Gefahr für die im Meere schwimmenden Menschen berühmt ist. Seine Zähne sind dreyeckig und sägeförmig gezahnt. Er erlangt eine ungeheure Größe.

Unter den Gattungen mit einer Sterzflosse und mit Spritzlöchern ist zu bemerken:

4. Der Hammerfisch. Le marteau. (Squalus zygaena.)

Der Kopf desselben, welcher eine walzenförmige Gestalt hat und quer vor dem Körper her liegt, giebt dem ganzen Thiere das Ansehen eines Hammers. Die Augen sitzen an beyden Enden des hammerförmigen Kopfes.

5. Der getiegerte oder Hundshay. La roussette. (Squalus canicula.)

Mit rundem Kopfe und weißlicher braun gefleckter Haut. Alle Hayfische haben eine sehr rauhe Haut; da das bey dieser Gattung aber am meisten der Fall ist, so bedient man sich derselben in den Werkstätten der Künstler, um Holz und andere Dinge zu glätten.

IV. Seeratzen. Chimères (Chimaera) vulg. rois des harengs.

Der Kiemenöffnungen sind vier an der Zahl; sie stehen so dicht, daß sie nach außen nur eine einzige zu bilden scheinen. Dem Körper nach gleichen sie so ziemlich den

Hayfischen; das Maul ist unter dem Schnabel und hat in jedem Kiefer zwey Schneidezähne. Der Schwanz endiget sich in einen Faden, welcher länger ist, als der ganze Körper.

1. Die Seeratze. Le roi des harengs du nord. (Chimaera monstrosa.)

Dieser Fisch ist so monströs nicht, als sein Nahme und die abentheuerlichen Figuren von Aldrovand und Jonston es könnten glauben machen. Er gleicht an Gestalt dem Menschenfresser; hat eine glatte Haut von grauer oder gelblicher Farbe, zwey Rückenflossen, deren erste nach vorn einen großen Stachel hat und deren letzte sich bis auf den Schwanz verlängert. Der Rüssel ist unten gerunzelt. Dieser Fisch lebt im Nordmeere.

Drittes Kapitel.

Von den Fischen mit freyen Kiemen, mit knorpelartigem Skelette, ohne Rippen und Gräthen. (Branchiostegi.)

A. Das Maul unter dem Rüssel, ohne Zähne.

I. Störe. Esturgeons. (Accipenser.)

Haben auf den Kiemen einen Knochendeckel, ohne Kiemenhaut; ihr Maul liegt der Quere nach unter dem Rüssel, wie bey den Hayfischen, welchen sie in der allgemeinen Gestalt des Körpers und in der Zahl und Lage der Flossen gleichen. Sie haben mehrere Reihen von knochenartigen vorstehenden Schildern auf dem Körper, keine Zähne und vor dem Maule vier Bartfäden.

Die

Die Störe nutzen durch ihr Fleisch, durch ihre Eyer, woraus der Kaviar bereitet wird, und durch den Fischleim, welcher ein getrocknetes Extract aus ihren Häuten ist. Sie kommen in Menge zu den Flüssen hinauf, vorzüglich zu denen, welche sich in das Caspische und schwarze Meer ergießen, und ihr Fang macht die vorzüglichste Beschäftigung der dortigen Einwohner, als der Kosaken vom Don, Jaik und der Wolga.

1. Der Stör. L'esturgeon ordinaire. (Accipenser sturio).

Mit sehr stumpfem Rüssel, welcher der Breite des Maules beynahe gleich ist, mit gespaltenen Lippen. Findet sich in den meisten großen Europäischen Flüssen: er wurde von den Römern außerordentlich geschätzt.

2. Der Hausen. Le grand esturgeon. (Accipenser huso).

Mit sehr stumpfem Rüssel, dessen Länge nicht so viel, als die Breite des Maules, beträgt; mit ungespaltenen Lippen. Von dieser Gattung wird vorzüglich der Fischleim (Hausenblase) gemacht. Er erreicht bis auf vier und zwanzig Fuß länge und verliert mit dem Alter alle seine Schilder. Er ist in der Donau und Wolga gemein.

II. Meerpferde. Pégases. (Pegasus).

Ihr Körper erscheint eckig von den ihn bedeckenden Knochenstücken; der Kopf ist in eine Spitze verlängert. Die Oeffnung des Maules ist unten an der Wurzel dieses spitzen Schnabels. Sie haben breite Brust- und sehr schmale hinter jenen liegende Bauchflossen, eine kleine Rückenflosse auf und eine Sterzflosse unter dem Schwanze.

1. Der Seedrache. Le dragon de mer. (Pegasus draconis).

Der Körper dieses Fisches ist dicker, als der Schwanz; die großen gerundeten Brustflossen sind Flügeln ähnlich, woher auch der Nahme Seedrache entstanden ist.

Dieses kleine Thier kommt aus dem Indischen Meere.

B. Das Maul am Ende des Rüssels, ohne Zähne.

III. Nadelfische. Syngnathes. (Syngnathus) vulg. aiguilles de mer.

Der Kiemendeckel ist mit seinem Rande durch eine Haut am Körper dergestalt befestiget, daß nur gegen den Nacken hin eine Oeffnung zum Ausgange des Wassers übrig bleibt. Der Kopf ist zu einem Schnabel verlängert, an dessen Ende das Maul liegt. Der Körper ist lang, dünn und mit mehreren Reihen von Knochenplättchen besetzt, welche ihm ein eckiges Ansehen geben. Sie haben keine Bauchflossen und nur kleine Rückenflossen. Alle diese Fische sind klein.

1. Das Seepferdchen. Le cheval marin, ou hippocampe. (Syngnathus hippocampus).

Hat einen stacheligen Kopf, einen siebeneckigen mit starken Höckern besetzten Körper, und einen weniger dicken, nur vierwinkeligen Schwanz, welcher sich in eine Spitze ohne Flosse endiget. Dieser kleine Fisch findet sich häufig im mittelländischen Meere. Er krümmt sich beym Sterben wie ein S, und dann hat der Vordertheil des Körpers einige Aehnlichkeit mit einem Pferdehalse, woher auch sein Nahme entstanden ist.

2. Die Trompete. L'aiguille de mer. (Syngnathus acus).

Dieser Nahme (nach Müller auch die Spitznadel) ist ihm wegen seines außerordentlich langen und dünnen Körpers gegeben worden. Der Körper hat sieben Ecken und keine vorspringende Höcker.

3. Der Korallensauger. Le tuyau de plume. (Syngnathus pelagicus).

Unterscheidet sich von dem vorigen durch den Mangel der Sterzflosse.

IV. Schnepfenfische. Centrisques. (Centriscus) vulg. bécasses de mer.

Ihr Kopf ist zu einem Schnabel verlängert, an dessen Ende das Maul ohne Zähne sich befindet. Der Körper ist von den Seiten platt gedrückt, eyrund; der Bauch schneidend. Die Bauchflossen sind vereiniget. Die erste Rückenflosse hat nach vorn einen starken Stachel. Der Kiemendeckel ist groß und verdeckt die Kiemenhaut.

1. Der Schnepfenfisch. La bécasse ordinaire. (Centriscus scolopax).

Der Körper ist mit kleinen Schuppen bedeckt. Der Rückenstachel ist gezahnt. Dieser kleine Fisch lebt im mittelländischen Meere.

2. Der Messerfisch. La bécasse bouclée. (Centriscus scutatus).

Der Rückenstachel ist so groß, daß er den ganzen Rücken, wie ein Schild, bedeckt und sich weiter nach hinten als der Schwanz verlängert. Unter dem Bauche sind etwa zwölf hornartige Stücke, welche denselben gänzlich bedecken. Dieser sonderbare Fisch kommt aus Indien.

C. Das Maul am Ende des Rüssels, mit Zähnen bewaffnet.

V. Hornfische. Balistes. (Balistes).

Haben einen vorstehenden Rüssel, an dessen Ende das mit acht Zähnen in jedem Kiefer bewaffnete Maul sitzt. Der Körper ist von den Seiten zusammengedrückt und rauh; Bauch und Rücken bilden eine Schneide; der Bauch ist oft herabhängend. Die Kiemen sind ihre Deckel und haben nur eine mit zwey Strahlen versehene Haut. Die erste Rückenflosse hat einen starken Stachel, welcher den ersten und oft einzigen Strahl bildet.

1. Der Einhornfisch. Le baliste licorne. (Balistes monoceros).

Schwärzlich; ohne Bauchflossen; an der Rückenflosse ist ein einziger gezahnter Stachel.

2. Der kleine Einhornfisch, Zottenfisch. La petite licorne. (Balistes tomentosus).

Braun, mit sonderbar unter dem Körper herabhängendem Bauche.

3. Der zweystachelige Hornfisch. Le baliste à deux piquans. (Balistes biaculeatus).

Die Rückenflosse hat hinter dem großen Stachel einige weiche Strahlen. Zwey andere Stacheln sind anstatt der Bauchflossen da.

VI. Beinfische. Coffres. Ostracion.

Der Kopf und Körper derselben ist ganz in eine aus einem einzigen Stücke bestehende Schale eingehüllt; nur der Schwanz ist frey und beweglich und kommt durch eine Oeffnung hinten zur Schale heraus. Die Kiemenöffnung ist mit einem kleinen ledernen Deckel versehen. Bauchflossen haben sie gar nicht. Die Brustflossen und die des Rückens und Steißes sitzen an der Schale. Das Maul ist am Ende des Rüssels und hat eine große Menge von Zähnen.

1. Das stachellose Dreyeck. Le coffre lisse. (Ostracion triqueter).

Die Schale ist dreyseitig, ohne Stacheln, in sechseckige Felder getheilt, welche in der Mitte hervorragend sind.

2. Der Kettenfisch. Le coffre maillé. (Ostracion concatenatus).

Mit einer dreyeckigen stachellosen Schale, welche in viele kleine dreyeckige oder rautenförmige Felder abgetheilt ist.

3. Das glatte Viereck. Le coffre parallélipipède. (Ostracion cubicus).

Mit viereckiger stachelloser Schale, welche sechseckige Felder hat.

4. Das vierstachelige Dreyeck. Le coffre à quatre piquans. (Ostracion quadricornis).

Die Schale ist dreyeckig; zwey Stacheln sitzen über den Augen und zwey auf dem Steiße.

5. Der Seestier. Le coffre à deux piquans. (Ostracion cornutus).

Die Schale ist viereckig; die Stacheln wie bey dem vorigen u. s. w.

Diese äußerst sonderbaren Fische leben in den Meeren der heißen länder. Sie sind sehr gefräßig. Ihr Fleisch wird gegessen.

D. Das Maul am Ende des Rüssels; die Kiefer nackt, so daß sie Statt der Zähne dienen.

VII. Stachelbäuche. Tétrodons. (Tetraodon).

Statt aller Zähne haben sie nur nackte Kieferbeine, deren Schneide ihnen zum Kauen dient. Diese Knochen sind in der Mitte durch eine Spalte getheilt und haben das Ansehen von vier Zähnen. Der Körper ist mit einer rauhen Haut bedeckt, und der Bauch bey verschiedenen Gattungen sonderbar aufgetrieben. Bauchflossen sind nicht vorhanden. Die Kiemenöffnung erscheint als ein bloßes loch vor den Brustflossen.

1. Der Seekröpfer. Le flascopsaro. (Tetraodon hispidus).

Sein Bauch ist so aufgetrieben, daß er noch weiter nach vorn liegt, als das Maul selbst, wodurch dieser Fisch das Ansehen einer Kugel erhält, wovon bloß der Schwanz hervorspringend ist; auch gaben ihm die Alten den Nahmen orbis. Sein Körper ist grau, mit kleinen Stacheln besetzt. Diese Gattung findet sich im mittelländischen Meere.

2. Der Schildkrötenfisch. Le tétrodon tortue. (Tetraodon testudinarius).

Sein Körper ist länglich und sein Bauch platt. Der Rücken ist braun mit grauen Flekken und die Seiten sind braun und weiß gestreift. Aus Indien.

VIII. Mondfische. Moles. (Mola).

Auch diesen dienen die Kieferbeine Statt der Zähne, es findet sich aber in der Mitte derselben nur ein leichter Ausschnitt. Der Körper ist zusammengedrückt und der Schwanz so kurz und breit, daß er wie abgeschnitten aussieht, und das ganze Thier mehr einem bloßen Fischkopfe, als einem ganzen Fische gleicht. Die Rücken- und Sterzflossen fließen mit der Schwanzflosse völlig in eine zusammen.

1. Der schwimmende Kopf. La lune. (Mola rotunda). (Tetraodon mola Linn.).

Ein großer Fisch, welcher bis an dreyhundert Pfunde wiegt; seine sonderbare Gestalt, seine silberfarbene Haut, seine großen glänzenden Augen machen ihn merkwürdig. Er findet sich in unseren Meeren.

IX. Igelfische. Diodons. (Diodon) vulg. hérissons. de mer.

Ihre Kieferbeine sind gleichfalls unbedeckt, aber ohne Spalte oder Ausschnitt, so daß sie das Ansehen von zweyen Zähnen haben. Ihr Körper ist länglich, eyrund oder kugelförmig, und ganz mit starken spitzen Stacheln besetzt.

1. Der runde Stachelfisch. L'orbe hérisson. (Diodon hystrix). *)

Hat einen kugelförmigen Körper, welcher mit dreywurzeligen Stacheln besetzt ist, welche

*) Bloch vermuthet, daß bey Linné, welcher den runden Stachelfisch, wie aus der Beschrei-

den Fußangeln gleichen. Man kennt verschiedene Abarten davon, und er findet sich in den Meeren der heißen Länder.

2. Der lange Stachelbauch. L'atingue. (Diodon atinga).

Mit länglichem Körper; mit einfachen langen und starken Stacheln. Aus Amerika.

E. Mit großem Maule und zahlreichen Strahlen der Kiemenhaut.

X. Seeteufel. Baudroies. (Lophius).

Unterscheiden sich durch ihre auf einer Art von Stielen sitzenden Brustflossen, welche dadurch ein armähnliches Ansehen erhalten. Ihre Kiemen sind von einer mit Strahlen versehenen Haut bedeckt und öffnen sich erst sehr weit nach hinten. Die Bauchflossen stehen bey ih-

---

bung erhellet, atinga nennt, ein Schreibfehler Statt gefunden habe. S. Nat. Gesch. d. ausländ. Fische. I. 67. W.

nen vor den Brustflossen. Dieses Geschlecht besteht aus drey einander sehr ähnlichen Gattungen.

1. Der Seeteufel. La raie pêcheresse. (Lophius piscatorius).

Der Kopf ist von oben plattgedrückt, im Umfange abgerundet, stachelig und größer als der Körper selbst. Das Maul hat eine ungeheure Größe: der Unterkiefer tritt weiter vor, als der obere; beyde sind mit einwärts gekrümmten Zähnen versehen, und mit zahlreichen Fühlfäden (tentacles) umgeben. Solcher Fäden giebt es auch viele kleine um den ganzen Körper und zwey oder drey sehr lange auf dem Kopfe, welche das Thier, wie man sagt, zum Fischfangen gebraucht. Aus allen diesem entsteht eine so schreckliche Gestalt, daß dieser Fisch an vielen Orten auch vom gemeinen Manne der Seeteufel genannt wird. Er findet sich in allen Meeren. Sein Magen ist ungeheuer weit und dünn. Am Pförtner sind nur zwey Blinddärme, und jener sitzt nahe am oberen Magenmunde. Die Leber ist klein und besteht aus drey Lappen.

2. Der Einhornteufel. La chauve-souris de mer. (Lophius vespertilio).

Sein ganzer Körper ist mit knorpeligen kegelförmigen Höckern besetzt. Der Kopf ist zu einem spitzen Rüssel zusammengezogen, welcher über dem Maule hervorragt; von hier geht der Körper, viel breiter werdend, bis zu den Bauchflossen, hinter welchen er wieder schnell schmäler wird. Dieser vordere Theil ist sehr platt. Die Kiemenlöcher liegen über den Brustflossen.

3. Die Seekröte. Le crapaud de mer. (Lophius histrio).

Hat einen von beyden Seiten zusammengedrückten mit einer rauhen Haut bekleideten Körper. Auf der Nase ist eine Faser, an welcher zwey fleischige Massen befestiget sind, weiter hinten liegen hinter einander zwey Arten von fleischigen in Fasern geendigten Fühlfäden. Der Körper ist gelb oder grau mit Braun marmorirt.

Die beyden letzten sonderbaren Fische finden sich in den Amerikanischen Meeren.

XI. Seehasen. Cycloptères. (Cyclopterus).

Diese haben auf den Kiemen einen deutlich gebildeten Deckel und eine mit vier Strahlen versehene Haut. Die Kiefer sind mit kleinen Zähnen bewaffnet. Sie haben alle Arten von Flossen; ihr unterscheidendes Kennzeichen aber besteht darin, daß die unter den Brustflossen liegenden Bauchflossen zu einer einzigen vereiniget sind, welche eine fast kreisrunde Gestalt haben, und an ihrem Mittelpuncte mit dem Körper vereiniget sind. Die Brustflossen haben eine sehr beträchtliche Größe und nähern sich einander unter der Kehle.

1. Der Seehase. Le lump. (Cyclopterus lumpus).

Dieser Fisch hat einen eyrunden Körper, welcher nach allen Seiten dick, mit einer rauhen Haut bedeckt und mit sieben der länge nach laufenden Reihen von knorpeligen Höckern besetzt ist. Man findet ihn in allen Meeren. Sein Fleisch ist zwar weichlich, aber doch eßbar. Seine Farbe ist bald grün, bald braun, und wird bis an zwey Fuß lang. Der Ma=

gen ist weit und häutig; der Pförtner, welcher dicht am oberen Magenmunde liegt, ist mit zahlreichen Blinddärmen versehen. Die Leber ist klein und ohne Einschnitte.

Viertes Kapitel.

Von den Gräthenfischen, welche keine Bauchflossen haben, oder von den Kahlbäuchen. (Apodes).

Die sieben ersten Geschlechter dieser Ordnung können als eine wirklich natürliche Familie angesehen werden, deren Haupt- und Urgestalt der Aal ist, und welche nächst der gleichförmigen Länge und Höhe der Rücken- und Sterzflosse eine verlängerte Gestalt des Körpers zum Unterscheidungszeichen hat. Vielleicht verdienten noch die Geschlechter Caepola und Lepidopus u. s. w. zu dieser Familie gerechnet zu werden, welche wegen der vorhandenen

Bauch-

Bauchflossen zu anderen Ordnungen gezählt worden sind.

I. Aale. Anguilles. Muraena.

Sie unterscheiden sich durch die Länge der Kiemenhaut, welche noch über den Kiemendeckel hinausgeht, und sich erst unter den Bauchflossen öffnet. Der Körper ist lang und dünn, und die Schuppen sind so klein, daß man sie kaum sehen kann. *) Diese Fische lieben stille Gewässer mit sumpfigem Boden; sie gehen zuweilen von freyen Stücken aus dem Wasser und können einige Zeit an der Luft bleiben, ohne zu sterben. Ihre Reizbarkeit hält so lange an, daß sie noch Bewegung behalten, nachdem sie abgestreift und in Stücken zerschnitten sind. Ihr Magen ist lang, der Pförtner sitzt nahe am oberen Magenmunde; Blinddärme sind gar

*) Die meisten Fische, welche man als schuppenlos (alepidotes) angesehen hat, sind doch nicht ganz ohne Schuppen. Die Schuppen kommen zum Vorscheine, sobald die Haut getrocknet ist.

nicht vorhanden; der Darmcanal ist kurz und ohne Falten, die Leber wenig eingeschnitten.

Bey den **eigentlichen Aalen** wird die Kiemenhaut von Strahlen unterstützt; sie haben Brustflossen; die Sterz- und Rückenflosse sind mit der spitzgeendigten Schwanzflosse vereiniget. Hieher gehören:

1. **Der gemeine Aal.** L'anguille. (Muraena anguilla).

Dieser ist einer von den am weitesten verbreiteten Fischen; doch will man bemerkt haben, daß er sich weder in der Donau, noch in den sich in dieselbe ergießenden Flüsse finde. Die in klaren Wassern lebenden Aale haben eine mehr silberweiße Farbe, und einen weniger muddigen Geschmack. Die Aale verbergen sich des Tages über im Moraste und gehen nur bey Nacht aus ihren Löchern hervor. Man sagt, daß ihre Jungen während der Hundstage lebendig zur Welt kommen. Ihre sehr zähe Haut kann zu verschiedenen Arten von Bändern angewandt werden.

2. Der Meeraal Le congre. (Muraena conger).

Ist eine im Meere lebende Gattung, welche so wie die der süßen Wasser, einen fast walzenförmigen Körper, einen etwas längeren Unterkiefer, am Oberkiefer ein Paar sehr kleine Bartfäden und beym männlichen Geschlechte einen dickeren Kopf hat. Der Meeral unterscheidet sich aber von dem gemeinen dadurch, daß die Rückenflosse viel näher am Kopfe anfängt, daß sie einen schwarzen Rand hat, und daß die Seitenlinie *) weiß punctirt ist.

Anmerkung. Man hat die Murenen (Murenophis) von den Aalen getrennt und daraus ein eigenes Geschlecht gemacht, dessen Kennzeichen in den fehlenden Strahlen der Kiemenhaut besteht. Die gemeinste Gattung

*) Mit dem Nahmen der Seitenlinie belegt man bey den Fischen eine nicht tiefe Furche, welche von einer Reihe kleiner Drüsen gebildet wird, die sich unter der Haut der Länge des ganzen Körpers nach erstreckt, und nur sehr wenigen Gattungen fehlt.

(Muraena helena Linn.) ist weiß und braun marmorirt und hat weder Brust- noch Bauchflossen. Diese ist es, welche bey den Alten so geschätzt war und die sie in besondern Behältern aufzogen. Vedius Pollio ließ seine Sklaven, wenn sie ein Verbrechen begangen hatten, seinen Murenen vorwerfen.

Man hat auch aus Linné's Muraena caecilia ein eigenes Geschlecht unter der Benennung Caecilia gemacht: dieß ist der einzige bekannte Fisch, ohne alle Flossen*).

Endlich hat man vor kurzem an den Englischen Küsten einen kleinen Fisch mit langem, schmalen und so zusammengedrückten Körper entdeckt, daß er fast durchsichtig ist. Er hat weder Brust- noch Bauchflossen; die Rücken- und Sterzflosse vereinigen sich mit der Schwanzflosse. Wegen der Kleinheit seines Kopfes hat man ihm den Geschlechtsnahmen Leptocephalus gegeben.

---

*) Diese Veränderungen im Systeme sind von Lacépede.

II. Kahlrücken. Gymnotes. (Gymnotus.)

Sie haben den Körper der Aale; die Rückenflosse aber fehlt ihnen, oder sie ist wenigstens klein und steht abgesondert. Die Sterzflosse bildet unter dem Körper eine Art Kiel und verlängert sich bis an das Ende, oder nahe an das Ende des Schwanzes, welcher sich in eine Spitze endiget. Der Kiemendeckel ist wie gewöhnlich gebildet, die Kiemenhaut hat fünf Strahlen.

1. Der elektrische Aal. L'anguille electrique. (Gymnotus electricus.)

Dieß ist ein Amerikanischer Fisch, welcher durch seine elektrische Eigenschaft sehr berühmt ist, die sich bey ihm in weit höherem Grade, als bey dem Krampfrochen findet. Die Erschütterungen, welche er mittheilt, gehen bis zur Betäubung. Sie werden einer zahlreichen Reihe von Personen mitgetheilt und gehen durch alle elektrischen leiter. Man hat sogar Funken bemerkt, wenn man das Thier auf eine Metallplatte legte, die auf ein Glas befestiget war und wo sich in einiger Entfernung eine zweyte Platte fand. Diese Eigenschaft hört auf, wenn man das Thier so greift, daß die Bewegung der Rückenmuskeln verhindert wird, welche dem Anscheine nach Ursache jener Erscheinung sind. Sie dient übrigens diesem Fische, um die Thiere, welche ihn angreifen wollen, oder von welchen er sich nährt, starr und unbeweglich zu machen.

Dieser elektrische Aal unterscheidet sich durch seinen stumpfen Schwanz. Seine Haut ist braun, ohne bemerkbare Schuppen, und schleimig; der Kopf platt gedrückt, der Rüssel abgerundet. Er hat an jeder Seite zwey Seitenlinien.

III. Degenfische. Trichiures. (Trichiurus.)

Sie haben einen verlängerten, zusammengedrückten, in einen spitzen Schwanz endenden Körper. Die Sterzflosse fehlt; die Rückenflosse geht vom Nacken bis an das Ende des Schwanzes. Die Zähne sind stark und die Kiemenhaut hat sieben Strahlen. Der Kiemendeckel ist groß und einfach.

1. Der Spitzschwanz. La ceinture d'argent. (Trichiurus lepturus.)

Der ganze platte Körper ist von schönster silberweißer Farbe. Er findet sich in den süßen Wassern von Süd-Amerika.

IV. Wurmfische. Regalecs. (Relecus.)

Haben einen sehr verlängerten runden Körper; keine Sterzflosse; die Rückenflosse geht vom Nacken bis zum Ende des Schwanzes, welcher stumpf ist. Ihr Unterscheidungszeichen besteht in den aus sechs Stücken bestehenden Kiemendeckeln.

1. Der Faserwurmfisch. La glesne. (Regalecus glesne.)

Ein kleiner Fisch, welcher sich an der Norwegischen Küste findet; vor der Rückenflosse sind auf dem Kopfe einige frey stehende stachelige Strahlen. Unter den Brustflossen hat er zwey lange Fäden.

V. Schlangenfische. Donzelles. (Ophidium.)

Haben einen verlängerten, zusammengedrückten, degenklingen-förmigen Körper; lange Rücken- und Sterzflossen, welche sich wie bey dem Aale mit der Schwanzflosse verbinden. Der Kiemendeckel ist groß, die Kiemenhaut hat sieben Strahlen, der Kopf ist stumpf und die Kiefer sind gleichlang.

1. Der Graubart. La barbue. (Ophidium barbatum.)

Hat unter dem Unterkiefer vier Bartfäden. Es ist ein Fisch von zehn bis zwölf Zoll länge; von der Farbe des Aals, er findet sich im mittelländischen Meere.

Von diesem Geschlechte muß der Elephantenrüssel (Ophidium aculeatum Linn.) nothwendig getrennt werden; denn bey diesem ist die Rücken- und Sterzflosse von der Schwanzflosse abgesondert, und vor der ersten steht eine lange Reihe von Stacheln; auch ist der Oberkiefer zu einem langen, spitzen Rüssel verlängert. Er kommt aus Indien.

VI. Sandaale. Ammodytes. (Ammodytes.)

Haben einen verlängerten Körper, die Rücken- und Sterzflosse von der gabelförmigen Schwanzflosse verschieden; spitzige Kiefer, wovon die untere länger und schmaler ist. Die Kiemenhaut hat sieben Strahlen.

1. Der Sandaal. L'equille. (Ammodytes tobianus.)

Ein kleiner silbergrauer Fisch, welcher sich im Sande aufhält. Er giebt eine sehr schmackhafte Speise.

VII. Seewölfe. Anarrhiques. (Anarrhichas.)

Haben einen runden Körper, die Rücken- und Sterzflosse von der Schwanzflosse verschieden, einen ganz runden Kopf; eine Kiemenhaut mit sechs Strahlen. Man unterscheidet sie vorzüglich durch ihre zahlreichen großen Zähne, wovon die am Gaumen sitzenden rund und wie Pflastersteine dicht stehend, und die vorderen kegelförmig und spitz sind.

1. Der Seewolf. Le loup marin. (Anarrhichas lupus.)

Ein sehr großer Fisch des großen Weltmeeres, welcher an funfzehn Fuß lang wird; er nährt sich von Taschenkrebsen und Schalthieren, welche er ohne Mühe zermalmt. Seine glatte, zähe Haut wird zu eben der Absicht, als die des Aals angewandt.

Man findet in verschiedenen Gegenden Versteinerungen, welche große Aehnlichkeit mit den Gaumenzähnen der Seewölfe haben und Bufoniten genannt werden, weil man sie ehemahls für versteinerte Krötenener hielt. Ohne Zweifel kommen sie von diesem oder einem ähnlichen Fische.

VIII. Schwertfische. Espadons. (Xiphias.)

Ihr unterscheidendes Kennzeichen ist der Oberkiefer, welcher sich zu einer sehr langen und schmalen degenförmigen Spitze verlängert. Das Maul sitzt nach unten und ist ohne Zähne. Der Kiemendeckel ist groß und die Kiemenhaut hat acht Strahlen.

1. Der Schwertfisch. L'espadon, ou l'empereur. (Xiphias gladius.)

Die einzige bekannte Gattung. Ein Fisch, welcher sich in allen Meeren findet und bis auf zwanzig Fuß lang wird. Sein Körper ist rund und wird gegen den Schwanz hin dünner, der vordere Theil der Rückenflosse ist in eine Spitze verlängert, der übrige Theil derselben ist kurz und erstreckt sich bis gegen den Schwanz hin. Die Brust=, Sterz= und Schwanzflosse sind groß. An jeder Seite des Schwanzes findet sich eine kleine wagrechte Haut. Die Haut ist fett und ohne bemerkbare Schuppen. Das Fleisch ist gut zu essen.

IX. Deckfische. Stromatées. (Stromateus.)

Sind die einzigen Fische dieser Ordnung, welche einen von oben nach unten sehr hohen und von den Seiten sehr platten Körper haben. Kopf und Körper sind mit kleinen dünnen Schuppen bedeckt. Der Kiemendeckel ist groß, die Kiemenhaut hat zwey Strahlen.

1. Der gestreifte Deckfisch. La fiatole. (Stromateus fiatola.)

Ein sehr schöner Fisch des mittelländischen Meeres, welcher mit gelben Querstreifen auf blauem Silbergrunde gezeichnet ist.

2. Die Golddecke. Le paru. (Stromatus paru.)

Aus dem Brasilianischen Meere. Der ganze Körper ist schön gelb; die Flossen sind schwärzlich.

Anmerk. In einem natürlichen Systeme müssen die Deckfische den Lippfischen und Meerbrassemen u. s. w. genähert werden; sie haben selbst zwey Höcker, welche Anlagen zu Bauchflossen zu seyn scheinen.

Fünftes Kapitel.

Von den Gräthenfischen, bey welchen die Bauchflossen vor den Brustflossen unter der Kehle sitzen oder von den Kehlflossern.

Diese Ordnung enthält sechs Geschlechter, welche zu zwey verschiedenen Familien gehören, deren jeder man mehrere Geschlechter zugesellen könnte, welche wegen der Stellung ihrer Bauchflossen zu den folgenden Ordnungen gezählt worden sind.

A. Kehlflosser mit stacheligem Kopfe.

I. Spinnenfische. Callionymes. (Callionymus.)

Haben einen wagrecht platt gedrückten Kopf und nahe zusammenstehende Augen. Ihre

Kiemenhaut hat sechs Strahlen, liegt überall dicht am Körper an und läßt zum Ausgange des Wassers nur ein loch gegen den Nacken hin übrig. Der Vordertheil des Körpers ist breit; die Bauchflossen sind groß und von einander entfernt. Die Sterzflosse ist lang, gegen ihr über ist eine ganz ähnliche am Rücken; vor dieser noch eine andere. Die Schwanzflosse ist deutlich abgesondert. An jeder Seite des Kopfes steht ein dreyspitziger Stachel.

1. Der Spinnenfisch. La lyre. (Callionymus lyra.)

Die erste Rückenflosse desselben ist länger, als der ganze Körper.

2. Der kleine Spinnenfisch. Le dragonneau. (Callionymus dracunculus.)

Bey diesem ist die erste Rückenflosse nicht länger, als die andere.

Beyde diese Fische finden sich an den Französischen Küsten, haben eine glatte, gefleckte Haut, und nähren sich von Taschenkrebsen und Seeigeln.

II. Petermännchen. Vives. (Trachinus.)

Ihr Kopf ist von den Seiten zusammengedrückt, die Augen liegen hoch oben: die Kiemendeckel sind groß und jeder mit einem starken Stachel versehen. Die Kiemenhaut hat sechs Strahlen. Die Sterzflosse und die gegenüber liegende Rückenflosse sind sehr lang. Vor dieser letzteren auf dem Nacken ist noch eine mit vier Strahlen. Die Brust- und Bauchflossen sind von mittlerer Größe.

1. Das Petermännchen. La vive, ou dragon de mer. (Trachinus draco.)

Ist ein Fisch unserer Meere, mit braunem Rücken und weißem Bauche. Er wird wegen seines weißen Fleisches geschätzt, welches aber doch ein wenig trocken ist. Seine erste Rückenflosse ist von schwarzer Farbe; die von ihren Strahlen verursachten Wunden, werden von den Fischern für gefährlich gehalten.

Sein Magen ist klein und dick; seine Blinddärme zahlreich; sein Darmcanal sehr kurz; die Leber von mittlerer Größe ohne Einschnitte.

III. Sternseher. Uranoscopes. (Uranoscopus.)

Haben einen Kopf von viereckiger Gestalt welcher sowohl von oben als von den Seiten plattgedrückt und mit sehr harten Knochenstükken bekleidet ist. Die Augen liegen auf der oberen Fläche und sehen gen Himmel, woher auch der Nahme entstanden ist. Der Unterkiefer liegt senkrecht, so daß die Oeffnung des Maules auch gen Himmel gerichtet ist. Die Kiemendeckel sind mit starken Spitzen bewaffnet. Drey solcher Stacheln sitzen auch unter dem Unterkiefer. Die Flossen liegen wie bey dem Petermännchen. Die Kiefer sind mit Fühlfäden besetzt.

1. Der Sternseher. Le rat, rapeçon ou boeuf. (Uranoscopus scaber.)

Ein Fisch des mittelländischen Meeres; von grauer oder brauner Farbe, mit rauher Haut und weißem harten Fleische.

B. Kehlflosser ohne Stacheln am Kopfe.

IV. Schellfische. Gades. (Gadus.)

Diese bilden ein Geschlecht, dessen zahlreiche und fruchtbare Gattungen einer der wichtigsten Gegenstände unserer Fischereyen sind. Ihr Körper ist leicht zusammengedrückt, der Kopf etwas verlängert; die Schuppen klein und wie unter der Haut incrustirt. Ihr deutlichstes Unterscheidungsmerkmahl besteht in den schmalen, spitzigen Bauchflossen. Ungeachtet dieselben so weit nach vorn stehen, so verlängert sich doch der Bauch sehr nach hinten; die Leber nimmt die ganze Länge desselben ein. Der Magen ist klein; die Blinddärme sind zahlreich; der Darmcanal ist wenig gewunden; die Samenbläschen (Milch) sind in viele Lappen getheilt.

a) Mit zwey Flossen hinter dem Steiße und dreyen auf dem Rücken.

Zwey von den Rückenflossen liegen den Sterzflossen gegenüber, und die dritte liegt den Brustflossen gegenüber. Diese Gattungen sind:

α) Ohne Bartfäden.

1. Der Wittling. Le merlan. (Gadus merlangus.)

Mit weißlichem Körper; der Oberkiefer länger als der untere; der ganze Fisch einen Fuß lang, er findet sich sehr häufig in unseren Meeren; sein Fleisch ist leicht und von gutem Geschmacke.

2. Der Pollack. Le lieu ou grélin. (Gadus pollachius.)

Mit gelblich-weißem Körper, und längerem Unterkiefer; die Seitenlinie ist gekrümmt. Er ist schlanker und viel größer als der Wittling, aber weniger geschätzt.

3. Der Köhler. Le colin, an einigen Orten merlus. (Gadus carbonarius.)

Mit bräunlichem oder schwärzlichem Körper, und längerem Unterkiefer, die Seitenlinie gerade. Er wird wie der Cabeljau eingesalzen.

β) Mit Bartfäden.

4. Der Kabeljau. La morrhue. (Gadus morrhua.)

Die Kiefer sind von gleicher Länge, das Thier hat nur einen Bartfaden; der erste Strahl der Sterzflosse ist stachelig. Dieser Fisch ist berühmt, wegen der großen Menge, in welcher er sich findet, wegen der Leichtigkeit, womit er sich aufbewahren läßt, nachdem er gesalzen oder getrocknet worden ist, und wegen des großen Handels, den er veranlaßt. Man fängt ihn in allen nördlichen Meeren und selbst an den Französischen Küsten und an den Mündungen der dortigen großen Flüsse; vorzüglich aber giebt es eine ungeheure Menge desselben auf der großen Sandbank von Terreneuve; diese Menge darf uns nicht wundern, denn man hat berechnet, daß jedes Weibchen 9,344,000 Eyer in seinen Eyerstöcken hat. Die Kabeljaus nähren sich von Wittlingen, Häringen und anderen Fischen. Man salzt noch verschiedene verwandte Gattungen ein und verkauft dieselben mit den Kabeljaus, als z. B.

5. Der Dorsch. Le narvaga. (Gadus callarias.)

Der Oberkiefer derselben ist länger, als der untere; sie haben nur einen einzigen Bartfaden; der Körper ist gefleckt.

6. Der Schellfisch. L'anon. (Gadus aeglefinus.)

Hat einen längeren Oberkiefer, nur einen Bartfaden, den Körper von weißlicher Farbe, den Schwanz ein wenig gabelförmig u. s. w. Alle diese Fische haben zwey bis vier Fuß Länge.

b) Andere Schellfische haben nur eine Flosse hinter dem After und zwey auf dem Rücken.

Die Sterzflosse und die Rückenflosse, welche ihr gegenüber steht, sind eben so lang, als die beyden, welche sie ersetzen. Ihr Körper ist gleichförmiger, als bey den vorigen.

7. Der Stockfisch. Le grand merlus. (Gadus merluccius.)

Ohne Bartfaden; der Unterkiefer länger, als der obere. Der Körper ist von grauer Farbe und etwa anderthalb Fuß lang.

c) Man sollte ein eigenes Geschlecht aus dem Krötenfische (Gadus tau Linn.) machen, welcher einen wagrecht plattgedrückten Kopf, an jedem Kiemendeckel drey Stacheln und mit zahlreichen Bartfäden versehene Kiefer hat. Dieser Fisch ist von Carolina, glatt und schleimig braun und weiß gefleckt, mit einem brillenförmigen Flecke oben auf dem platten Kopfe. Er unterscheidet sich, wie man sieht, sehr von den übrigen Schellfischen.

V. Schleimfische. Perce-pierres. (Blennius.)

Sie haben einen kurzen, runden Kopf, einen mit kleinen Schuppen bedeckten verlängerten Körper, Kiemenhäute mit sechs Strahlen, bis an den Steiß gehende Rücken- und Sterzflossen, welche sich hier zuweilen vereinigen. Ihr Hauptkennzeichen besteht in den Bauchflossen, welche nur zwey Strahlen haben.

a) Einige haben fleischige Fäden oder Kämme auf dem Kopfe.

1. Die Seelerche. La coquillade. (Blennius galerita.)

Er hat auf dem Kopfe einen querstehenden Kamm, welcher von einer Falte der Haut gebildet wird. Die Sterz- und Rückenflosse sind gleich lang, wenig hervorstehend und gehen bis nahe an den Schwanz. Kommt aus dem großen Weltmeere; ist braun von Farbe, und vier bis fünf Zoll lang.

2. Der Meerpapillon. Le lièvre. (Blennius ocellaris.)

Dunkelgrün und silberfarben. Die Rückenflosse ist hoch und in der Mitte ausgeschnitten. Der vordere Lappen derselben hat einen augenförmigen Fleck. Ueber den Augen stehen zwey ästige Fäden. Aus dem Mittelländischen Meere. Ist sieben bis acht Zoll lang.

b) Andere haben jene Verzierungen nicht.

3. Die Aalmutter. Le perce-pierre vivipare. (Blennius viviparus.)

Unterscheidet sich durch zwey Bartfäden am Oberkiefer. Dieß ist nicht die einzige lebendig gebährende Gattung dieses Geschlechtes.

4. Der Butterfisch. Le gunnel.
(Blennius gunnellus.)

Findet sich an den Französischen Küsten. Es ist ein kleiner, sehr langer Fisch. Seine Rückenflosse fängt im Nacken an und geht bis nahe an das Ende des Schwanzes. Eben so verhält sich die Sterzflosse. Die erstere hat zehn augenförmige Flecken. Von den Bauchflossen ist nur eine Spur da.

VI. Der Hochrücken. Le Kurte.
(Kurtus.)

Unter dieser Benennung hat man ein neues Geschlecht gemacht, welches nur eine Gattung enthält: es ist ein sehr hoher, von den Seiten sehr zusammengedrückter Fisch, dessen Rücken vorzüglich wie mit einem Buckel versehen scheint: er hat nur eine Flosse in der Mitte. Die Brust- und Bauchflosse sind ziemlich groß; die Sterzflosse geht bis nahe an das Ende des Schwanzes, welcher eine gabelförmige Flosse hat. Die Kiemenhaut hat nur zwey Strahlen. Schuppen sieht man nicht. Der Rücken und die Flossen dieses Fisches sind schön morgenroth; die Seiten und der Bauch vom hellsten Silberglanze. Er kommt aus Indien. (Kurtus indicus.)

Sechstes Kapitel.

Von den Gräthenfischen, deren Bauchflossen gerade unter den Brustflossen stehen, oder von den Brustflossern.

Diese Ordnung ist die zahlreichste von allen, da sie allein mehrere Gattungen enthält, als alle die übrigen zusammengenommen. Man hat sie in drey und zwanzig Geschlechter getheilt, welche in einem natürlichen Systeme unter sehr verschiedene Familien gebracht werden müssen.

A. Brustflosser mit gepanzertem höckerigen Kopfe.

Es giebt davon drey Geschlechter, welche der ersten Abtheilung der Kehlflosser angenähert werden zu müssen scheinen.

I. Groppen. Chabots. (Cottus.)

Haben einen mehr oder weniger stacheligen Kopf, welcher breiter ist als der Körper und sich in eine Spitze endiget. Er ist von oben ein wenig plattgedrückt und die Augen sehen aufwärts. Die Kiemenhaut hat sechs Strahlen. Die Schuppen sind kaum sichtbar. Die meisten haben zwey Rückenflossen, wovon die erste stachelig ist. Der Magen ist weit, der Darmcanal kurz, wenig gewunden und mit zwölf Blinddärmen versehen. Die Leber ist groß und ohne Einschnitte.

Es giebt Gattungen, deren Körper mit Knochenstücken gepanzert ist, als:

1. Der Steinpicker. Le chabot cuirassé. (Cottus cataphractus.)

Mit gepanzertem, achteckigen Körper; der Unterkiefer mit zahlreichen Bartfäden besetzt. Findet sich an sandigen Stellen der Französischen Küsten.

Andere haben einen weichen Körper.

2. Der Seescorpion. Le scorpion, ou crapaud de mer. (Cottus scorpius.)

Der Kopf ist mit Stacheln bewaffnet; der Körper braun und weißbunt. Das Männchen unterscheidet sich durch zwey große Stacheln, welche an jeder Seite hervorragen. Dieser Fisch findet sich in unsern Meeren.

3. Der Kaulkopf. Le chabot, ou têtard. (Cottus gobio.)

Zwey gekrümmte Stacheln auf jedem Kiemendeckel; der Körper grau und braun. Findet sich in den Französischen Flüssen.

II. Drachenköpfe. Rascasses. (Scorpoena.)

Haben einen von den Seiten zusammengedrückten Kopf, welcher dicht mit Stacheln oder Höckern besetzt und mit verschiedenen Anhängseln geziert ist. Die Kiemenhaut hat sieben Strahlen. Es ist nur eine Rückenflosse vorhanden, deren vordere Strahlen stachelig sind. Diese Fische haben eine sehr sonderbare Gestalt und ein schreckliches Ansehen.

1. Der kleinschuppige Drachenkopf. La rascasse porc. (Scorpoena porcus.) und

2. Der großschuppige Drachenkopf. La rascasse truie. (Scorpoena scrofa.)

Sind zwey einander sehr ähnliche Gattungen, welche scharenweise in unseren Meeren leben und sich von Fischen und selbst von Seevögeln nähren. Ueber den Augen haben sie zwey große Fühlfäden. Die zweyte Gattung, welche viel größer ist, als die andere, hat auch Fühlfäden um den Oberkiefer her.

3. Der fliegende Drachenkopf. La rascasse volante.)

Findet sich in dem Meere um die Moluckischen Inseln. Seine Brustflossen sind so groß, daß er sich vermöge derselben einige Zeit in der Luft schwebend erhalten kann. Er hat zwey Anhängsel über den Augen. Die stacheligen Strahlen der Rückenflosse sind sehr lang und beynahe bis an die Wurzel getrennt. (Linné hielt dieselben für völlig getrennt, und zählte daher diesen Fisch mit Unrecht zu den Stichlingen Gasterosteus volitans Linn. W.)

III. Seehähne. Trigles. (Trigla).

Sie haben einen dicken viereckigen, mit starken Knochenstücken besetzten Kopf; meistens zwey Rückenflossen und sieben Strahlen der Kiemenhaut: ihr vorzüglichstes Unterscheidungsmerkmal aber besteht in gegliederten Fäden, welche unter den Brustflossen liegen und abgesonderte Strahlen derselben zu seyn scheinen. Der Magen ist sehr weit; es finden sich zehn Blinddärme; die leber ist groß und hat keine Einschnitte.

1. **Der gepanzerte Seehahn.** Le malarmat. (Trigla loricata).

Mit zwey Bruststrahlen; am Körper mit acht Reihen von Knochenschildern gepanzert; der Rüssel in zwey knochige platte Spitzen (fourchons) verlängert; der Unterkiefer mit vier ästigen Bartfäden versehen; mit einer einzigen, der ganzen länge nach laufenden Rückenflosse. Aus dem mittelländischen Meere.

2. **Der rothe Seehahn.** Le perlon, ou rouget. (Trigla cuculus).

Mit drey Bruststrahlen, nacktem Körper und zugerundetem Rüssel. Dieser Fisch ist roth; sein Fleisch wird geschäzt. Er wird an den Französischen Küsten überall gefangen.

3. Der fliegende Seehahn. Le trigle volant. (Trigla volitans).

Mit zwanzig Bruststrahlen, welche durch eine Haut verbunden sind, und daher unter der Brustflosse noch eine andere ungleich größere Flosse bilden, die aber bloß zum Fliegen dient. Der Rüssel dieses Fisches ist wie bey dem Hasen gespalten. Er findet sich in allen Meeren. Die Schiffer begegnen von allen fliegenden Fischen diesen am öftersten.

B. Brustflosser mit ungepanzertem Kopfe, weichen Flossenstrahlen, die erste ausgenommen, welche zuweilen stachelig ist.

Unter dieser Abtheilung sind drey verschiedene Familien von Fischen begriffen.

a) Mit verlängertem Körper und kaum sichtbaren Schuppen. Sie scheinen der Familie der Aale verwandt.

IV. Bandfische. Cepoles. (Cepola).

Haben einen außerordentlich verlängerten von den Seiten plattgedrückten Körper; einen runden Kopf; ein nach oben gerichtetes Maul; sechs Strahlen in der Kiemenhaut. Der After liegt ganz nahe an der Kehle, und hat eine bis zum Schwanze gehende Flosse. Die Rückenflosse fängt gleich im Nacken an.

1. Der Bandfisch. Le ruban. (Cepola taenia).

Grau; mit röthlichen Flossen, silberfarbenem Bauche und fast durchsichtigem Körper. Aus dem mittelländischen Meere.

V. Schuppenfüßler. Lépidopes. (Lepidopus).

Haben einen sehr verlängerten zusammengedrückten Körper und spitzigen Kopf. Die Rückenflosse geht vom Nacken bis an das Ende des Schwanzes. Hinter dem in der Mitte des Körpers liegenden After ist nur eine kleine spitzige Schuppe. Die Bauchflossen werden auch durch spitzige Schuppen ersetzt.

Man kennt nur eine Gattung (Lepidopus argenteus) welche klein ist, einen silberfarbenen Körper hat, und aus dem mittelländischen Meere kommt.

VI. Schildfische. Sucets. (Echeneis).

Haben einen runden, verlängerten, nach hinten abnehmenden Körper. Der After steht ziemlich weit nach hinten, und hat hinter sich eine bis dicht an das Ende des Schwanzes gehende Flösse, welcher eine ähnliche am Rücken gerade gegenüber liegt. Das auffallendste Unterscheidungszeichen ist eine große eyrunde Platte oder ein Schild oben auf dem Kopfe mit einer längslaufenden erhabenen Leiste und mehreren Querfurchen. Sie können sich an anderen Körpern durch eine Art von Ansaugung befestigen, welche sie durch wechselweises Anschwellen und Niedersinken der Zwischenräume zwischen den Querfurchen bewirken, weil dann in diesen letzteren ein luftleerer Raum entsteht: daher ist die Fabel entstanden, daß dieser kleine Fisch daß größeste Schiff in vollem Laufe aufhalten könne. Der Unterkiefer steht mehr vor als der obere; die Kiemenhaut hat zehn Strahlen. Es giebt zwey Gattungen derselben.

1. Der Ansauger. Le remora. (Echeneis remora).

Mit gabelförmigem oder gespaltenem Schwanze, und achtzehn Furchen auf dem Kopfe.

2. Der Schiffshalter. Le pilote. (Echeneis naucrates).

Mit abgerundetem Schwanze und vier und zwanzig Furchen auf dem Kopfe. Er findet sich in allen Meeren.

b) Mit verlängertem Körper und deutlichen Schuppen. Es ist nur ein Geschlecht davon bekannt, welches auch nur eine einzige Gattung enthält, nähmlich:

VII. Der Langschwanz. Le macroure. (Macrourus).

Von der länge seines Schwanzes so genannt, der sich in eine Spitze endiget. Die Sterzflosse und eine derselben gegenüberstehende

Rücken-

Rückenflosse verlängern und vereinigen sich am Ende des Schwanzes. Eine andere Flosse sitzt auf dem Rücken über den Brust- und Bauchflossen. Der Kopf ist dick, wie der Körper mit Schuppen bedeckt; der Rüssel vorstehend; unter dem Unterkiefer ist ein Bartfaden. Dieß ist ein großer Fisch von der Grönländischen Küste.

c) Mit platt zusammengedrücktem Körper; die beyden Augen auf einer Seite.

VIII. Schollen. Pleuronectes. (Pleuronectes).

Die einzigen bekannten Thiere, deren Körper nicht symmetrisch ist. Er ist von den Seiten völlig platt zusammengedrückt. Die Flossen, die Seitenlinie und das Maul liegen wie gewöhnlich: aber die beyden Augen liegen an einer Seite. Dasjenige, welches über dem anderen steht, ist kleiner. Eben dieß ist der Fall mit den Nasenlöchern. Die Seite des Körpers, an welcher die Augen liegen, ist von dunkeler Farbe; die andere Seite ist weiß. Der

Kiemendeckel dieser Seite ist zum Theil geschlossen.

Die Schollen haben eine längs des ganzen Rückens laufende Flosse, und eine andere, welche fast der ganzen länge des Bauches nach läuft, weil der After sehr weit vorwärts liegt. Ihre Rippen sind sehr klein. Sie haben keine Schwimmblase und bleiben im Schlamme; sie schwimmen in schräger Richtung, die Augenseite nach oben gewandt. Ihr Magen besteht nur in einer leichten Auftreibung des Darmcanales, welcher entweder ganz ohne Blinddärme ist, oder deren nur zwey bis drey kleine hat. Die leber ist klein und ohne Einschnitte. Die Bauchhöhle verlängert sich zu beyden Seiten der unteren Dornfortsätze der Schwanzwirbel. Die Zeugungstheile und selbst ein Theil der Därme liegen in diesen beyden Verlängerungen.

In einigen Gattungen (den Zungen) vereinigen sich die erwähnten beyden Flossen mit der Schwanzflosse.

1. Die gemeine Zunge. La sole commune. (Pleuronectes solea).

Hat einen länglichen Körper und die Augen auf der rechten Seite; diese Seite des Körpers ist gleichfarbig braun; der Oberkiefer legt sich wie ein Haken über den unteren.

In anderen Gattungen ist die Rücken- und Sterzflosse von der des Schwanzes abgesondert.

2. Der Steinbutt. Le turbot. (Pleuronectes maximus).

Hat einen rautenförmigen höckerigen Körper und die Augen an der linken Seite. Dieser Fisch wird ungeheuer groß. Die Augenseite hat eine schön schwarze Farbe.

3. Die Scholle. La plie. (Pleuronectes platessa).

Der Körper ist rautenförmig, die Augen stehen an der rechten Seite, an eben dieser Seite hat der Kopf sechs Höcker; sie ist braun mit rothen Flecken.

4. Der Flunder. Le flet ou picaud. (Pleuronectes flesus).

Er unterscheidet sich von der Scholle durch den Mangel der Höcker, welche durch eine rauhe Linie ersetzt werden, und durch die einförmig braune Farbe der Augenseite.

Alle diese Gattungen finden sich nebst mehreren anderen in unseren Meeren, und werden wegen ihres weißen, zarten und schmackhaften Fleisches sehr geschätzt.

C. Brustflosser mit ungepanzertem Kopfe und großen Theils stacheligen Rückenstrahlen.

Einige haben zwey Rückenflossen, wovon die eine mit stacheligen, die andere mit weichen Strahlen versehen ist; andere hingegen haben nur eine Rückenflosse, wovon etwa die Hälfte der Strahlen (zuweilen auch mehrere) stachelig sind.

a) Mit zwey Rückenflossen.

IX. Meergrundeln. Gobies. (Gobius).

Sie unterscheiden sich leicht durch die zu einer einzigen vereinigten Bauchflossen. Ihr Kopf ist klein. Die Kiemenhaut hat vier Strahlen; der Deckel ist großen Theils fest angewachsen, der Körper mit kleinen Schuppen bedeckt. Zwischen den Augen finden sich zwey kleine Löcher.

1. Die Meergrundel. Le boulereau. (Gobius niger).

Die zweyte Rückenflosse hat vierzehn Strahlen. Es ist ein kleiner weiß und braun gefleckter Fisch, welcher sich an den Französischen Küsten findet, und eine vorzügliche Nahrung mehrerer Schellfischgattungen ausmacht.

X. Meerbarben. Surmulets. (Mullus).

Körper und Kopf sind mit großen sehr weichen Schuppen bedeckt; die Kiemenhaut hat drey Strahlen, der Kiemendeckel besteht aus drey Stücken.

1. Der gestreifte Rothbart. Le surmulet ou rouget. (Mullus barbatus).

Ein Fisch des mittelländischen und des großen Weltmeers, merkwürdig wegen der schönen rothen Farbe seines Körpers, welche erscheint, wenn man die Schuppen abgenommen hat. Bey den Alten war er ganz außerordentlich geschätzt. Er hat zwey lange Bartfäden am Unterkiefer.

XI. Makrelen. Scombres. (Scomber).

Dieses sind Fische mit verlängertem Körper, gegen den seitwärts kielförmigen, das heißt, an beyden Seiten einen vorstehenden Winkel bildenden Schwanz, sehr dünn. Die Haut ist glänzend, glatt und ohne bemerkbare Schuppen. Die Kiemenhaut hat sieben Strahlen. Der Magen ist sehr lang und endiget sich in eine Spitze. Der Pförtner liegt nahe am oberen Magenmunde und hat eine große Menge von Blinddärmen. Der Darmcanal macht drey Windungen. Die Leber ist von mittlerer Größe und ohne Abtheilungen. Dieses sind Zug- oder

Wanderfische, welche wegen ihrer großen Menge, ihres guten Geschmackes und der Leichtigkeit, womit sie sich aufbewahren lassen, sehr nützlich sind.

Mehrere Gattungen haben eine Menge von kleinen Flossen hinter der Rücken- und Sterzflosse.

1. Der Thunfisch. Le thon. (Scomber thynnus).

Mit acht falschen Flossen oben und unten. Es ist ein silberfarbener Fisch mit stahlfarbenem Rücken; zwey Fuß und darüber, zuweilen sogar bis zehn Fuß lang, sehr gefräßig. Er nähert sich im May und Junius den Ufern in großen lärmenden Scharen, um zu laichen, und verschafft den Bewohnern der Inseln des mittelländischen Meeres durch seinen Fang, durch das Einsalzen und andere Aufbewahrungsweisen, eine einträgliche Beschäftigung.

2. Die Makrele. Le maquereau. (Scomber scombrus).

Oben und unten fünf falsche Flossen. Er ist kleiner als der Thunfisch, von silberweißer Farbe, am Rücken blau und schwarzbunt. Im

Sommer nähert er sich in großen Scharen den Ufern des großen Weltmeeres und beschäftiget die Menschen und Fahrzeuge sehr vortheilhaft, welche im Herbste und Winter auf den Häringsfang ausgehen.

Andere Gattungen haben jene falschen Flossen nicht und verdienten vielleicht ein eigenes Geschlecht zu bilden.

XII. Stichlinge. Epinoches. (Gasterosteus).

Dieß sind kleine Fische, deren Schwanz an den Seiten kielförmig ist, wie bey den Makrelen. Anstatt der ersten Rückenflosse haben sie nur freye Stacheln ohne Zwischenhaut. Zwischen den Bauchflossen findet sich ein von aussen sichtbares Knochenstück. Ihr Magen besteht bloß in einer Auftreibung des Darmcanales, welcher kurz und ohne Blinddärme ist.

1. Der Stichling. Le trois-épines. (Gasterosteus aculeatus).

Hat drey freye Stacheln am Rücken, und zwey anstatt der Bauchflossen. An jeder Seite des Körpers findet sich eine Reihe von großen Schuppenstücken. Dieser Fisch lebt im süßen Wasser und schadet den Teichen, durch Vertilgung des Laiches nützlicher Fischgattungen.

2. Der kleine Seestichling. L'épinoche proprement dit. (Gasterosteus pungitius).

Kaum einen Zoll lang, ohne Schuppen, mit zehn freyen Stacheln auf dem Rücken.

XIII. Umberfische. Sciènes. (Sciaena).

Ihr Unterscheidungsmerkmahl besteht in einer der Länge des Rückens nach laufenden Grube, worin die Rückenflossen sich verbergen: es ist ein noch nicht gehörig bestimmtes Geschlecht, wovon mehrere Gattungen noch verworren sind. Es giebt deren mit stacheligen und stachellosen Kiemendeckeln. Man zählt zu den Umberfischen viele Fische, welche nicht mehr als eine einzige Rückenflosse haben, und ohne Zweifel entweder auf andere Geschlechter zurückgeführt, oder zu einem besonderen Geschlechte erhoben werden müßten.

XIV. Baarsche. Perches. (Perca).

Zu den fehlenden Kennzeichen, welche die übrigen Geschlechter dieser Abtheilung mit doppelter Rückenflosse unterscheiden, kommt bey den Baarschen noch der mit Stacheln besetzte Kiemendeckel, dessen vorderes Stück gezackt ist. Der Kopf und die Kiemendeckel sind wie bey den Umberfischen und den meisten folgenden Geschlechtern mit Schuppen besetzt. Die Kiemenhaut hat sieben Strahlen.

---

*) Diese Bestimmung des Baarschgeschlechtes, welches bey Linné eben so verworren ist, als das der Umberfische, kommt von Lacepede. Bloch hingegen scheint die Benennung sciaena auf alle die Linnéischen Umberfische und Baarsche anzuwenden, welche zwey Rückenflossen haben, und den Nahmen Perca den Fischen dieser Abtheilung zu geben, welche nur eine einzige Rückenflosse und Kiemendeckel ohne Stacheln und Zacken haben, welche er nicht anders hat bestimmen, noch sie unter die Geschlechter chaetodon, sparus, labrus u. s. w. ordnen können.

1. Der Flußbaarsch. La perche de rivière. (Perca fluviatilis).

Mit sechszehn Strahlen in der zweyten Rückenflosse. Es ist einer der schönsten Süßwasserfische; seine Farbe ist am Rücken grünlich, an den Seiten goldgelb mit schwarzen Streifen. Die Flossen sind schön roth.

2. Der Zander. Le sandat. (Perca lucioperca).

Mit drey und zwanzig Strahlen an der zweyten Rückenflosse. Der Körper ist silberfarben mit braunen Streifen, der Rücken schwärzlich mit blauen Flecken; die Flossen gelblich; die Rückenflossen schwarz gefleckt. Findet sich in den Süßwasserseen.

3. Der Salmbaarsch. (Blochs lachsumber). Le loup. (Perca labrax).

Mit sieben und zwanzig Strahlen an der zweyten Rückenflosse; der Körper silberfarben, der Rücken dunkelblau, in der Jugend schwarz gefleckt. Ist ein Seefisch.

Alle Baarsche sind sehr gefräßig.

b) Mit einer einer einzigen Rücken-flosse.

XV. Spiegelfische. Zées. (Zeus).

Obgleich der stachelige Theil und der weiche Theil der Rückenflosse bey diesen Fischen oft durch einen starken Ausschnitt geschieden ist, und die ersten Strahlen des weichen Theiles zuweilen länger als die vorhergehenden sind, so haben sie doch nur eine Rückenflosse.

Der Körper der Spiegelfische ist von den Seiten plattgedrückt, und ihre senkrechte Höhe gleicht beynahe der ganzen Länge. Hinter jedem Stachel der Rückenflosse ist ein langer Faden. Die Bauchflossen sind lang und spitzig; die Schuppen nicht bemerkbar. Als das wesentliche Unterscheidungsmerkmahl dieser Fische betrachtet man eine senkrechte, quer unter der Oberlippe liegende Haut.

1. Der Sonnenfisch. La dorée, ou poisson Saint-Pierre. (Zeus faber).

Findet sich an den Französischen Küsten. Es ist ein großer platter Fisch von Silber- und

Goldfarbe, an den Seiten mit einem schwarzen Flecke bezeichnet. An jeder Seite der Sterzflosse und des weichen Theiles der Rückenflosse läuft eine Reihe von zweytheiligen Höckern. Das Fleisch dieses Fisches wird sehr geschätzt.

XVI. Klippfische. Chaetodons, ou Bandoulières. (Chaetodon).

Ihr wesentliches Unterscheidungszeichen besteht in langen und dünnen Zähnen, welche dicht an einander gedrängt stehen und den Borsten einer Bürste ähnlich sind. Es giebt eine sehr große Menge Gattungen derselben, welche fast alle mit den schönsten Farben glänzen und sich in den Meeren der heißen Länder finden. Ihr Körper ist von den Seiten sehr zusammengedrückt. Der Kopf, die Kiemendeckel und selbst ein großer Theil ihrer Flossen sind mit Schuppen bedeckt. Die Rücken- und Sterzflossen sind dick und schuppig, und man sieht nicht, wo sie eigentlich vom Körper entstehen.

a) **Einige haben Kiemendeckel ohne Stacheln, und die Rücken- und Sterzflossen von sichelförmiger Gestalt**, das heißt, in eine sehr lange, leicht gekrümmte, oder ganz nach hinten geneigte Spitze verlängert. Dahin gehören:

1. Der Schwarzflosser. Le teïra. (Chaetodon teïra).

Der Körper ist höher als lang; und sowohl die Rücken- als die Sterzflosse länger, als der Körper hoch ist, und in eine Spitze auslaufend, so daß der ganze Fisch einem zunehmenden Monde ähnlich sieht. Er hat sechs senkrecht laufende abwechselnd weiße Streifen, und einen runden Schwanz. Kommt aus Indien.

2. Der blaue Klippfisch. La bandoulière bleue. (Chaetodon glaucus).

Die Flossen sind hinter ihren Spitzen sehr stark ausgeschnitten; die Farbe ist blau, am Bauche silberweiß, auf dem Rücken sind schwarze Querstreifen; der Schwanz ist gabelförmig. Kommt aus Amerika.

b) Andere haben Kiemendeckel ohne Stacheln und Flossen, welche sich hinten mit einer dreyeckigen Hervorragung endigen; als:

3. Der Schnabelfisch. La bandoulière à bec. (Chaetodon rostratus).

Mit sehr verlängertem grauen Schnabel; der Körper hat vier senkrecht gehende, braune, weiß eingefaßte Banden. An den Rückenflossen ist ein schwarzer weiß eingefaßter Fleck.

c) Andere haben auch Kiemendeckel ohne Stacheln, aber den Umriß der Flossen mit dem des Körpers selbst gleichlaufend. Dahin gehört:

4. Der langschnäbelige Klippfisch. Le soufflet. (Chaetodon longirostris).

Dieser hat einen noch längeren und dünneren Schnabel, als der vorhergehende; ist gelblich, hat am Ende der Sterzflosse einen runden schwarzen Fleck; einen blau gestreiften Bauch und schwarz eingefaßte Rückenflosse. Aus dem stillen Meere.

d) Andere haben den Kiemendeckel unten in einen starken Stachel geendiget; bey diesen findet man die drey verschiedenen Gestalten der Flossen wieder; als:

Mit sichelförmigen Flossen:

5. Der Plümiersche Goldfisch. La dorade de Plumier. (Chaetodon aureus).

Von schön gelber Farbe; das Ende der Flossen grün. Aus Amerika.

6. Der schwarze Klippfisch. La bandouliere noire. (Chaetodon paru).

Schwarz; die Schuppen mit goldenen Rändern. Aus Amerika.

Mit dreyeckigen Flossen:

7. Der Kaiserfisch. L'empereur du Japon. (Chaetodon imperator).

Am Körper der länge nach gelb und blau gestreift; der Kopf gelb; die Ränder und der Stachel

Stachel der Kiemendeckel blau; die Spitzen der Flossen abgerundet. Aus Indien.

8. Der zweyfarbige Klippfisch. La griselle. (Chaetodon bicolor).

Die vordere Hälfte des Körpers ist weiß; die hintere purpurfarben; der Schwanz auch weiß.

Mit gleichen Flossen:

9. Der gestreifte Klippfisch. La bandoulière rayée. (Chaetodon fasciatus).

Weiß; mit häufigen blauen, braun eingefaßten Querstreifen. Aus Arabien.

XVII. Papageyfische. Scares. (Scarus.)

Sie unterscheiden sich sehr deutlich von allen Gräthenfischen durch die nackten Kieferbeine, welche ihnen, wie den Stachelbäuchen (Tetraodon), einem Geschlechte der Branchiostegen, statt der Zähne dienen. Ihr Körper ist länglich, zusammengedrückt; überall, selbst am

Kopfe mit großen Schuppen bedeckt. Die Flossen sind mit dem Körper gleichlaufend; die Kiemenhaut hat vier Strahlen; der Kiemendeckel hat weder Stachel noch Zacken.

1. Der grüne Papageyfisch. Le scare verd. (Scarus viridis.)

Hat einen gelblichen mit grün geränderten Schuppen bedeckten Körper; die Flossen sind mit diesen beyden Farben gestreift.

XVIII. Stutzköpfe. Coryphènes. (Coryphaena.)

Haben einen zusammengedrückten Kopf mit schneidiger senkrecht abfallender Stirn, so daß der Kopf wie abgestutzt erscheint. Darin liegt auch das Hauptkennzeichen derselben. Uebrigens ist ihr Körper verlängert, zusammengedrückt, selbst am Kopfe und an den Kiemendeckeln mit großen Schuppen bedeckt. Die Rückenflosse fängt gleich vom Nacken an; die Steißflosse ist von verschiedener länge. Es sind gefräßige Fische, mit sehr schönen Farben geziert; den Schiffern sind dieselben unter dem Nahmen Delphin (Dorade) sehr wohl bekannt. Sie sind die vorzüglichsten Feinde der fliegenden Fische in der heissen Zone.

1. Der gefleckte Stutzkopf. Le dophin, ou dorade des Antilles. (Coryphaena hippuris.)

Grün und silberfarben mit gelben Flecken, die Flossen sehr schön gelb.

2. Der blaue Stutzkopf. Le rasoir bleu. (Coryphaena coerulea.)

Ueberall blau. Aus Amerika.

3. Der Fächerfisch. L'eventail. (Coryphaena velifera.)

Die Sterz- und Schwanzflosse sind so hoch, als der Körper lang ist.

Anmerk. Nachdem von dem ganzen Haufen der Brustflosser mit stacheligen Strahlen auf diese Art alle diejenigen getrenne sind, welche an irgend einem wichtigen Theile Kennzeichen haben, wodurch sie sich als hinlänglich verschiedene Geschlechter erkennen lassen, so bleibt noch eine Menge derselben übrig, welche nothwendiger Weise nach der Verschiedenheit der Stacheln und Zacken ihrer Kiemendeckel abgetheilt werden mußten. Dieses sind:

XIX. Bodiansische. Bodians. (Bodianus.)

Welche Stacheln ohne Zacken an ihren Kiemendeckeln haben.

XX. Sogosische. Holocentres. (Holocentrus.)

Deren Kiemendeckel sowohl Stacheln, als Zacken haben: und

XXI. Lutjane. Lutians. (Lutianus.)

Deren Kiemendeckel Zacken und keine Stacheln haben.

Diese drey von Bloch festgesetzten Geschlechter begreifen eine Menge von Gattungen unter sich, welche einander sehr ähnlich sind, aus den heißen Ländern kommen, meistens wegen ihrer glänzenden, scharf abgeschnittenen Farben merkwürdig und bis jetzt mit den Baarschen und den Gattungen der beyden folgenden Geschlechter unter den Benennungen Lippfische (Labrus), Meerbrassemen (Sparus) und Baarsche (Perca) verwechselt worden sind.

Die Geschlechter der Lippfische nud Meerbrassemen begreifen also künftig keine andere Gattungen mehr, als diejenigen, welche sich unter keines der vorhergehenden Geschlechter bringen ließen, und welche folglich Kiemendeckel ohne Stacheln und Zacken haben. Lacépède bestimmt sie folgendermaßen:

XXII. Lippfische. Labres. (Labrus.)

Ihr wesentliches Unterscheidungsmerkmahl besteht in der doppelten und ausdehnbaren Oberlippe.

Es sind, wie die drey vorhergehenden Geschlechter, Fische von länglicher, zusammengedrückter Gestalt, selbst an dem Kopfe und den Kiemendeckeln mit großen Schuppen bedeckt; oft findet sich hinter jedem Strahle der Rückenflosse ein Faden. Es ist kein abgesonderter Magen vorhanden. Der kurze, mit keinen Blinddärmen versehene, Darmcanal wird in einiger Entfernung vom After auf einmahl weiter. Die Leber ist in zwey Lappen getheilt. Am Gekröse findet sich eine unzählbare Menge von fettartigen Anhängseln, deren Nutzen noch unbekannt ist. Die Schwimmblase ist einfach und dick. Es giebt sehr zahlreiche Gattungen davon.

1. Die Meeramsel. Le tourd. (Labrus turdus.)

Ein ziemlich großer Fisch; schön grün, mit gelben Flecken, welcher sich häufig im mittelländischen Meere findet.

2. Das Schwarzauge. Le mélope. (Labrus melops.)

Findet sich an den Französischen Küsten, ist oranienfarben mit blauen Flecken und hat hinter dem Auge einen schwarzen Fleck.

3. Der Meerjunker. La girelle. (Labrus julis.)

Schmaler, als die übrigen nach Verhältniß seiner Länge. Die Farbe des Körpers ist schön blau, mit einem längs laufenden, gelben, ausgeschnittenen (festonné) Streifen. Er kommt aus dem mittelländischen Meere.

XXIII. Meerbrasseme. Spares. (Sparus.)

Man erkennt sie an ihren starken Zähnen; denn einige haben sehr starke Vorderzähne, und bey den übrigen finden sich wenigstens mehrere Reihen von Backenzähnen, oder

Zwischenkieferzähne im Ober- und Unterkiefer; diese Backenzähne sind gewöhnlich rund und stumpf. Uebrigens haben die Meerbrasseme beynahe dieselbe Gestalt, als die vier vorhergehenden Geschlechter.

1. Der Goldbrassem. La dorade. (Sparus aurata.)

Mit sechs Vorderzähnen, einem goldenen Flecke zwischen den Augen und einem schwarzen Flecke am Schwanze. Der Rücken ist bläulich; die Seiten silberfarben. Dieser Fisch findet sich überall an den Französischen Küsten.

2. Der Goldstrich. La saupe. (Sparus salpa.)

Hat einen grünlichen Körper, gegen den Rücken hin mit Blau gemischt, gegen den Bauch hin silberfarben und der länge nach bräunlichgelb gestreift. Aus dem mittelländischen Meere.

Siebentes Kapitel.

Von den Gräthenfischen, deren Bauchflossen weiter zurückstehen, als die Brustflossen, oder den Bauchflossern.

Unter den Bauchflossern finden sich die meisten Süßwasserfische.

I. Karpfen. Carpus. (Cyprinus.)

Ihr wesentliches Kennzeichen besteht in dem völlig zahnlosen Maule und der dreystrahligen Kiemenhaut. Es sind Fische mit länglichem Körper und zusammengedrücktem Kopfe; sie haben große Schuppen und alle Arten von Flossen; die Rückenflosse ist nur einfach und steht beynahe mitten auf dem Rücken. Ihr

Fleisch wird geschätzt, sie nähren sich von Schlamme, Wassergewürmen u. s. w. Ihr Magen besteht bloß in einer Auftreibung des Darmcanales, welcher ohne Blinddarm ist und nur zwey Windungen macht. Die leber ist klein; die Schwimmblase doppelt und groß.

Eine kleine Anzahl von Gattungen ist mit Bartfäden versehen.

1. Der gemeine Karpfe. La carpe proprement dite. (Cyprinus carpio.)

Er hat nur zwey sehr kurze Bartfäden: der zweyte Strahl der Rückenflosse ist stachelig und hinten gezackt; die Sterzflosse hat neun Strahlen. Der Karpfe ist der gemeinste Fisch, weil er sich so sehr leicht in Teichen und Fischhaltern aufziehen läßt. Er erreicht ein sehr hohes Alter und wächst bis zu einer länge von vier Fuß. Der wilde Karpfe liebt vorzüglich die stillesten Gewässer; er ist sehr fruchtbar. Es giebt eine Abänderung desselben mit nackter Haut und sehr großen Schuppen, welche hin und wieder eine Art von Spiegel bilden. (Daher der Deutsche Nahme Spiegelkarpfe.)

2. Die Barbe. Le barbeau. (Cyprinus barbus.)

Unterscheidet sich durch den mehr vorstehenden Oberkiefer, welcher mit vier Bartfäden versehen ist. Er liebt reißende Ströme auf kieseligem Boden und wird ziemlich groß. Er ist weniger geschätzt, als der Karpfe.

3. Der Schlei. La tanche. (Cyprinus tinca.)

Mit zwey sehr kleinen Bartfäden, sehr kleinen Schuppen, dicken Flossen, und am ganzen Körper mit einer zähen Substanz überzogen. Er liebt die stillen Wasser und unterscheidet sich von den anderen Gattungen dieses Geschlechtes durch vier kurze, breite Zähne in jedem Kiefer. Er giebt eine wenig geschätzte Speise. In Schlesien giebt es eine Abänderung von schöner Goldfarbe, mit schwarzen Flecken nnd dünnen Flossen.

4. Der Gründling. Le goujon. (Cyprinus gobio.)

Ein kleiner Fisch unserer Flüsse, mit zwey Bartfäden, welcher nicht über acht Zoll lang wird.

Die übrigen Karpfengattungen haben keine Bartfäden.

Es giebt eine große Menge derselben.

5. Der Goldkarpfe. Le poisson doré de la Chine. (Cyprinus auratus.)

Ist wegen seiner schönen rothen Farbe mit goldnem Widerscheine merkwürdig; er wird in China mit vieler Sorgfalt auferzogen, und ist auch bey uns in Europa eingeführt. Durch die Zähmung sind in Rücksicht der Größe und Farbe viele Abänderungen entstanden, welche letztere zuweilen rosen- oder silberfarben mit blauen oder schwarzen Flecken besetzt ist.

6. Der Blei. La brème. (Cyprinus brama.)

Ein ziemlich großer Fisch, mit zusammengedrücktem, silbergrauen Körper und schwärzlichen Flossen. Er ist in den Flüssen und Seen der nördlichen länder sehr häufig, und der Fang desselben ist vorzüglich, wenn die Flüsse und Seen gefroren sind, bey der Eisfischerey sehr ergiebig.

7. Der Ueckeley oder Nestling. L'able. (Cyprinus albula.)

Unterscheidet sich durch den etwas vorragenden Oberkiefer und durch seinen Silberglanz. Der färbende Stoff seiner Schuppen wird zur Färbung der falschen Perlen gebraucht.

8. Das Rothauge. La rosse. (Cyprinus rutilus.)

Die Regenbogenhaut und alle Flossen sind roth. Er steigt zu den Flüssen hinauf, um in dichten Reihen zu laichen, welche abwechselnd aus Weibchen und Männchen bestehen. Er liebt klares Gewässer und sandigen Boden.

II. Meeräsche. Muges. (Mugil.)

Haben ein zahnloses Maul und eine Hervorragung an der Unterlippe, welche in eine Furche der oberen paßt. Ihr Kopf ist von oben platt gedrückt; ihr Körper mit großen Schuppen bedeckt und ihre Kiemenhaut mit mit sieben Strahlen versehen. Der Rücken hat bald zwey, bald nur eine einzige Flosse.

1. Der Großkopf. Le muge ordinaire. (Mugil cephalus.)

Ein Fisch von der Größe des Härings; grau mit schwarzen Streifen; welcher sich in allen Meeren unserer Gegenden findet.

III. Meerwachteln. Exocoets. (Exocoetus.)

Mit zusammengedrücktem Kopfe, großem zahnlosen Maule, schuppigem Körper und zehn Strahlen in der Kiemenhaut. Ihre Brustflossen sind so groß, daß sie zum Fluge dienen. Sie haben nur eine Rückenflosse.

1. Die Meerwachtel. Le poisson volant du tropique. (Exocoetus volitans.)

Ungefähr einen Fuß lang, mit über einen halben Fuß langen Brustflossen. Er ist in den Meeren der heißen Zone sehr gemein: wenn er von den Stutzköpfen verfolgt wird, so erhebt er sich in die Luft, wo er aber nur dem Albatrosse und dem Fregattenvogel zum Raube wird.

IV. Fingerfische. Polynèmes. (Polynemus.)

Sind Indianische und Amerikanische Fische mit zusammengedrücktem, schuppigen Körper, zwey Rückenflossen und fünf, oder sieben Strahlen in der Kiemenhaut, deren Hauptunterscheidungszeichen in einer bestimmten Anzahl freyer, nicht artikulirter Strahlen unter den Brustflossen besteht.

1. Der Fünffingerfisch. Le polynème à cinq doigts. (Polynemus quinquarius.)

Mit fünf Strahlen an jeder Seite, welche viel länger sind, als der ganze Körper.

2. Der Paradiesfisch. Le poisson de paradis. (Polynemus paradiseus.)

Mit sieben Strahlen, deren längste dem Körper an länge gleich sind.

V. Häringe. Harengs. (Clupea.)

Sie haben einen zusammengedrückten, verlängerten Körper, welcher mit großen, leicht abfallenden Schuppen besetzt ist. Die Kiefer sind, so wie die Zunge, mit kleinen Zähnen besetzt; in der Kiemenhaut finden sich acht Strahlen; auf der Mitte des Rückens ist eine einzige Rückenflosse. Ihr Hauptkennzeichen besteht in dem schneidigen Bauche, an welchem die Schuppen Zacken, wie an einer Säge, bilden. Innerlich unterscheiden sich die Häringe durch die große Menge von zweytheiligen oder gabelförmigen Gräthen, welche haarfein sind. Ihr Magen ist sehr lang und endiget sich in eine Spitze; der Pförtner liegt nahe am oberen Magenmunde und hat viele Blinddärme. Der Darmcanal ist ganz gerade und die Leber klein.

1. Der Häring. Le hareng proprement dit. (Clupea harengus.)

Mit silberfarbenem, ungefleckten Körper und längerem Unterkiefer. Dieser berühmte Fisch begiebt sich alljährlich im Sommer und Herbste von Norden nach Süden; in unzählbaren Scharen, oder vielmehr in dichtgedrängten Massen von ungemessenem Umfange. Er wird auf seinem Zuge von den Wallfischarten, Meerwölfen und allen Arten gefräßiger Fische verfolgt; ganze Flotten beschäftigen sich mit seinem Fange, welcher daher in allen an der

See gelegenen Staaten eine Menge von Matrosen unterhält und einen eben so ausgebreiteten, als einträglichen Handel veranlaßt.

2. Der Breitling. La sardine. (Clupea sprattus.)

Etwas kleiner, als der Häring, auch von diesem darin unterschieden, daß er nur dreyzehn Strahlen in der Rückenflosse hat, dahingegen sich bey dem Häringe achtzehn finden. Er wird wie der Häring benutzt. Er findet sich im Weltmeere und im mittelländischen Meere.

3. Die Alse. L'alose. (Clupea alosa.)

Ein ziemlich großer, zusammengedrückter, silberfarbener, an den Seiten schwarz gefleckter Fisch, welcher im Frühjahre in die Flüsse hinaufzieht, um zu laichen; sein Fleisch wird in dieser Zeit sehr geschätzt; dahingegen die im Meere gefangenen Alsen, trocken und nichts weniger, als wohlschmeckend sind. Das Ende seines Rüssels ist ein wenig ausgeschnitten.

4. Der

4. Der Anjovis. L'anchois. (Clupea encrasicolus.)

Höchstens spannenlang; von aschgrauer Farbe, lebt im Mittelländischen und Weltmeere; nähert sich im Frühjahre den Küsten. Er wird eingesalzen, nachdem ihm der Kopf und die Eingeweide genommen sind; man gebraucht ihn an Brühen u. s. w. Der Oberkiefer ist länger als der untere.

VI. Aehrenfische. Atherines. (Atherina.)

Sie haben die Gestalt der Häringe im Kleinen; ihre Kiefer sind mit zahlreichen kleinen Zähnen besetzt; der Oberkiefer ist ein wenig platt; die Kiemenhaut hat sechs Strahlen; der Körper ist zusammengedrückt und hat an jeder Seite einen glänzenden, silberfarbenen, länglichlaufenden Streif.

Es giebt eine Gattung im Mittelländischen Meere (A. hepsetus), welche nur zwölf Strahlen in der Sterzflosse hat; die übrigen kommen aus Indien oder Amerika.

VII. Silberfische. Argentines. (Argentina.)

Der Kopf derselben ist dicker, als der Körper; dieser ist mit Schuppen bedeckt. Die Kiefer und die Zunge sind mit Zähnen versehen. Die Kiemenhaut hat acht Strahlen. Der After liegt nahe am Schwanze; und die Bauchflossen sind mit zahlreichen Strahlen versehen.

Die Gattung des mittelländischen Meeres (A. sphyraena) hat neun Strahlen in der Schwanzflosse. Seine Schwimmblase enthält eine zähe Feuchtigkeit, welche zur Färbung der unächten Perlen gebraucht wird.

VIII. Murmelfische. Mormyres. (Mormyrus.)

Diese Fische kommen aus dem Nile und haben die Gestalt der Karpfen oder Häringe. Sie unterscheiden sich von den übrigen Bauchflossern, und selbst von allen andern Gräthenfischen dadurch, daß ihre Kiemen keine harte Bedeckung, sondern nur eine von einem einzigen Strahle gestützte Haut haben.

IX. Wallerfische oder Nasenfaserfische. Amies (Amia)

Haben einen verlängerten, schuppigen Körper; einen harten, rauhen, gleichsam geschundenen (écorchée) Knochenkopf; spitzige, dicht an einander stehende Zähne in den Kiefern und am Gaumen, zwölf Strahlen in der Kiemenhaut, zwey Bartfäden auf der Nase, eine lange und einfache Rückenflosse.

Es ist nur eine Gattung davon bekannt (A. calva), welche in den süßen Wassern von Carolina lebt.

X. Lachse. Saumons. (Salmo.)

Haben einen verlängerten, mit kleinen Schuppen bedeckten Körper; starke, hakenförmig gekrümmte Zähne in den Kiefern, an der Zunge und am Gaumen: einen zusammengedrückten Kopf und großen Rachen. Ihr vorzüglichstes Kennzeichen besteht in der zweyten fettartigen Rückenflosse ohne alle Strahlen. Es sind gefräßige Fische, welche nur in den klarsten Wassern mit steinigem oder sandigen Boden leben, und durchaus kein trübes Wasser leiden können; selbst die, welche im Meere leben, kommen um die Laichzeit in die Flüsse: es sind die besten und gesundesten von allen Fischen.

Man theilt dieses Geschlecht in vier Familien:

a) Lachsforellen (Truites) mit geflecktem Körper.

1. Der Lachs. Le saumon proprement dit. (Salmo salar.)

Mit vorragendem Oberkiefer. Ein großer Fisch, welcher im Frühjahre scharenweise in die Flüsse hinaufgeht, vorzüglich in den nördlichen Ländern, wo sein Fang und seine Aufbewahrung einen vorzüglichen Gewerbszweig macht. Ueber kleine Wasserfälle springt er weg. Der Unterkiefer des Männchens bildet unter dem oberen einen Haken; der Rücken ist schwärzlich, die Seiten sind bläulich, der Bauch ist silberfarben; im Meere hat er schwarze Flecken, welche sich aber verlieren, wenn er einige Zeit in Flußwasser gelebt hat.

2. Die Lachsforelle. La truite saumonée. (Salmo trutta.)

Hat ein rothes Fleisch, wie der Lachs, und schwarze Flecke mit einem hellen Puncte in der Mitte.

3. Die Teichforelle. La truite commune. (Salmo fario.)

Mit schwarzen und rothen Flecken bezeichnet, hat ein weißes Fleisch und wird weniger geschätzt, als die Lachsforelle.

4. Der Ritter. L'ombre chevalier. (Salmo umbla.)

Mit punctirter Seitenlinie, welche sich gegen den Rücken hinkrümmt; mit gleichförmigem Schwanze; bewohnt die Landseen in der Schweiz und Italien.

Bey dieser ersten Familie ist der Magen lang, der Pförtner nahe am oberen Magenmunde und mit zahlreichen Blinddärmen versehen. Die Eyer sind groß und röthlich.

b) Stinte (Eperlans) mit ungeflecktem Körper.

5. Der Stint. L'eperlan proprement dit. (Salmo eperlanus.)

Ein kleiner durchscheinender Fisch, von schönster grünglänzender Farbe, mit Gold- und Silberfarbe gemischt. Er wird in den Flüssen gefangen, in welche er sich im Frühjahre hinauf begiebt. Er ist eine sehr schmackhafte Speise. Sein Magen ist sehr klein: er hat nur drey oder vier Blinddärme.

c) Aesche (Ombres): mit kaum sichtbaren Zähnen.

6. Die Aesche. L'ombre proprement dit. (Salmo thymallus.)

Mit etwas längerem Oberkiefer, drey und zwanzig Strahlen in der Rückenflosse, und rautenförmigen Schuppen. Der Rücken ist schwärzlichgrün; die Seiten grau und blau gemengt, mit längslaufenden braunen Streifen. Dieser Fisch hält sich in den reinsten, kühlsten Strömen auf.

7. Der Schnepel. Le lavaret. (Salmo lavaretus.)

Mit längerem Oberkiefer, ausgeschnittenen Schuppen und vierzehn Strahlen in der Rückenflosse. Er geht in dreyeckigen, spitzwinkeligen Truppen in die Flüsse hinauf. Der Ferra aus den Schweizerseen ist eine Abänderung davon.

d) Lachsbrachseme (Characins): mit nicht mehr als vier Strahlen in der Kiemenhaut.

Es sind fremde Gattungen, welche sich von den übrigen Gattungen dieses Geschlechtes ziemlich unterscheiden.

XI. Hechte. Brochets. (Esox).

Haben einen verlängerten schuppigen Körper, einen sehr weit gespaltenen, mit zahlreichen, spitzigen Zähnen versehenen Rachen; beyde Kiefer wagrecht platt gedrückt und einen mehr oder weniger langen Schnabel bildend; sieben bis zwölf Strahlen in der Kiemenhaut. Es sind sehr gefräßige Fische.

Es giebt Gattungen, deren Rückenflosse der Sterzflosse gerade gegenüber steht.

1. Der Hecht. Le brochet proprement dit. (Esox lucius.)

Dieser hat gleichlange Kiefer, welche ziemlich kurz, breit und zugerundet sind. Der Körper ist vierkantig; der Rücken schwärzlich, der Bauch weißlich. Es ist ein Süßwasserfisch, welcher unter den übrigen Fischen große Verwüstungen anrichtet, und selbst die Wasserthiere unter den Säugethieren und Vögeln angreift; er wächst geschwinde und wird sehr groß. Sein Fleisch ist gesund und von gutem Geschmacke.

2. Der Hornhecht L'orphie. (Esox belone.)

Lebt in unseren Meeren; hat einen langen, runden Körper; seine beyden Kiefer sind zu einem sehr dünnen Schnabel verlängert; seine Knochen sind dunkelgrün, wenn sie gekocht werden; welches vielen Leuten einen Ekel vor seinem Fleische verursacht, das aber doch ganz schmackhaft ist.

3. Der Schildhecht. Le caïman. (Esox osseus.)

Ein großer Amerikanischer Fisch, welcher weniger verlängerte und breitere Kiefer, als der

Hornhecht und spitzige, völlig knochenartige Schuppen hat.

4. Der Brasilianische Hecht. Le brochet espadon. (Esox brasiliensis.)

Hat einen sehr kurzen Oberkiefer; der Unterkiefer hingegen verlängert sich zu einer schmalen Spitze, welche länger ist, als der Kopf selbst.

Bey anderen Hechten steht die Rückenflosse der Bauchflosse gegenüber.

Der eine (Esox vulpes) hat nur drey Strahlen in der Kiemenhaut, der andere (Es. synodus) hat nur fünfe. Beyde kommen aus Amerika. Man sollte vielleicht ein eigenes Geschlecht daraus machen, so wie man unter der Benennung Elops (Eidechsenfisch) ein Geschlecht von einem ihnen sehr ähnlichen Fische (Elops saurus Linn.) dem Lanzettenschwanze gemacht hat, welcher aber dreißig Strahlen in der Kiemenhaut hat. Diese drey Fische kommen aus Amerika.

Anmerk. Alle Geschlechter der Bauchflosser von welchen bisher die Rede gewesen ist, sind einander ziemlich ähnlich, so daß sie zu einer und derselben Familie gehörig betrachtet werden müssen. Die folgenden scheinen sich jedes auf seine eigene Art von diesen zu entfernen.

XII. Schmerlen. Loches. (Cobitis).

Sie haben einen verlängerten Körper, welcher fast überall gleich ist, eine schleimige Bedeckung und kaum sichtbare Schuppen hat. Der Kopf ist klein; die Augen sind nach oben gerichtet; die Kiemenhaut hat vier bis sechs Strahlen; der Kiemendeckel besteht aus einem einzigen Stücke und ist unten geschlossen; auf dem Rücken nur **eine** Flosse. Es sind kleine Süßwasserfische.

1. Die Schmerle. La barbotte. (Cobitis barbatula.)

Mit sechs Bartfäden, zusammengedrücktem Kopfe ohne Stacheln; der Körper drey bis vier Zoll lang; man findet sie in klaren Bächen.

2. Der Steinpitzger. La loche franche. (Cobitis taenia.)

Mit sechs Bartfäden, einem Stachel unter den Augen und geflecktem Körper; etwa fünf Zoll lang. Hält sich unter den Steinen verborgen.

3. Der Schlammpitzger. Le misgurn. (Cobitis fossilis.)

Mit acht Bartfäden, einem Stachel unter den Augen und gestreiftem Körper; zehn bis zwölf Zoll lang. Er lebt in sumpfigen Wassern im Schlamme selbst, und macht bey bevorstehendem Gewitter das Wasser trübe.

XIII. Welse. Silures. (Silurus.)

Haben einen schleimigen, zusammengedrückten Körper ohne merkliche Schuppen; einen dicken Kopf, mit gespaltenem Rachen, dicke Lippen, mit vielen kleinen Zähnen besetzte Kiefer und eine glatte Zunge. Die Anzahl der Strahlen in der Kiemenhaut wechselt von vier bis sechzehn. Der erste Strahl der Rückenflosse und der Brustflosse ist stachelig und gezackt. Vorzüglich ist der letztere wegen seiner

Dicke merkwürdig. Die meisten Welse leben in süßen Wassern. Sie haben einen weiten Magen, lange Därme, welche weit und ohne blinde Anhänge sind, und eine kleine Leber.

a) Gewisse Welse haben nur eine Rückenflosse, welche über den Bauchflossen steht.

1. Der Wels. Le mal. (Silurus glanis.)

Der größeste von unseren Süßwasserfischen, welcher zuweilen bis an dreyhundert Pfund wiegt. Sein Kopf ist sehr dick, sein Rüssel abgerundet, mit sechs Bartfäden versehen, wovon zwey obere sehr lang sind. Die Sterzflosse ist sehr lang. Seine Farbe ist grünlich = schwarz. Es ist ein träger Fisch, welcher sich mit offenem Rachen ruhig hält, um seinen Raub zu erwarten. Er ist nicht sehr fruchtbar.

Er hat keine Stacheln an den Flossen, wie die übrigen Gattungen.

b) Andere haben eine zweyte Rückenflosse ohne Strahlen, welche der Sterzflosse gegenüber steht.

2. Der Langbart. Le Scherlan. (Silurus clarias.)

Mit sechs Bartfäden, deren beyde obersten die Länge des ganzen Körpers haben, welche zwölf bis funfzehn Zoll beträgt. Die Farbe ist aschgrau. Dieser Fisch lebt in den Afrikanischen und Amerikanischen Flüssen. Sein Rüsselstachel verursacht so schmerzhafte Wunden, daß er für giftig gehalten wird.

c) Andere haben nur eine der Sterzflosse gegenüber stehende Fettflosse auf dem Rücken.

3. Der elektrische Wels. Le trembleur. (Silurus electricus.)

Mit sechs kurzen Bartfäden, zwanzig Zoll langem, aschgrauen, gegen den Schwanz hin gefleckten Körper. Dieser Fisch findet sich in den Afrikanischen Flüssen, und verursacht ähnliche Erschütterungen, wie der elektrische Aal, nur schwächer.

d) Endlich giebt es Welse, die eine einzige Rückenflosse haben, welche fast der ganzen Länge nach läuft und Strahlen hat.

4. Der Aalwels. Le Scharmut. (Silurus anguillaris.)

Mit dünnem, verlängerten Körper und acht Bartfäden. Aus dem Nil.

XIV. Panzerfische. Loricaires. (Loricaria.)

Haben einen langen, eckigen, mit knochenartigen Platten bedeckten Körper, einen wagrecht plattgedrückten Kopf, sechs Strahlen in der Kiemenhaut, die Oeffnung des Maules unter dem Rüssel, zwey Lippen mit einer Menge von Fäden besetzt. Es sind zwey Gattungen derselben bekannt, welche in Amerika vorkommen.

XV. Pfeifenfische. Fistulaires. (Fistularia.)

Haben einen runden, sehr langen, dünnen Körper; der Kopf verlängert sich zu einem langen Rüssel, welcher meist eben so stark im Durchmesser ist, als der Körper, und an dessen Ende sich ein kleines Maul befindet.

XVI. Felsenfische. Theuthies. (Theuthis.)

Haben einen zusammengedrückten, sehr hohen, selbst am Kopfe und an den Kiemendeckeln mit großen Schuppen bedeckten Körper. Der Kopf ist vorn wie abgestutzt, das Maul klein, mit einer Reihe von Zähnen; sie haben nur eine einzige lange, zum Theile stachelige Rückenflosse. Es sind Amerikanische Fische, welche in dem natürlichen Systeme den Familien der Klippfische und Meerbrassemen sich nähern, welche aber vermöge der Lage ihrer Brustflossen von diesen haben entfernt werden müssen.

I.

Fig. 1.

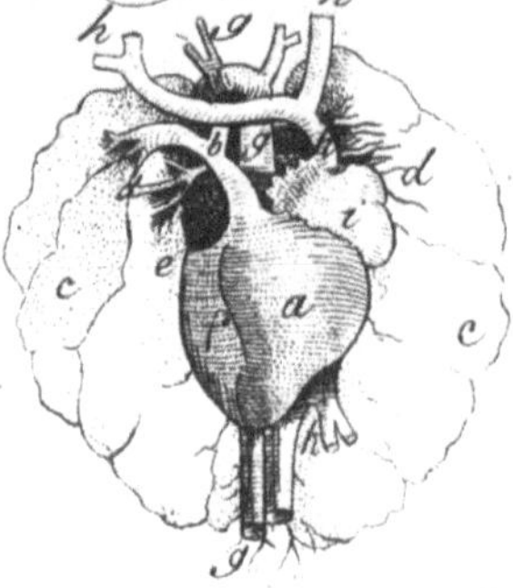

Fig. 2

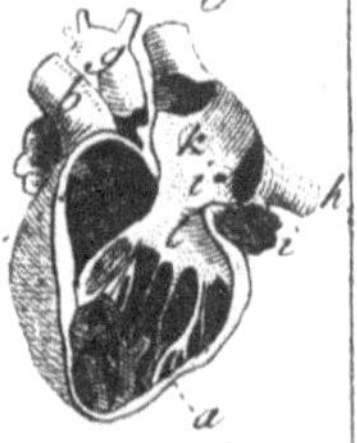

Fig. 3.

Warmblütige Thiere.

Fig. 4.

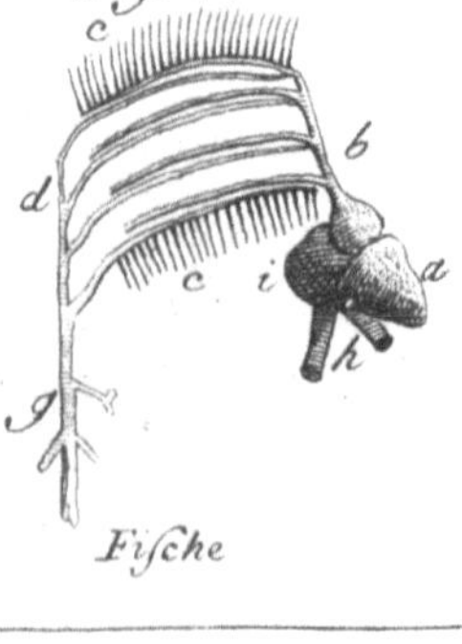

Fische

Fig. 5.

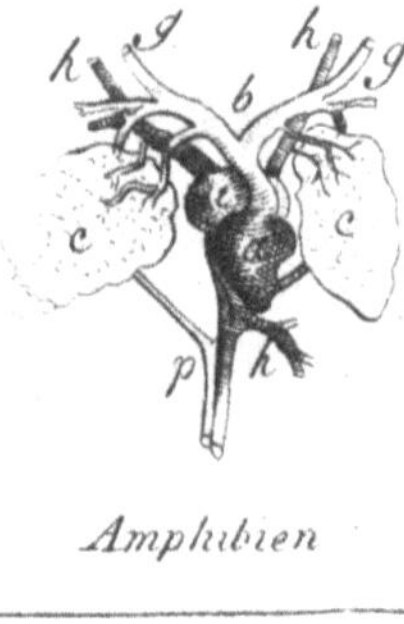

Amphibien

Herz der rothblütigen Thiere.

II

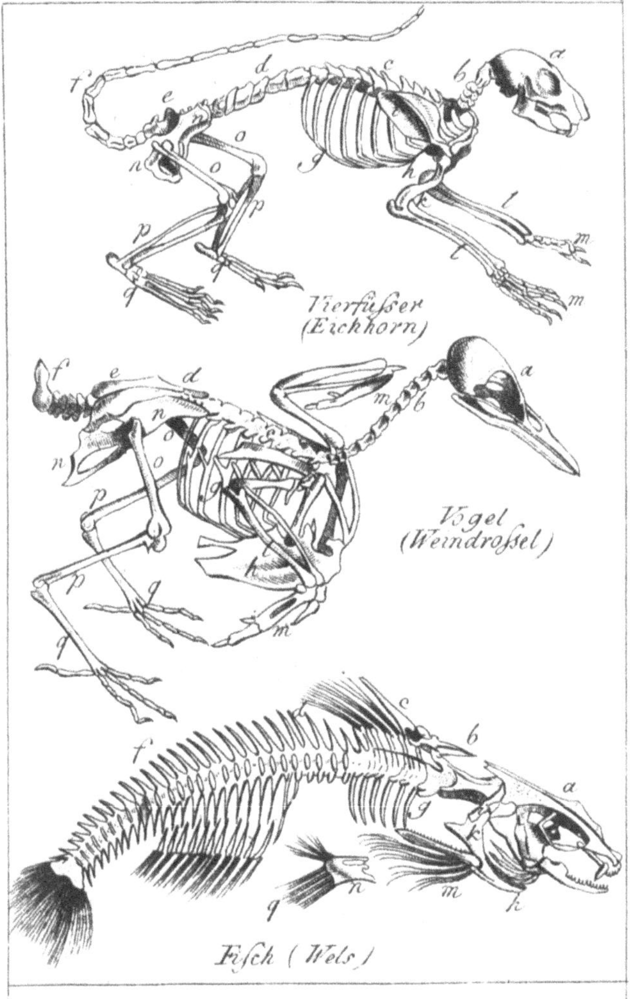

Vergleichung des Knochengerüstes der rothblütigen Thiere.

III.

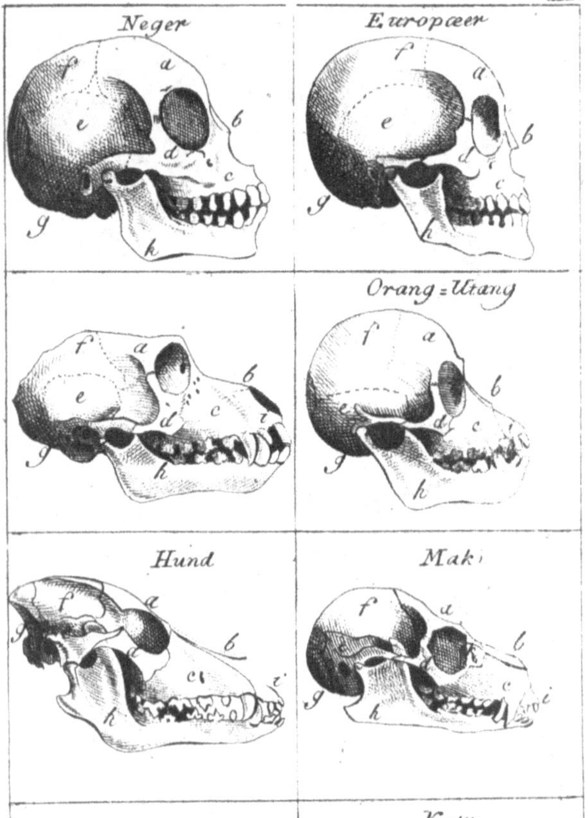

Schädel der Säugethiere.

IV.

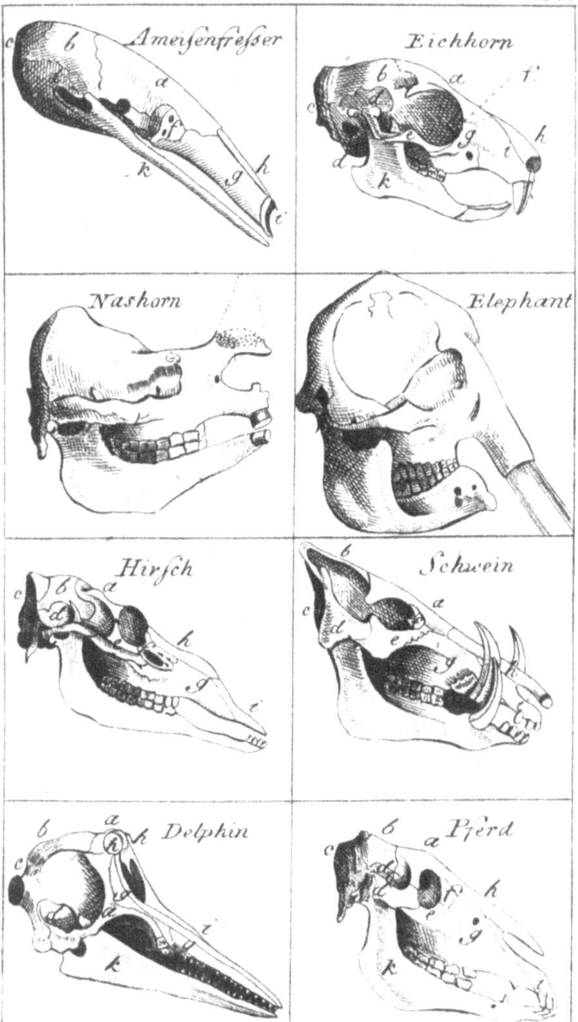

Schädel der Säugethiere.

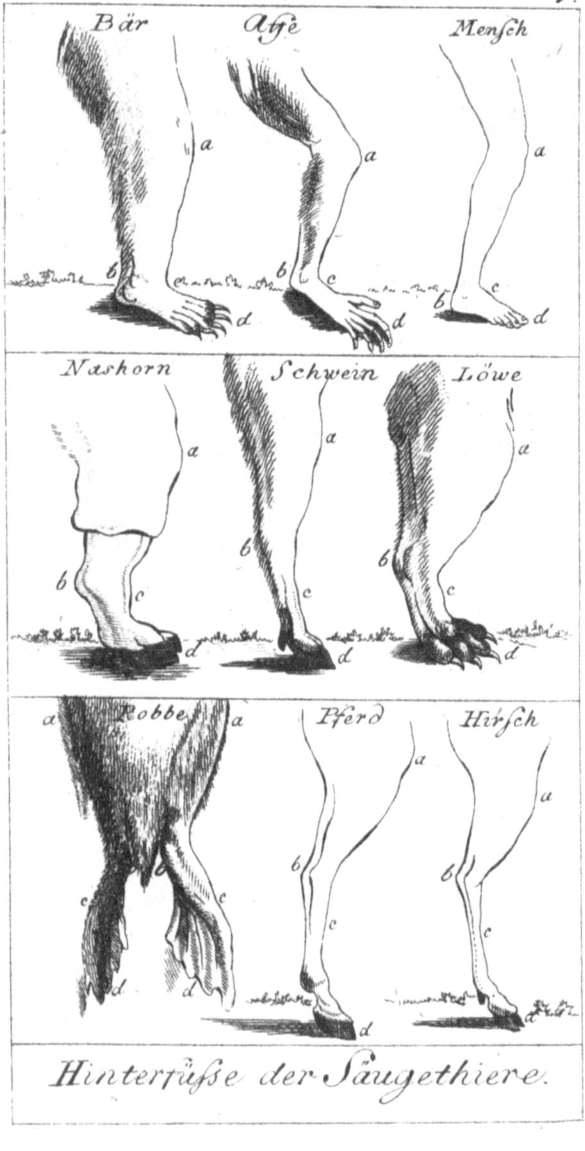

Hinterfüße der Säugethiere.

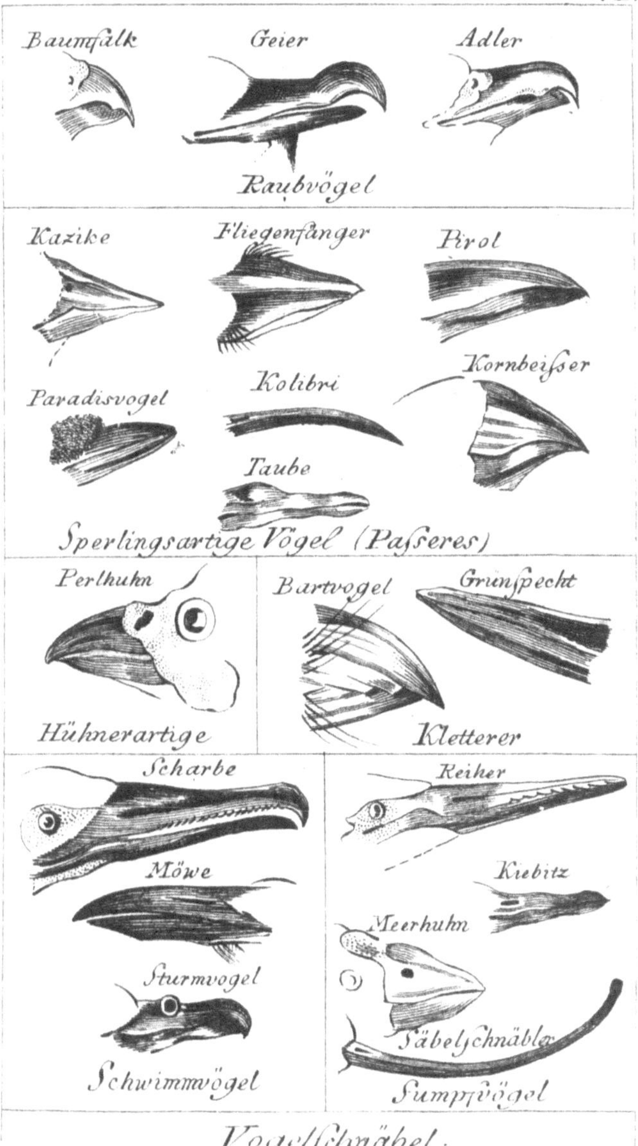

Vogelschnäbel.

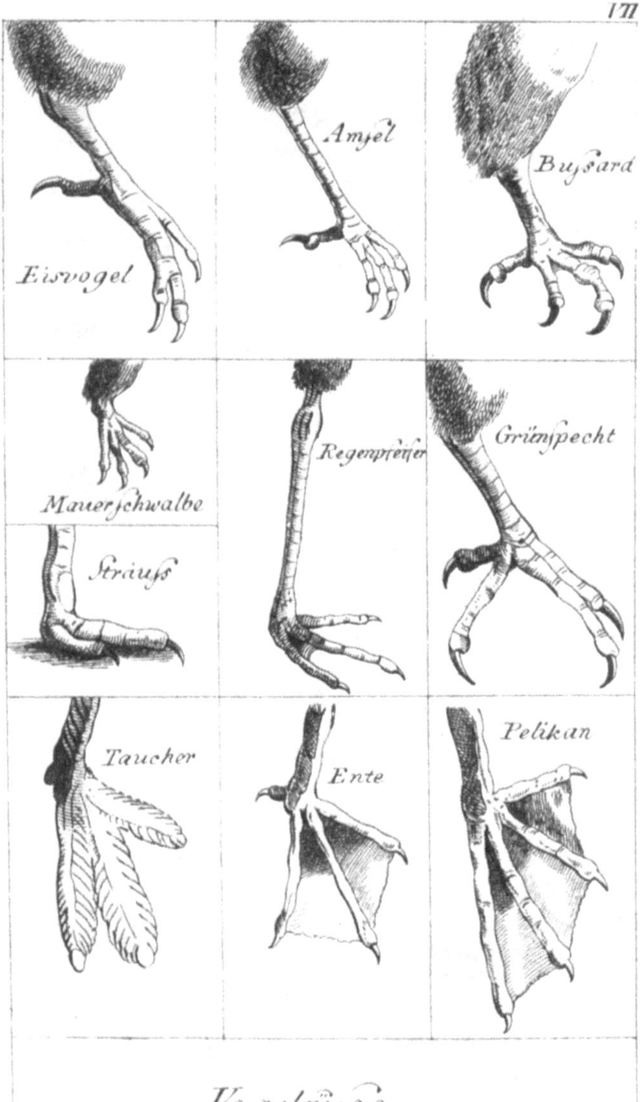
Eisvogel
Amsel
Bussard
Mauerschwalbe
Regenpfeifer
Grünspecht
Strauss
Taucher
Ente
Pelikan

Vogelfüsse.

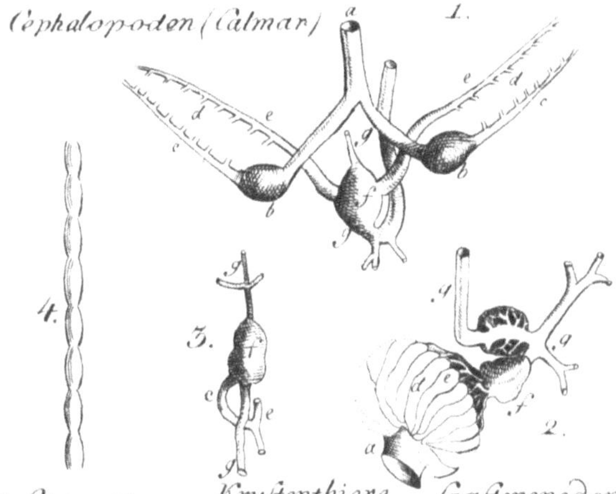

Insekten (Raupe) · Krustenthiere (Krebs) · Gasteropoden (GiftKuttel)

Herzen der weissblütigen Thiere.

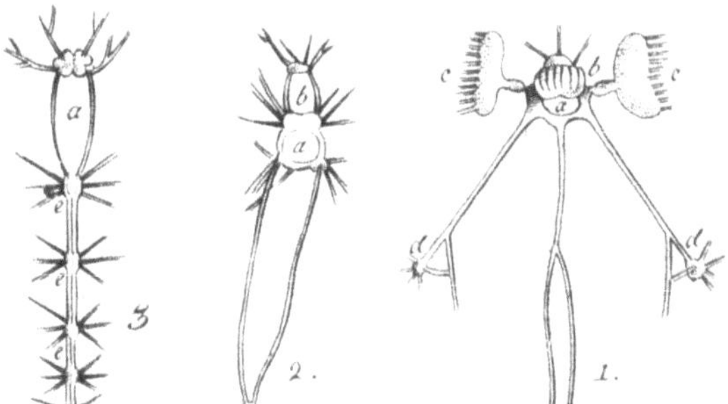

Krustenthiere u. Insekten (Krebs) · Gasteropoden (GiftKuttel) · Cephalopoden (8 füss Sepie)

Hirn und Nervensystem der weissblütigen Thiere.

FSC
www.fsc.org
MIX
Papier | Fördert gute Waldnutzung
FSC® C083411

Zeitfracht Medien GmbH
Ferdinand-Jühlke-Straße 7
99095 Erfurt, Deutschland
produktsicherheit@kolibri360.de